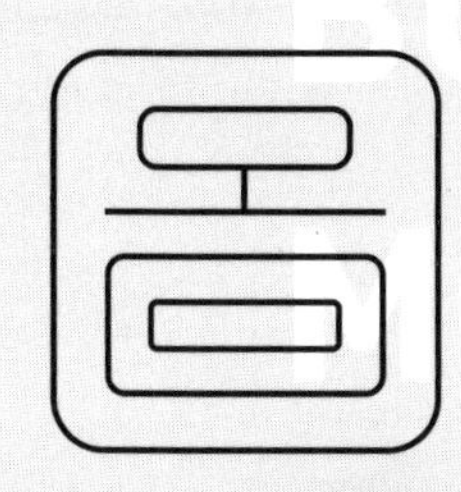

# 商業模式 2.0 解

BUSINESS MODEL 2.0 ZUKAN

## 剖析100個反向思考的成功企業架構

近藤哲朗

TETSURO KONDOH

## 前言

本書利用圖解的方式，介紹100個「成功商業模式」。「圖解」就如兒時閱讀的「圖鑑」一樣，能夠從視覺上大致看出商業運作的輪廓。

書中大範圍地蒐集各種類別以及各種事業型態的商業模式，例如受世人注目的新創企業、在日本不曾聽聞的海外知名獨角獸企業，以及大企業開發的新創事業等等。

我們所認識的商業世界正以飛快的速度變化，而且這已經不是「就著昨天做的事下功夫改善」的層級，而是「昨天做的事到了今天完全不適用」、「昨天覺得可以的，今天變得不行」，呈現一個「劇烈」的「破壞性」狀態。

而我認為以最容易了解的方式展現此變化的，就屬「商業模式」了。建立何種機制才能夠倖存？這在商場上是最根本的生死問。反過來說，「無法適用於今日的機制」就成為企業、產業攸關生死的大課題。因為無論集結多優秀的人才，無論耗費多少資金投資設備，只要「機制」不適用，一切都將化為泡影。

100

MUD Jeans
Amazon Go
minimo
BLUE SEED BAG
FASTALERT
RIZAP
paymo
mazing
sakana bacca
ZOZOSUIT
Car PLUS
彩
Spotify
Cansell
KOMTRAX
Google Home
Humanium
TransferW

## 商業模式沒有助益？

另一方面，最近也有人開始對「商業模式／機制至上主義」產生負面的看法。

最常聽到的批判就是「商業模式容易產生思考偏見」。對於利用商業模式這種「框架」思考創意的方式，2017年出版《商業模式症候群 為何新創公司總是不斷失敗？（暫譯，ビジネスモデル症候群　なぜ、スタートアップの失敗は繰り返されるのか？）》的作者和波俊久就表明了他的擔憂。他說：「當思考變得僵化，偏見就會產生，因而可能降低事業的成功率。」

第2個批判是，「無論建立多完美的商業模式，也馬上就被模仿。」確實，本書介紹的立食法式料理店「我的法國菜」這種高翻桌率的商業模式，就是從形式上模仿立食牛排店「鐵火牛排（いきなり！ステーキ）」而成立的。

## 這世上不存在「永遠通用的模式」

- 商業模式容易產生思考偏見
- 商業模式容易被模仿

我也同意上述的看法。

那麼，該怎麼做才能建立可避免這些缺點的商業模式呢？簡單用一句話說，就是「商業模式2.0」。我將在序章詳細說明商業模式2.0的定義，不過最關鍵的重點就是「反論架構」，亦即具備「顛覆目前業界定論」的要素。

在現今的時代，想要「從零開始建立一個永續的事業」是一個不切實際的幻想。假設我在某一日，憑藉著天才般的靈光乍現，成立知名跳蚤市場平台mercari，那我就不用那麼辛苦了。不過最重要的是，任何事業都要「姑且」試之才知道能否成功。假如該事業因為時代趨勢而成為「定論」的話，接下來就要建立「反論」。我認為這種「敏捷」的價值觀非常重要（所謂「敏捷（Agile）」，原來是研發系統的專業術語，意思是「靈活」、「迅速」，指一開始不會花時間建立完美系統，而是透過不斷重複的測試以接近完美的手法）。

本書收錄的100個案例也是一樣，不會永遠維持「完美的商業模式」。就算某時期「顛覆目前業界的定論」，隨著時代趨勢的演變，也可能在未來成為定論，但是如果永遠緊抓著不放，就會沉船。最重要的就是在趨勢的變化中，清楚看出「定論」與「反論」。希望本書可成為幫助你鍛練「眼光」的教科書。

### 人力、物力、金錢、資訊——從中找到新商機

本書透過「特別是哪一部分出現新商機」，將商業模式區分為人力、物力、金錢、資訊等四大類。人力、物力、金錢、資訊原本是經營資源的四要素，不過如果從根本翻轉這當中的其中一項（或多項），則將產生以往不曾存在的「機制」。

以代表性的經營資源為核心進行觀察，如此就容易看出「商業模式中難以被模仿的是哪一部分？」「應該注重哪項經營資源以掌握該事業？」

**人力、物力、金錢、資訊的範疇**

**結合新的「利害關係人」**

有效結合以往沒有連結的企業或團體的案例。

**提供新的「核心價值」**

因時代背景的變化，以往被忽略的價值被重新定義其「核心價值」的案例。

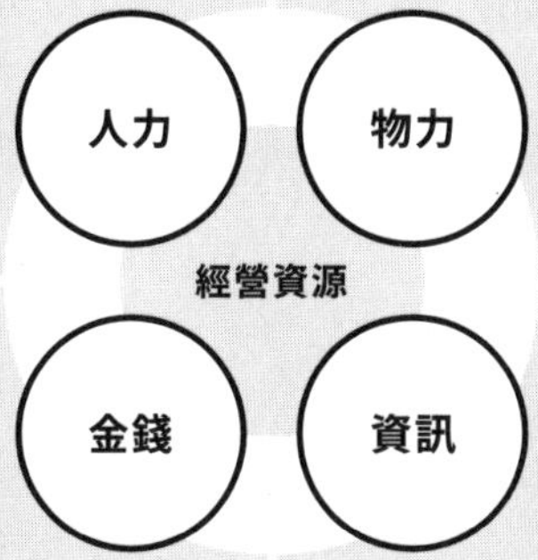


以往不會產生收益的領域或是金流停滯的領域之案例。

**建立新的「金流」**

透過資訊技術或資料運用，達到以前難以實現的領域之案例。

**使用新「科技」**

以代表性的四項經營資源為主軸，思考商業模式

## 第1章 物力 提供新的「核心價值」

以前被忽略的商品・服務或是空間的價值，因時代背景的改變，重新定義其「核心價值」的案例。例如「Optoro」公司把電子商務平台的退貨商品自動分類、重新出貨，變成有價值的商品；「RIZAP」健身中心改變傳統強調自我管理的訓練方法，消費者只要前往健身中心，就可獲得生理・心理兩方面的指導等，本書將介紹透過創意產生「反論」的案例。

## 第2章 金錢 建立新的「金流」

以往不會產生收益的領域或是金流停滯的領域之案例。「Timebank」為原本不是買賣對象的「時間」開拓市場；「Cash」可在寄送商品之前就把二手貨換成現金等，這些都是前所未見的新形態服務。另一方面，例如「鎌倉投信」這種只投資對社會友善的公司，在傳統以收益為主的機制下難以成立的商業模式，現在也看得到了。

## 第3章 資訊 使用新「科技」

透過資訊技術或資料的運用，達到以前難以實現的領域之案例。提到革新，大部分的人都會想到「技術革新」。實際上，革新並不如人們想的那麼簡單。例如使用感測技術測量身體尺寸的「ZOZOSUIT」感測衣，或是無人商店的「Amazon Go」等，就算公司發表了最新的科技創意，但由於這類的技術水準非常高，所以也不會有人跟隨模仿。運用技術實現創意乍看簡單，但其實門檻極高。正因如此才有其存在的價值。

## 第4章 人力 結合新的「利害關係人」

有效結合本來沒有連結的企業或團體的案例。例如「社會效益債券」（Social Impact Bonds, SIB）招攬民間投資人參與公家機構的初期投資，或是「LifeStraw」針對企業銷售碳補償額度，藉此提供乾淨飲用水給肯亞人民等，許多商業模式都來自於大部分人以往不曾想到的創意運用。

### 利用圖解說明的3個好處

商業模式圖解大致可分成3種理解層次。

①認識：能夠知道許多種商業模式。

②學習：可學習如何透過圖解呈現商業模式。

③實踐：在工作上，能夠運用圖解進行說明。

首先是①認識。由於本書蒐集了100個案例，所以至少可以看到自己有興趣的領域、接近自己工作的領域，或是本來與自己毫不相關的領域之商業模式。「竟然有這樣的商業模式！」透過這樣的驚訝，開拓不被既有常識束縛的思考範圍。

或許有人會覺得「光是『認識』，能得到什麼好處？」其實，在商業型態日益複雜的時代中，「認識」才是最困難的。我現在雖然擔任商業模式圖解的顧問，但其實接到最多的業務是「請將我們公司的商業模式轉化成圖形，讓我們的商業模式具象化」。特別是當公司規模成長為大企業後，由於事業部門變多，很少人能夠確實掌握公司要以何種商業模式經營，經營課題為何，新商機在哪等等。經營群也經常回饋給我們「整理之後，充分了解敝公司服務的強項與弱點了」。光是「具象化」，其實就解決大部分的問題了。

其次是②學習。透過重複閱讀圖解的內容，就會逐漸習慣商業模式圖解的讀取方式。本書所有案例都特意以相同「模式」做圖解（請參照圖解說明書），所以看了個別的案例，你可以思考這個案例與這個案例的架構好像很類似，或是這個案例也能夠像這樣運用在自己的業界等，有效開發自己的創意，而不是讚嘆「好厲害喔」，然後就結束。

最後是③實踐。這個階段是自己做圖解，建立新的商業模式。我想本書的讀者來自各行各業，如果是上班族，應該就會與某業界・職別有關才對。首先建議你試著把自己公司的商業模式做成圖解。經常與客戶來往的人，希望你能夠運用圖解對客戶說明，光是運用商業模式圖解作為溝通工具，話題就容易達到共識；學生如果試著針對自己想就職的企業進行商業模式圖解，對業界・企業的了解就會更深入吧。對了，卷末介紹了可實際製作商業模式圖解的工具組。請試著使用看看。

商業模式圖解的3種理解層次

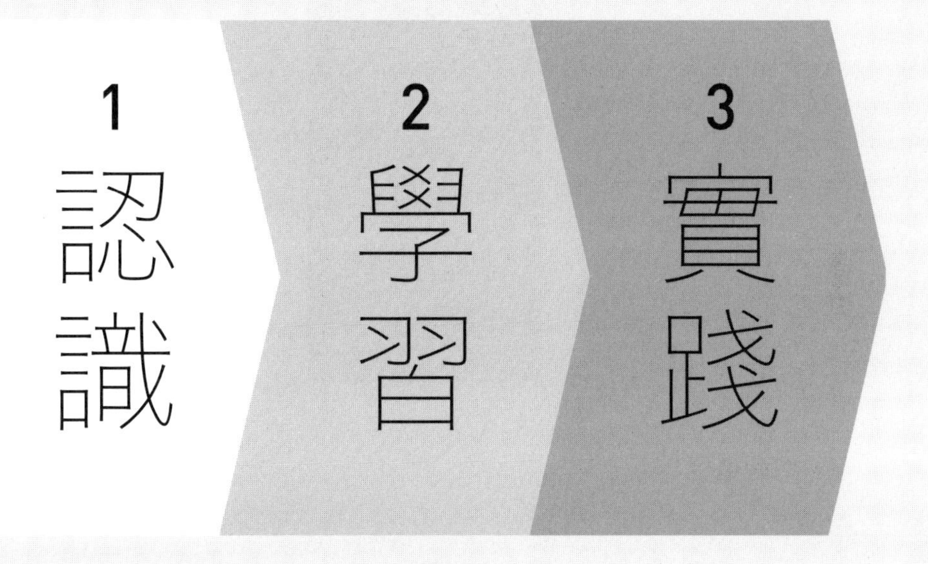


## 「無故厭惡商業的人」更要讀這本書

對於「無故厭惡」商業模式、獲利機制、創新事業等主題的人，更適合閱讀本書。光聽到數字或資產負債表就覺得頭大的人、不曾思考過商業模式的人、創意人士，特別是未來在社會上開始具有影響力的年輕人……我鎖定這些人為對象的理由，是因為我自己本身原來也是「創意界」的人，商業知識是零。長久以來，對於「商業」一直抱持著漠不關心的厭惡感。

但是，當自己成立公司，有越來越多的機會與各種企業、經營者交流之後，我學到除了「做生意」、「賺錢」的目的之外，商業是在各式各樣的起心動念之下，以有趣的機制建立起來的。特別是看到成功的商業機制，讓我感動得忍不住要與他人分享。

因此，希望能夠盡量讓跟我以前一樣的人看了本書後覺得「商業真是個有趣的領域」，希望能夠讓更多人利用運用商業模式圖解作為共通語言，則我將深感無比的欣慰。

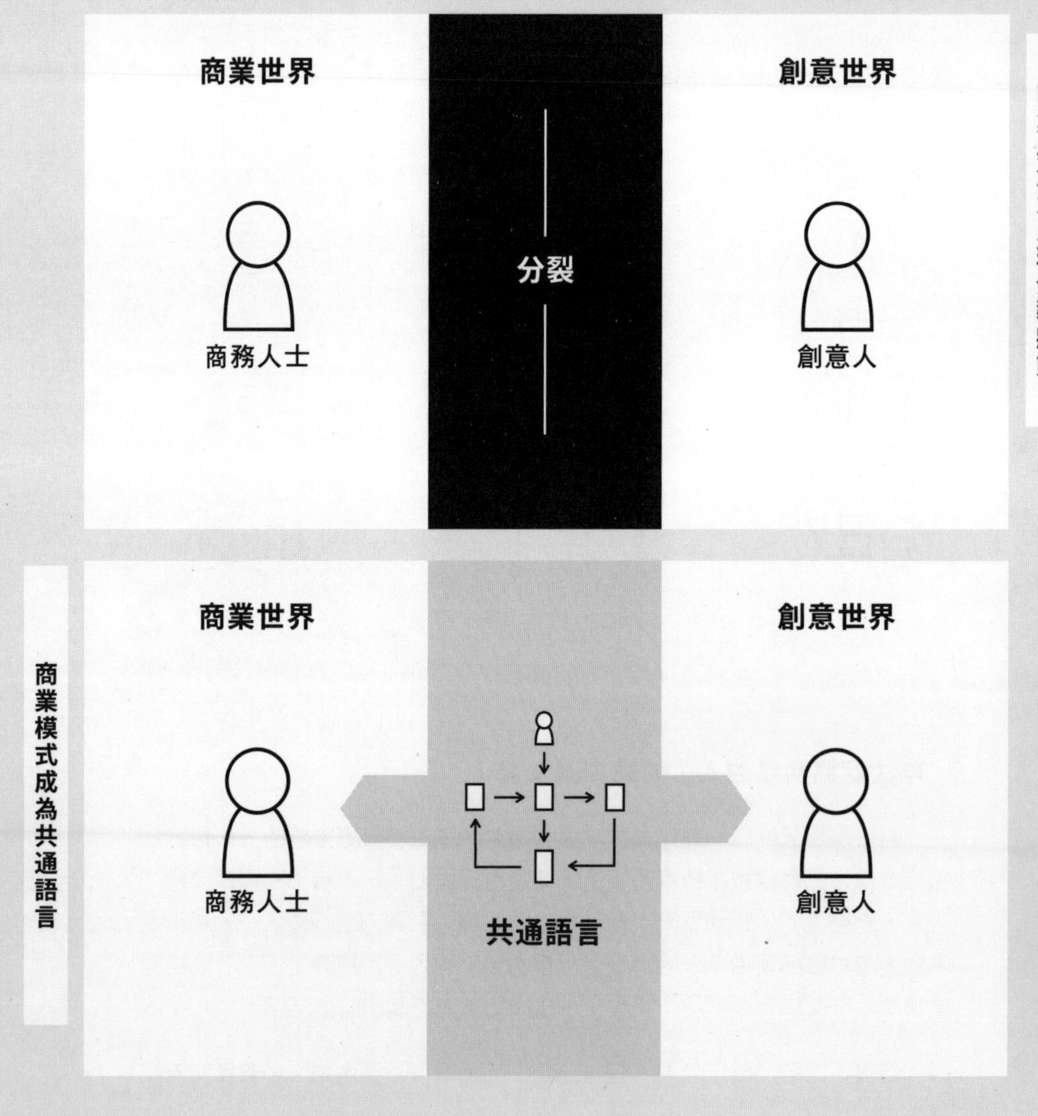

目　次

第1章
# 物力 提供新的「核心價值」

第2章

# 金錢 建立新的「金流」

第3章

# 資訊 使用新「科技」

第4章

# 人力 結合新的「利害關係人」

序章

# 何謂「商業模式 2.0」？

「反論架構」模式倖存的時代

# 倖存的
# 商業模式中的
# 「反論架構」



**如何區分商業模式1.0與2.0？**

本書介紹的100個商業模式均有以下3個共同特徵。

· 具有「反論架構」
·「對八方都好」
· 具有「獲利機制」

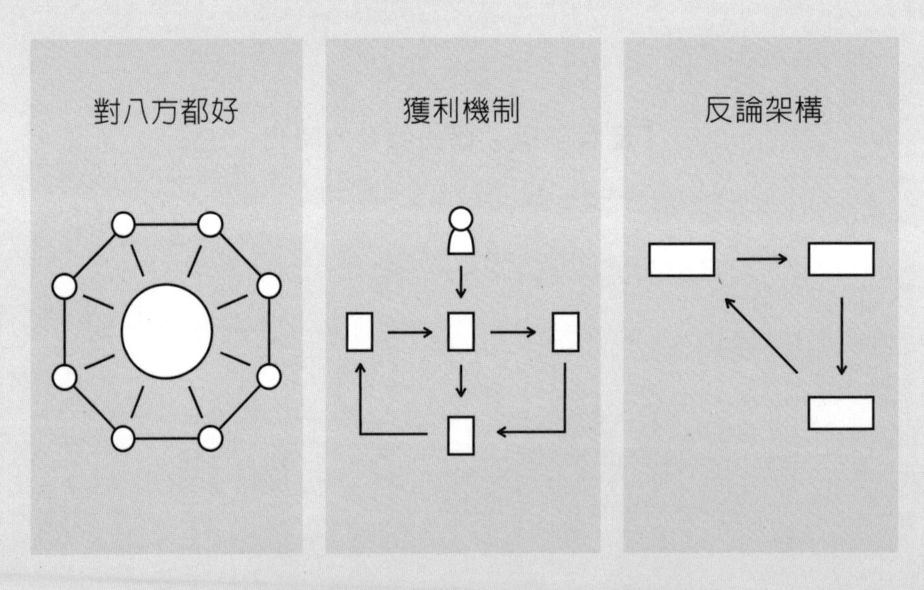


只要判斷是否完全具備這3項特徵，就可區分「商業模式1.0」與「商業模式2.0」。

傳統的商業模式大多被視為「獲利機制」，無論如何都只專注在該商業模式的經濟合理性。不過，在未來的時代，「只要賺錢，做什麼都好」的機制或企業，將會被淘汰吧。在介紹這100個具體案例之前，我想先說明理由。

### 思考「起點」、「定論」以及「反論」

3個特徵中，最重要的就是「反論架構」。一個商業模式是否具有這樣的架構決定了該商業模式是否創新，也就是「創造性」。

「反論架構」是我新創的詞，指在某事業中，思考「何為創新？」所建立的架構。此架構由以下3者構成，分別是①從起點設定定論，②產生反論，③組合起點與反論。

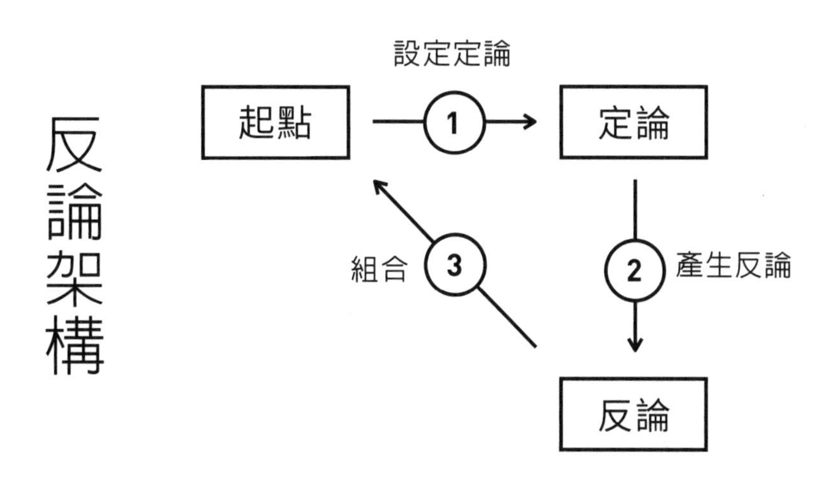


若要思考「反論」，必須先設定「**起點**」。所謂「起點」就是到目前為止所見的，呈現「該事業一般來說提供了什麼？」或是「主要的事業領域」。

所謂「**定論**」就是「起點」給世人的印象，被視為常態的。對「定論」的解讀，每個人各有不同。還有，若想要歸納出「一般來說就是這樣」的說法，就必須先了解這個業界。

所謂「**反論**」就是相對於「定論」，呈現「相反的概念」。只要確實了解定論，找出反論就不難。只是，反論不是只有一個。相對於一個定論，有時候可以想出數個反論，有時候也可能是先想出反論後，才反過來解讀定論的情況。

起點、定論、反論，如果轉換成語言就容易思考。

「起點」一般來說就是「定論」吧，以這個事業型態來說是相反的，所以是「反論」。如果像這樣試著向對方說明的話，就能夠用簡單的一句話表達該事業型態的驚人之處。

反論是用來向對方說明時使用

起點 一般來說就是 定論 但是，

這種 事業型態 是相反的，所以是 反論

向對方說明時，可以直接使用反論架構

### 「POP TEAM EPIC」的創新之處？——反論架構的3個案例

為了讓各位容易了解，以下我透過3個案例來介紹「反論架構」。

①我的法國菜
②POP TEAM EPIC
③Humanium

①「我的法國菜」是以親民價格提供高級料理的知名立食餐廳，下圖利用反論架構呈現其商業模式。

反論架構「我的法國菜」

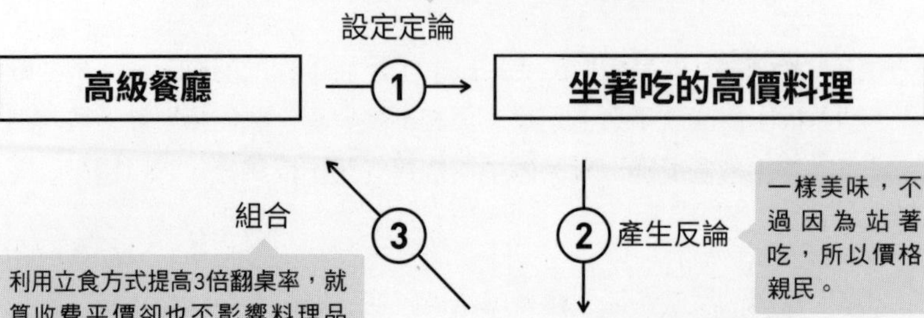

傳統對於「高級法式料理」（起點）的印象通常是「坐下來用餐的高價料理」（定論）。不過，「我的法國菜」翻轉此定論，改為「站著吃的平價料理」（反論）。把用餐方式改為站著吃，透過這樣的做法，就算收費平價，也可達到一般法式餐廳的3倍翻桌率，獲得3倍的客人消費。正因為如此，這個商業模式才得以成立。像這樣套用反論架構，就看得出「我的法國菜」這種商業模式的強項。

其次是打破業界規則而大受歡迎的動畫「POP TEAM EPIC」。如果解構反論架構，就會得到下圖呈現的內容。現在「深夜動畫」（起點）是「以製作委員會出資的方式為主流」（定論）。也就是說，各機構分擔費用之後，再來製作內容。不過「POP TEAM EPIC」是「獨資製作」（反論），這樣的做法可使責任歸屬明確，作品本身也因打破規則而能夠放入許多揶揄與諷刺，最後使得這部動畫大受歡迎。

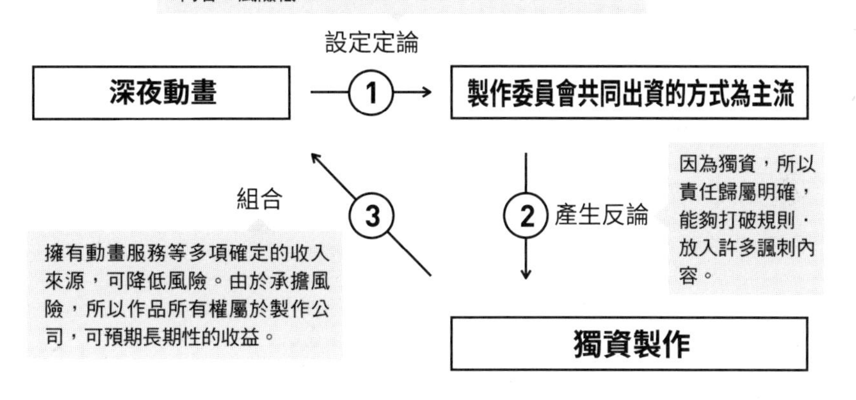




利用非法槍枝製成金屬的③Humanium，其反論架構如次頁所示。「沒收的非法槍枝」（起點）通常都是「無法處理而置之不理」（定論），因為處理槍枝既耗費成本，而且對於警察而言，處理槍枝也得不到好處。而Humanium的新奇之處就在於回收槍枝，「把無法處理的物品轉化成收益」（反論）。這樣的做法促使取締非法槍枝者產生熱情，以結果來說，有助於減少槍枝在社會上的危害。更進一步來說，槍枝轉換成的金屬可以製成時鐘、自行車等商品，購買這些再製成的商品也能夠貢獻社會。

反論架構「Humanium」

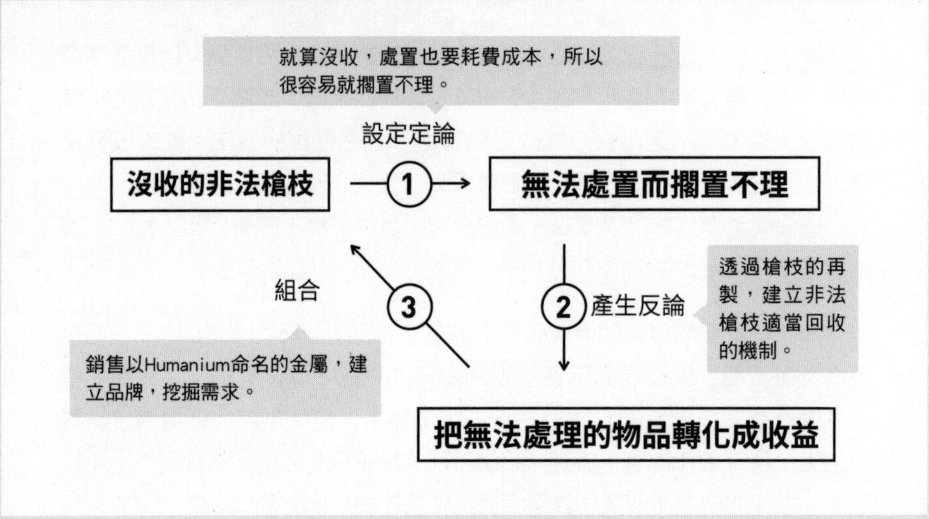

就算沒收，處置也要耗費成本，所以很容易就擱置不理。

設定定論

**沒收的非法槍枝** —①→ **無法處置而擱置不理**

②產生反論

透過槍枝的再製，建立非法槍枝適當回收的機制。

**把無法處理的物品轉化成收益**

③組合

銷售以Humanium命名的金屬，建立品牌，挖掘需求。

# 如何實現「不合常理」的反論？

## 反論越強，越需要「健全的機制」

在此最關鍵的重點就是當「反論」越強，該商業型態就越顯得「不合常理」。正因如此，若想組合「反論」與「起點」，就必須建立健全的機制。聽起來似乎理所當然，不過「反論」越不合常理，通常就越不容易建立機制。即便如此，這世上還是有許多「精彩案例」建立了反論得以成立的健全機制。

雖說如此，配合時代趨勢的「定論」還是不斷產生變化，我們無法一直以根據相同定論所建立的「反論」來運作新的商業型態。也就是說，我們必須時時解讀當代的「起點→定論」才行。而若想靈活運用這個架構，就必須具備所謂的「時代解讀力」。

「起點→定論」是以現在為起點。因此，現在所謂的「反論」就位於未來的時間軸上。怎麼說呢？因為「反論」是不合常理的，基本上就是在世上未被實現的概念。但是，如果時代改變，在未來早已取得先機的反論就會被世人視為理所當然而成為定論。也就是說，若想把過去的反論轉變成現在的定論，甚至發展成商業型態的話，就必須不斷尋找「目前定論的反論」。所謂商業型態，可以說就是配合著時代變化，不斷不斷地重複「定論」與「反論」的行為。

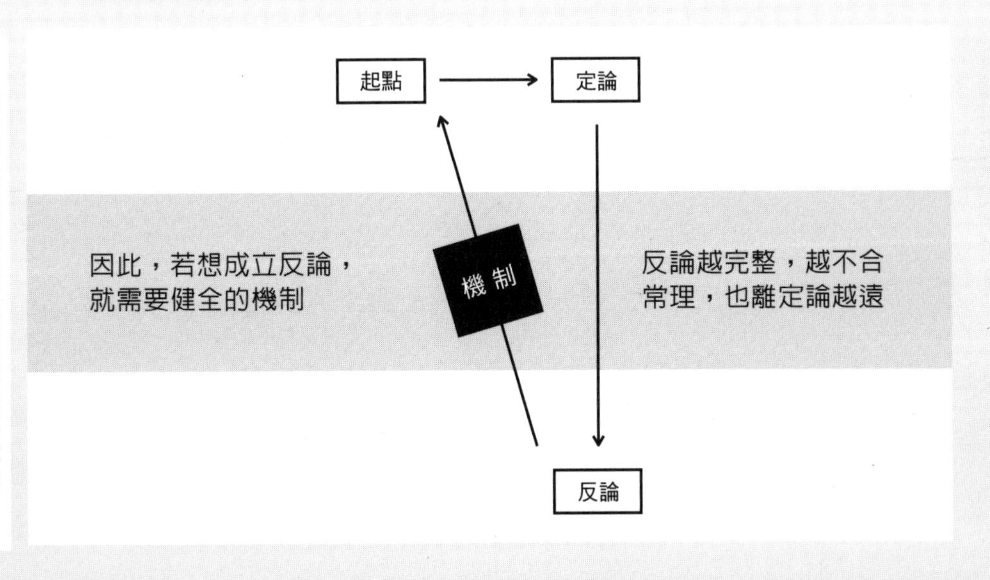

定論是現在，反論是未來

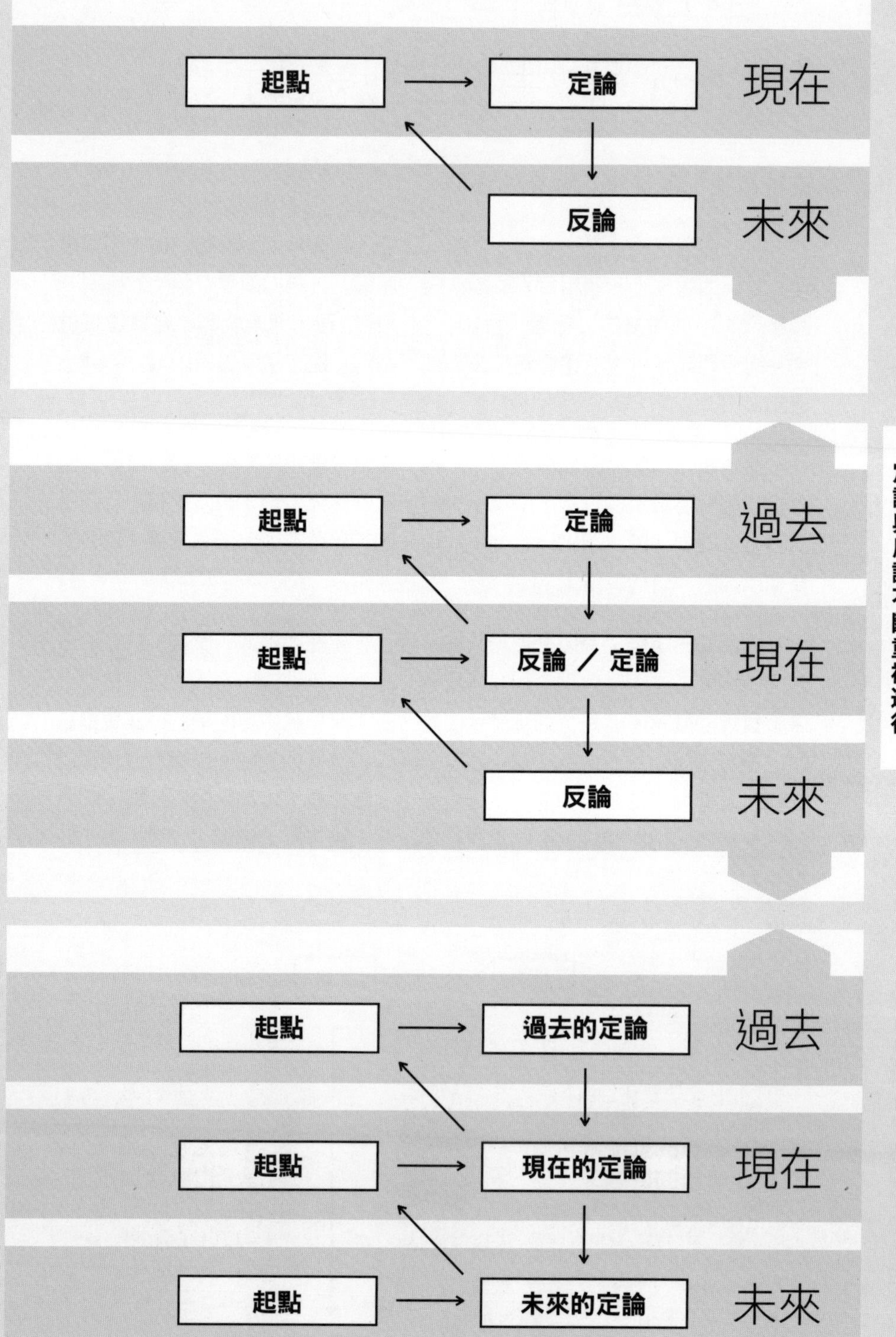


定論與反論不斷重複進行

### 「反論的極致型態」就是革新

我以為，**正因反論的「反」是最強大的狀態**，所以就是**革新**。革新在日本多半被解讀為「技術革新」。不過，革新在本質上的意義更為廣泛，指的是「創造革新」的意思。

反論與革新有著密切的關係。請利用下面的例子來思考看看吧。

起點：雨傘

定論：明明占用了一隻手，卻無論如何都還會被淋濕

反論：空著兩隻手也絕對不會淋到雨

雨傘的功用本來是用來遮雨，避免被雨淋濕。然而，就算使用雨傘也無法完全擋住雨水，無論如何腳或身體等某部分都會淋濕。為了解決這個問題，所以市面上才會出現雨衣等衍生商品，但是隨身攜帶雨衣的人卻不多。雨傘的功用沒有完全達到目的，而這樣的產品卻占了大部分的市占率。

因此，如果市面上出現「空著雙手也絕對不會淋濕的雨傘」，結果會如何呢？這樣不是非常方便嗎？例如，飄浮在空中，全身包覆著防護網，落到身上的雨都會自動彈開。而且使用這產品視野看得清楚，也不會為他人帶來麻煩，還有，價格實惠親民。如果有這樣的產品，絕對會暢銷才對。雖然在目前的階段還不知道如何實現這樣的產品，不過如果能夠開發出來，絕對就是革新的商品。

若要舉現實中已有的案例，全球第一台全自動洗烘折衣機器「Laundroid」或許也可以說是革新商品。傳統的洗衣機只有自動「洗衣」、「烘衣」等功能，還無法自動做到下一步驟的「折疊」功能。這是因為衣服的種類、大小不一，折疊方式也各有不同的緣故。

當大家都覺得「自動折衣應該不可能做到吧」，全自動洗烘折衣機器卻被開發出來了。這機器做到了大家都認為做不到的動作。當定論越堅定，反論被實現時所帶來的衝擊也就越大。

# 「社會性」「經濟合理性」「創造性」——齊備這 3 者就是理想的商業模式

## 光靠反論無法產生令人感動的商業模式

擁有反論的商業型態既有創造力，也很有趣。然而，若說只要有反論架構就一定會成功，那倒也不一定。舉例來說，請試著想想前面提到的「我的法國菜」這樣的餐飲事業，假如「我的法國菜」做了以下的事情，顧客也會覺得感動嗎？

- 假如餐廳為了提高顧客滿意度，獎勵員工超時加班，沒日沒夜地工作？
- 如果餐廳為了極力以低價採購一定品質的食材，有意地購買不講求環保的食材？

當然，這始終只是打個比方而已。實際上並沒有發生這樣的事實。但假設這樣的醜事曝光，餐廳還會受到顧客青睞嗎？

只要有反論就能令人感動？

某商業型態的經營過程中

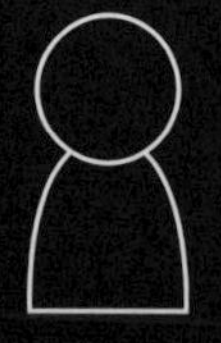

為了提高顧客滿意度，獎勵員工過度加班，沒日沒夜地工作？

黑心企業……？

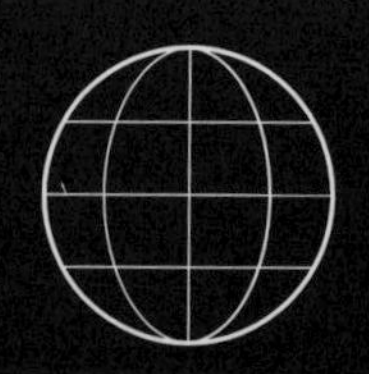

為了極力以低價採購一定品質的食材，有意地購買不環保的食材？

破壞環境……？

## 必須擁有「對八方都好」的想法

我思考這些事情時，看到了「對八方都好」的概念。這是重視社會性的投資信託公司「鎌倉投信」創辦人之一，新井和宏先生在《永續的資本主義（暫譯，持続可能な資本主義，ディスカヴァー・トゥエンティワン）》一書中闡述的觀念。

日本原本就有「對三方都好」的說法。這是近江商人（註：指本店位於現滋賀縣一帶，並出外經商的商人。與大阪商人、伊勢商人被譽為「日本三大商人」）對於「買方好、賣方好、世間好」等三者的關係產生共同價值觀的想法。



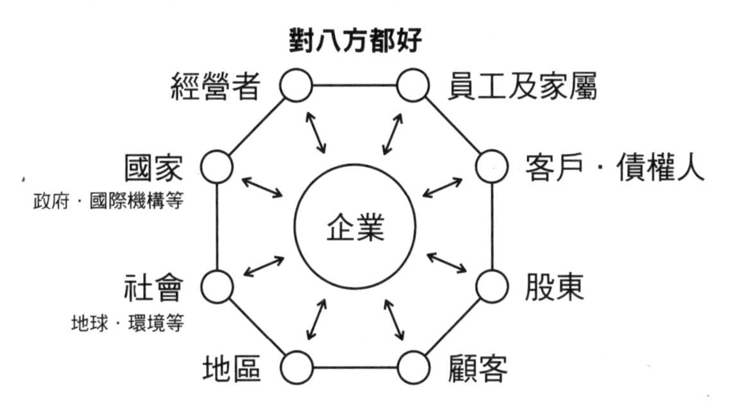


在企業經營上，有許多應考慮到的利害關係人

出處：《持続可能な資本主義》（新井和宏　ディスカヴァー・トゥエンティワン）

新井先生於書中指出，在現代複雜的社會中，與企業有關聯的相關者（利害關係人）範圍不斷擴大，所以提倡「對八方都好」的概念。

總之，在目前的商業環境中，他把對「三方都好」這種大致區分的做法，更擴大到無窮盡的其他利害關係人。把前面的例子套用在這個對八方都好的框架，就會得到次頁的圖。

犧牲任一方的商業型態就稱不上對八方都好

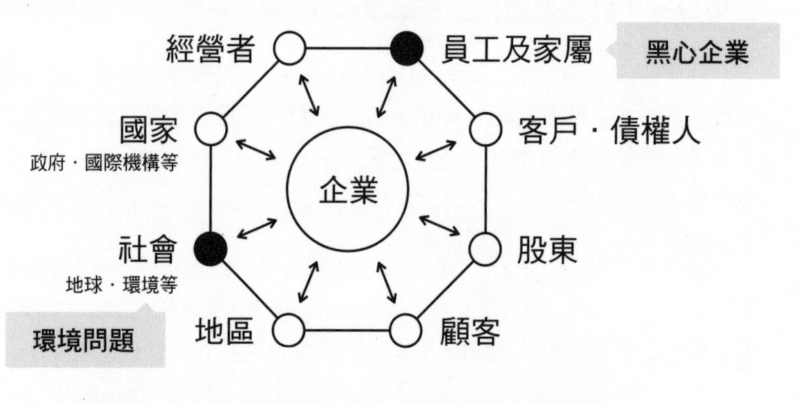


犧牲員工、犧牲社會……這種犧牲八方中任何一方所成立的商業型態，因為有人因此而受苦或遭受損失，所以難以長久經營。

順帶一提，鎌倉投信以投資對社會友善的公司而聞名，2013年獲得日本信評公司R&I（Rating and Investment Information）頒發最佳基金獎（投資信託／國內股票部門），表示該公司的商業型態具有經濟合理性（本書p142將有圖解說明）。

### 「社會」與「經濟」與「創造性」

總結以上的說明，就會得到下圖的結果。

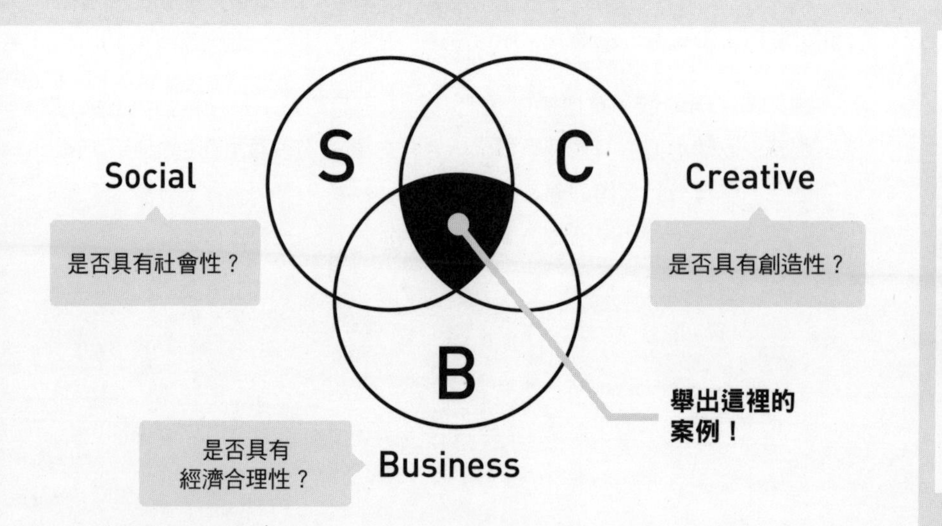


社會、經濟、創造

位於「**Social**（社會）」、「**Business**（經濟）」、「**Creative**（創造性）」等3個圓的交集的案例，才是可在未來時代倖存的商業模式。

所謂社會，指「是否具有社會性」，經濟指「是否具有經濟合理性」，創造指「是否具有創造性」。還有，社會、經濟、創造等3個觀點（以下以SBC代之）與商業模式2.0的3個規則連動。本書（以及網路發表的「#商業模式圖解系列」）將盡量針對SBC 3個圓的交集部分做圖解。

・對於社會的「是否具有社會性？」問題

## 思考「八方都好」

・對於經濟的「是否具有經濟合理性？」問題

## 思考「商業模式（獲利機制）」

・對於創造的「是否具有創造性？」問題

## 思考「反論架構」

只是，判斷八方都好的社會性程度並不容易。「滿足八方都好」本身就是非常難以達成的境界，而且「要怎麼做才稱得上八方都好」，解釋也因人而異。因此，目前以反向檢視的方式進行，如果能夠判斷哪部分沒有滿足八方都好，就不公開圖解說明。

**八方都好、商業模式與反論架構之相關性**

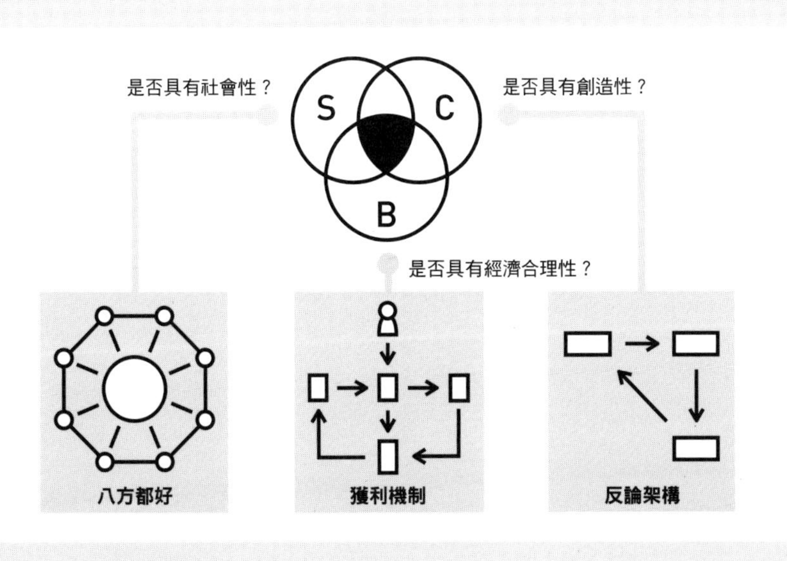

舉出滿足這三項的案例

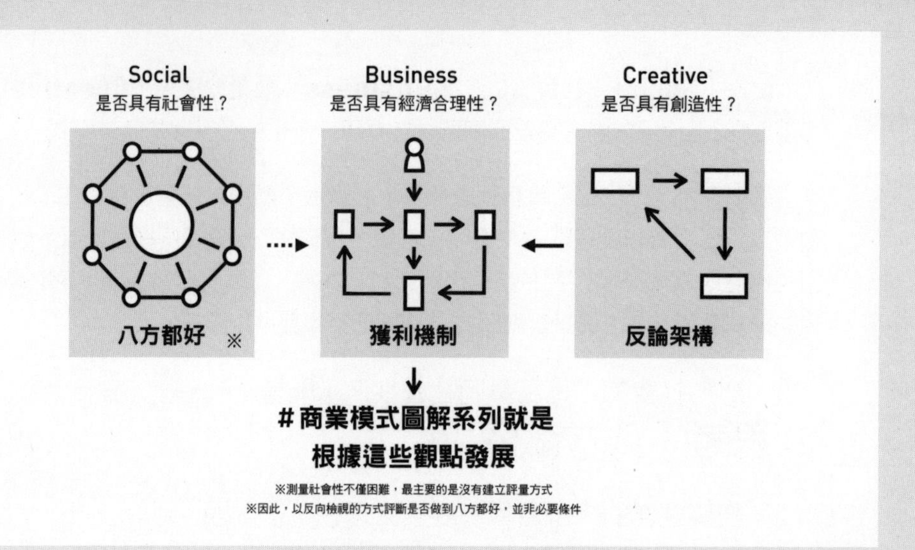
Social
是否具有社會性？
八方都好 ※
Business
是否具有經濟合理性？
獲利機制
Creative
是否具有創造性？
反論架構
# 商業模式圖解系列就是
根據這些觀點發展
※測量社會性不僅困難，最主要的是沒有建立評量方式
※因此，以反向檢視的方式評斷是否做到八方都好，並非必要條件

# 「沒有記錄在資產負債表上的價值」才重要

### 為什麼需要社會性與創造性？

企業若要存活，不用說，「經濟合理性」（Business）的觀點必然是重要的。不過，未來的時代不是只追求經濟合理性就夠了。

基本上，只要企業進行某些活動，提高企業價值，對社會就可能會帶來正面影響。衡量該企業價值的工具有例如「資產負債表（B/S）」等資料。這是各種財務報表中的一種，使用於會計領域。資產負債表，「Balance Sheet，可看出某一時間點的企業財務狀況」。這麼寫或許讀者會覺得難以理解，不過其實原理很簡單。

**轉換成資產負債表的概念來思考**

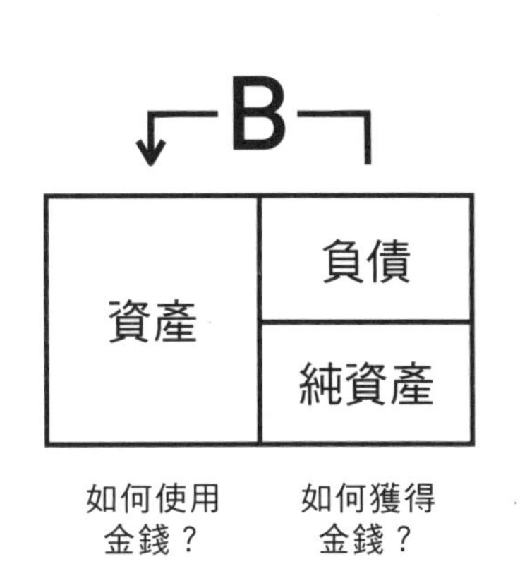


**企業活動就是把拿到的資金轉換成資產，藉此提供價值給顧客，最後產生利益的構造。總之，商業活動的根本在於轉換資產。**

資產負債表的右側列有「負債」與「純資產」，意味著「你如何獲得金錢？」舉例來說，你向銀行借500萬日圓，自己也出資500萬日圓成立公司，表示這1000萬日圓是你用兩種方法取得；如果公司的規模持續擴大，甚至可以再透過「自己出資」、「股東出資」等方法獲得資金；如果公司上市，就能夠向更多人籌得資金。

另一方面，圖的左側稱為「資產」。以前面的例子來說，表示「把1000萬日圓用在哪裡？」資金可能是用來製造商品、開店等，為了因應商業型態而花在各種用途的資產就會記錄在左側。對了，也可以用現金的狀態保存。

總之，若極端來說，企業活動的根本可以鎖定在「把籌措到的金錢變換成資產」這個重點，結果就是能夠提供顧客某種價值。透過價值的提供，產生營業額並獲得利益，然後再持續商業活動。

### 未記錄在資產負債表上的「無形資產」

接下來，我們把話題轉移到「創造性」（Creative）吧。如果把資本變換成資產是商業活動的話，那麼創造性要在何處發揮呢？

答案是，無形資產。無形資產指品牌、信用、人才、創意、知識技術等，通常指沒有記錄在資產負債表上的資產，又稱「信譽」。目前這類的無形資產大大地受到世人注目。闡述企業價值的《價值的教科書（暫譯，バリュエーションの教科書）》中提到：「企業價值的本質在於創造無形資產『信譽』的實力」。

資產通常只要有錢就買得到。不過，**光有錢還是無法獲得無形資產**。開發各種創意結果、結合品牌價值、能夠錄用優秀人才以及累積知識技術等等，產生這些無形資產就是創造性。總之，企業需要具備創造性。（※代表重視無形資產的事件之一，就是日本經濟產業省於2017年10月發表了〈伊藤報告2.0（暫譯，伊藤レポート2.0）〉。報告中解釋了無形資產的重要性。若想了解詳情，請務必閱讀該報告內容）。

**創造性為無形資產產生槓桿作用**

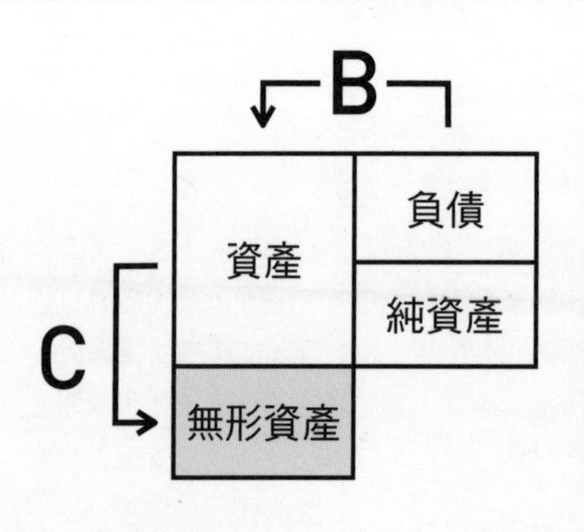


☆
**無形資產指品牌、信用、人才、創意、知識技術等沒有記錄在資產負債表上的資產，又稱「信譽」，也是建立企業價值的來源。「創造性」的任務最終就是把資產轉換成無形資產。**

## 把無法用數字呈現的價值轉換成資產

最後是「社會性」（Social）。追求社會性就是探討尚未呈現在財務報表上的未來風險，並且有效率地把非財務領域的事物轉換成（無形）資產。

因無形資產增加，市值也隨之提升

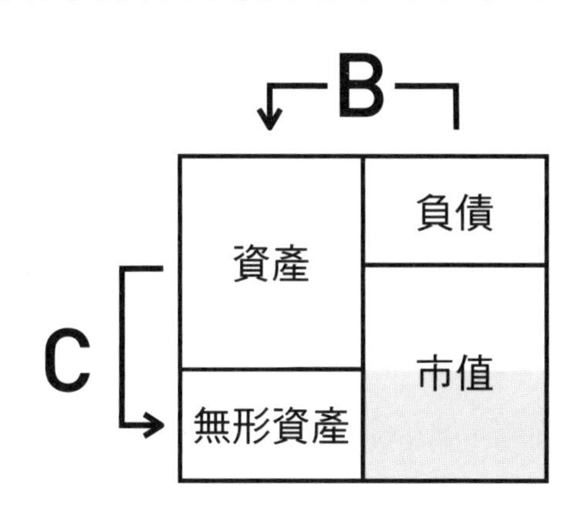


**資產負債表左右相等。無形資產增加，市場的期待值提高，市值也會跟著增加。**

※只是，通常市值不會被定量化，除非是首次公開發行（Initial Public Offering）或併購

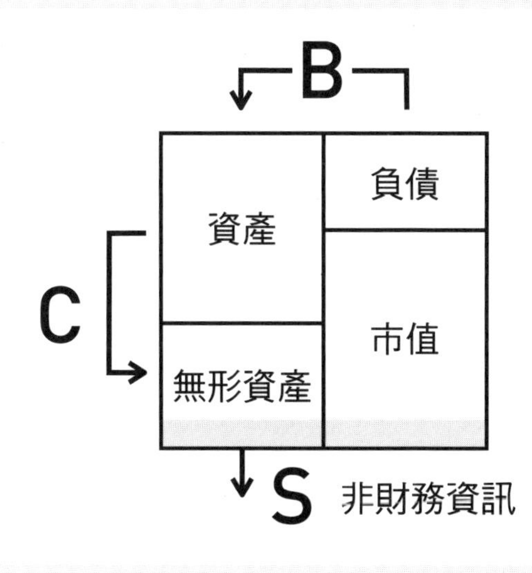


**追求社會性就是探討尚未呈現在財務報表上的未來風險（非財務領域）。有效率地把非財務領域的事物轉換成（無形）資產，藉以創造企業價值。**

追求社會性就是將非財務領域轉換成資產

非財務資訊指無法以財務數字呈現的資訊。例如風險資訊、永續課題的因應、員工相關資訊等，其中一部分可見於CSR（企業社會責任）報告書或有價證券報告書等。現在非財務領域之所以受到矚目，理由是商場上逐漸要求企業應以中長期的觀點經營。

具體的案例是聯合國於2015年通過SDGs，促使企業要致力投入

SDGs。所謂SDGs是「Sustainable Development Goals，永續發展目標）」的簡稱，法案中決定了貧窮、飢餓等17個課題作為努力的目標。

意思就是如果要從本質上解決SDGs訂定的全球性課題，不僅要靠官方機構，也要仰賴民間企業的協助。全球性的問題如此之大，無法輕忽不理。

### 不貢獻社會就籌不到錢

另一方面，不知各位是否聽過「ESG投資」？E是Environment（環境），S是Social（社會），G是Governance（公司治理）。投資者會積極投資能夠兼顧這3者的企業。

說起來，ESG到底是什麼？

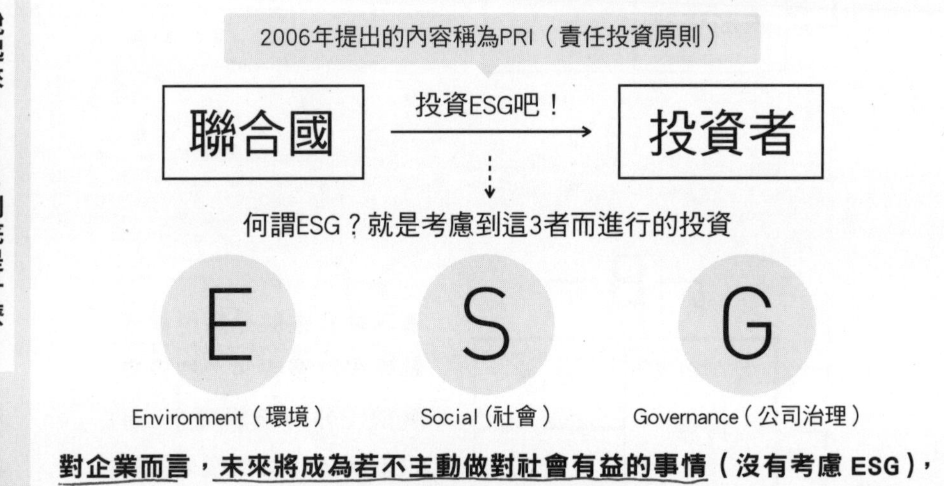


大致上來說，就是「企業要對環境與社會負責。若要做到這點，企業就必須建立健全體制，預防內部發生違背常理的情況（例如做假帳）」。

為什麼我要在這裡提ESG投資這種有點複雜的話題呢？那是因為企業進行商業活動之際，與社會性具有密切的關係。手中握有日本年金100兆日圓資金，世界最大投資機構GPIF（日本政府年金投資基金，Government Pension Investment Fund）從2017年起，開始把資金投入ESG投資上，ESG在日本也受到民眾的注意。對於從投資者獲得資金的企業而言，「投資者很在意ESG」這件事也與自己息息相關。**因為未來若不注重ESG，就無法獲得投資者的資金投入。**

我一開始也不明白為何GPIF這類的投資機構要投資ESG。簡單說投資ESG就是「投資好公司」，所以我當時覺得雖然這類公司具有社會性，但是經濟合理性就較為薄弱。

不過，其實這樣的想法並不正確。一旦運用100兆日圓規模的資金，那就不是只在意一家公司一家公司的股票漲跌等小事，而已經是投資了日本（甚至超乎日本）的整體經濟。若是如此，想要確實獲利，投資方向就必須排除會動搖日本整體經濟的風險。總而言之，也就是面對 **E**：環境問題、**S**：社會問題等，思考 **G**：公司治理問題，然後再進行投資，藉以確保長期性的獲利。換言之，企業經營無法忽略環境與社會問題。由此可窺見社會性應該受到重視。

SDGs或是ESG等概念在全球蔓延開來，也是企業在中長期成為對社會有益的機構所必須承受的外部壓力。總之，對於企業而言，無疑地社會性變得越來越重要。

**日本國內的ESG契機**

運用超過100兆日圓資金，被稱為全球最大投資機構。

## 2017，GPIF在日本國內開始投入ESG投資！

**為何 GPIF 這類的投資機構要投資 ESG 呢？**

既然 GPIF 是投資機構，當然要追求獲利。
投資對象中，會考慮 ESG 的企業某種意義就代表「好的公司」，
但是投資這類公司具有經濟合理性嗎？

為何GPIF要投資ESG？

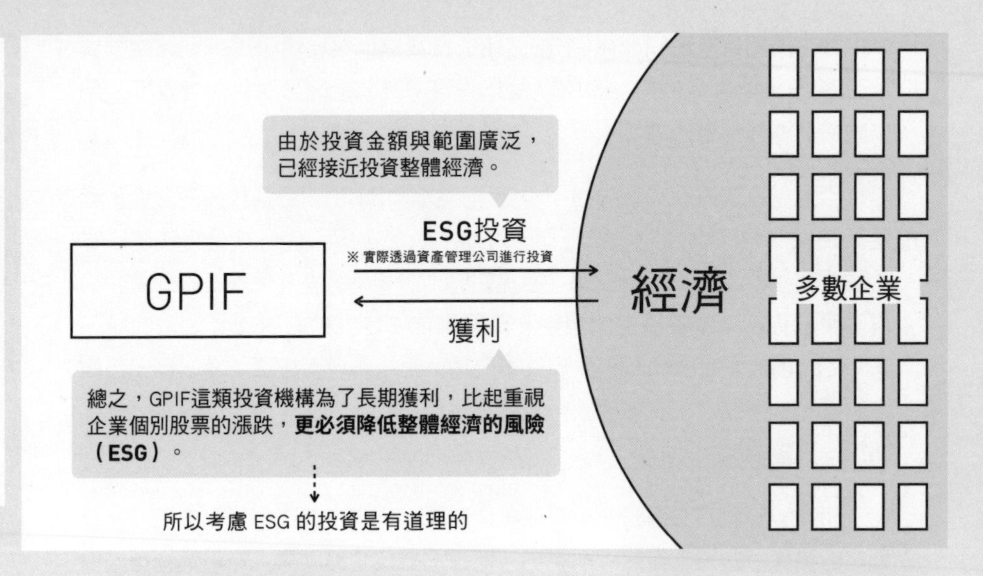


企業越來越被要求應具有社會性

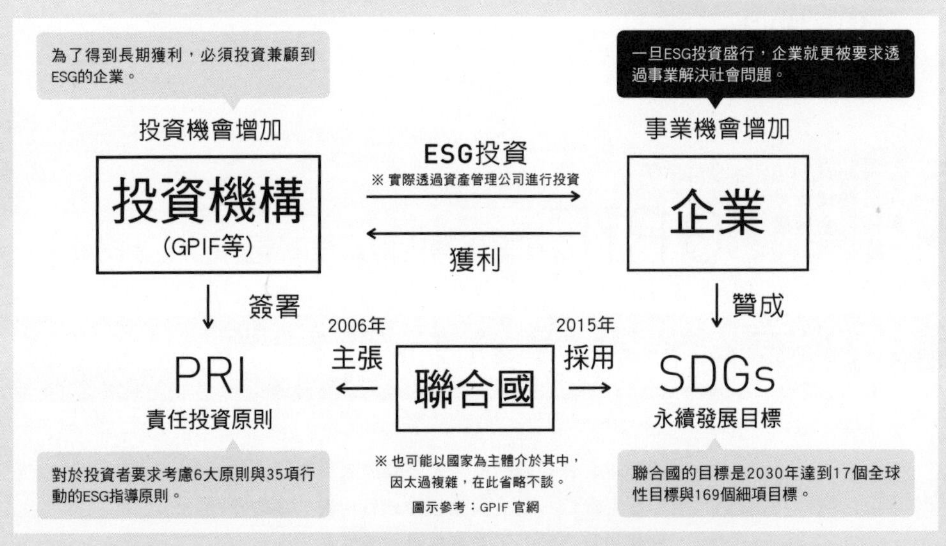


歸納以上的說明，可得到以下結論：

①經濟合理性是從資本轉換為資產
②創造性是從資產轉換為無形資產
③社會性是從非財務轉換為無形資產

總之，若想提高企業價值，就必須均衡地思考這3點。

順帶一提，這樣的主題很容易使人陷入「說大話」的迷思，不過光是「做好事」是無法建立成功事業的。

我自己有許多NPO或社會創業家朋友。其中有很多人「想對嚴重的社會問題有所貢獻」而建立事業，但是卻因為事業虧損而無法持續下去。可見不應該只重視社會性或只在意令人驚豔的創造性，「滿足SBC 3項」才是最重要的。

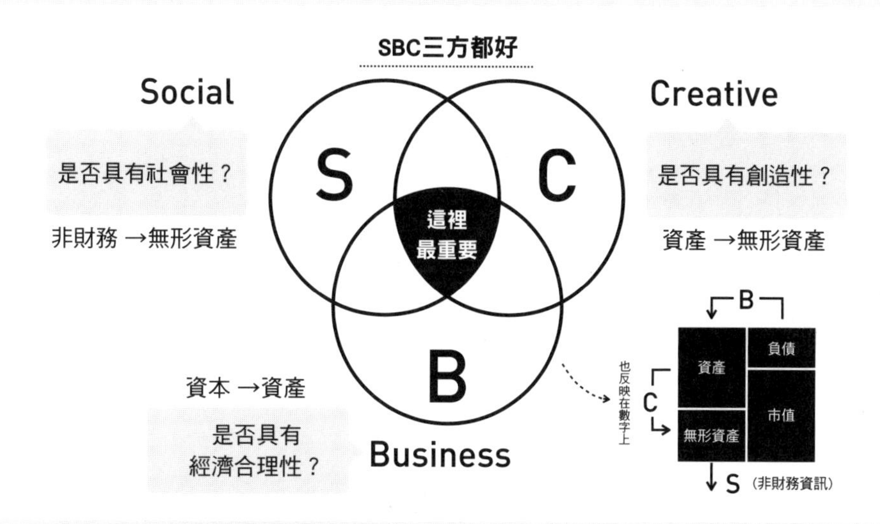


## 接近SBC概念的經營案例

前面講的都是抽象概念，以下我想透過實際的企業經營案例來說明SBC。三菱化學控股株式會社為了提升企業價值，以「KAITEKI」（註：日文「快適」（かいてき），指「舒適」）這個關鍵字決定3個主軸（這不是個別的事業戰略，而是全公司的經營策略，所以前提與本書介紹的事業戰略等級的商業模式不同，在此先表明）。

①Management of Sustainability（MOS）：
以提高永續性為目標

②Management of Economics（MOE）：
重視資本效率的經營

③Management of Technology（MOT）：
追求技術革新

有趣的是，該公司也決定了時間軸。分別以100年（Century）、10年（Decade）、1季（Quarter）為單位。

某種意義來說，這3項主軸可說與前述的SBC相呼應。

①MOS：社會性
②MOE：經濟性
③MOT：創造性

我去聽了三菱化學會長小林喜光的演講，了解了三菱化學實際把SBC的3個觀點運用在經營上。加上100年、10年、1季等時間軸的概念，以更堅固的框架穩定公司的營運。我對此不禁肅然起敬。

一般來說，像MOS這種長期性的觀點與MOE這種短期性的觀點容易產生衝突，因為一般人總以為若想獲得永續性，就必須降低短期利益。不過，該公司卻成功地同時兼顧兩者。實際上，也看到MOS的目標達成率與MOE的營業利益之間呈現正相關的關係。

### 未來將成為「商業模式2.0」的時代

前面提過，思考商業模式的思惟是「若想在未來的時代提高企業價值，不能只考慮經濟合理性，也必須將社會性與創造性納入考量之中」。若是如此，未來要在公司成立新事業或是想創業的人，是不是從一開始就最好思考滿足此三要素的商業模式呢？

以往的商業模式強調「是否獲利」，很容易建立只重視經濟合理性的架構。不過，未來**必須看清是否具備對八方都好的「社會性」，也要利用反論架構研究「創造性」，透過商業模式圖解來研究「經濟合理性」**。以這樣的SBC為基礎建構商業模式，最後才會獲得經濟上的成功。這不也是未來社會應追求的企業樣貌嗎？

# 圖解說明書

為了以更簡單易懂的方式說明，所以商業模式圖解依照幾項規則構成。這裡介紹的是基本規則，本書的100個案例皆依循此基本規則呈現。

## 主體

### 以3×3的架構構成

所謂「主體」指經濟活動中的重要相關者・物品。規則是此主體必須填入此3×3的方格內。上層、中層、下層分別指使用者、事業、事業機構。詳細定義請看背面的說明。

## 箭號

物品流向

金錢流向

資訊流向

從屬關係

### 金錢·物品·資訊流向

所謂「箭號」代表來往主體間的重要關係。為了區別物品・金錢・資訊流向，所以分別加上具代表性的標誌。若是從屬關係，則在附屬者加上●表示，不見得一定存在的流向則以虛線表示。

## 補充

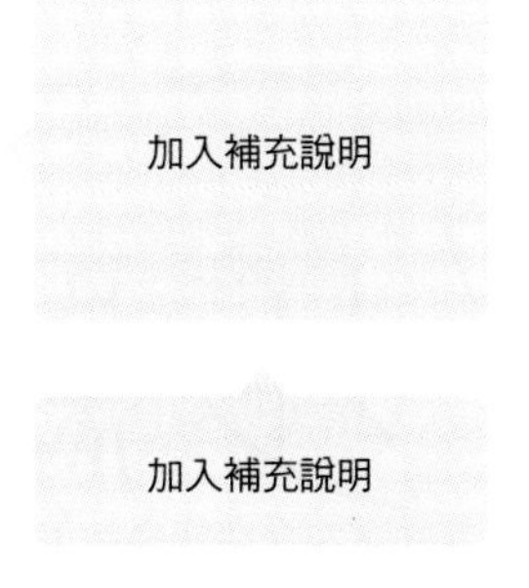


### 對白式的補充說明

所謂「補充」指光以主體或箭號無法完整說明的重要資訊。為什麼會有這個主體？為何會出現這個箭號？等等，說明理由時也會使用補充說明。有時候也會出現針對補充說明做進一步的說明之情形。

# 第1章

# 物力

提供新的

「核心價值」

以往被視為理所當然存在的商品或服務，也會因為智慧或科技而產生變化。以下介紹的案例是順應時代背景的改變，把以往被忽略的商品、服務或空間價值，重新定義為其「核心價值」。

001

# Bulletin

**接續共享工作空間之後的「共享店鋪」創意**

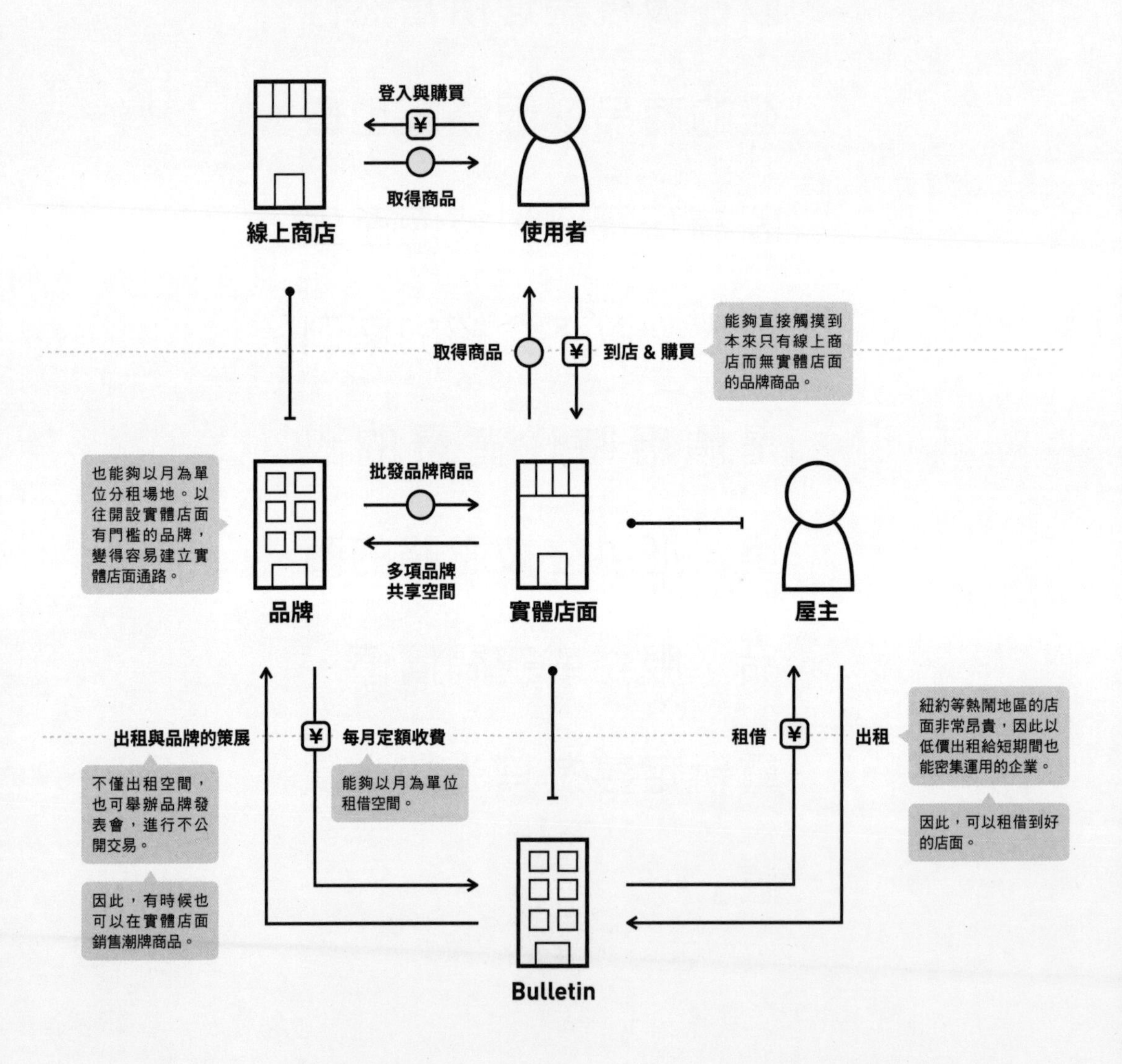


| 零售店的銷售店面 | 起點 | 定論 | 以年為單位出租整個郊外店面 |
|---|---|---|---|
| | | 反論 | 以月為單位出租東京都內店面的部分空間 |

## 利用「詳細分割」的方式提供位於精華地段的實體店面

「Bulletin」提供線上品牌所有者可在傳統型實體店面中銷售的管道，也就是所謂「線上品牌的共享商店」。

目前，該公司在紐約SOHO地區以及威廉斯堡區等地展開事業。

Bulletin乍看只是一般的選物店，不過其特色是不僅詳細分割並共享空間，時間也能夠細分為以月為單位出租，而這點就成為「反論」的重點。

若要以實體店面成功經營的話，地段的選擇非常重要。像紐約這種精華地段的地價高，一旦租借的房客離開，就要花很長時間才能找到下一個房客，有時物件就會成為閒置店面。Bulletin看中這點，建立一個就算短時間也能夠用來當成實體店面的機制。對於屋主而言，獲得短期的租金收入是很歡迎的，所以Bulletin便成功地以低價租借物件。

對於品牌方而言，也能夠解決以往擁有實體店面的門檻問題。如果是好地段，既容易挑戰商品行銷，而且也能夠以月為單位展店，當然更能夠以快閃店（Pop-up Store，在閒置店面展店，一定時間後就收店的店舖）的方式作為宣傳使用。以往無法直接接觸到商品的顧客也能夠深入了解商品，這點是非常具有吸引力的。

Bulletin透過「分割」時間與空間，漂亮地解決屋主以及品牌擁有者的問題，自然地展現出「WeWork（針對創業者提供共享工作空間的美國企業）的零售業版」，Bulletin巧妙地搭上共享經濟趨勢，我想這也是該公司經營成功的重點。

002

# Optoro

**退貨商品能夠自動「重新出貨」的系統**

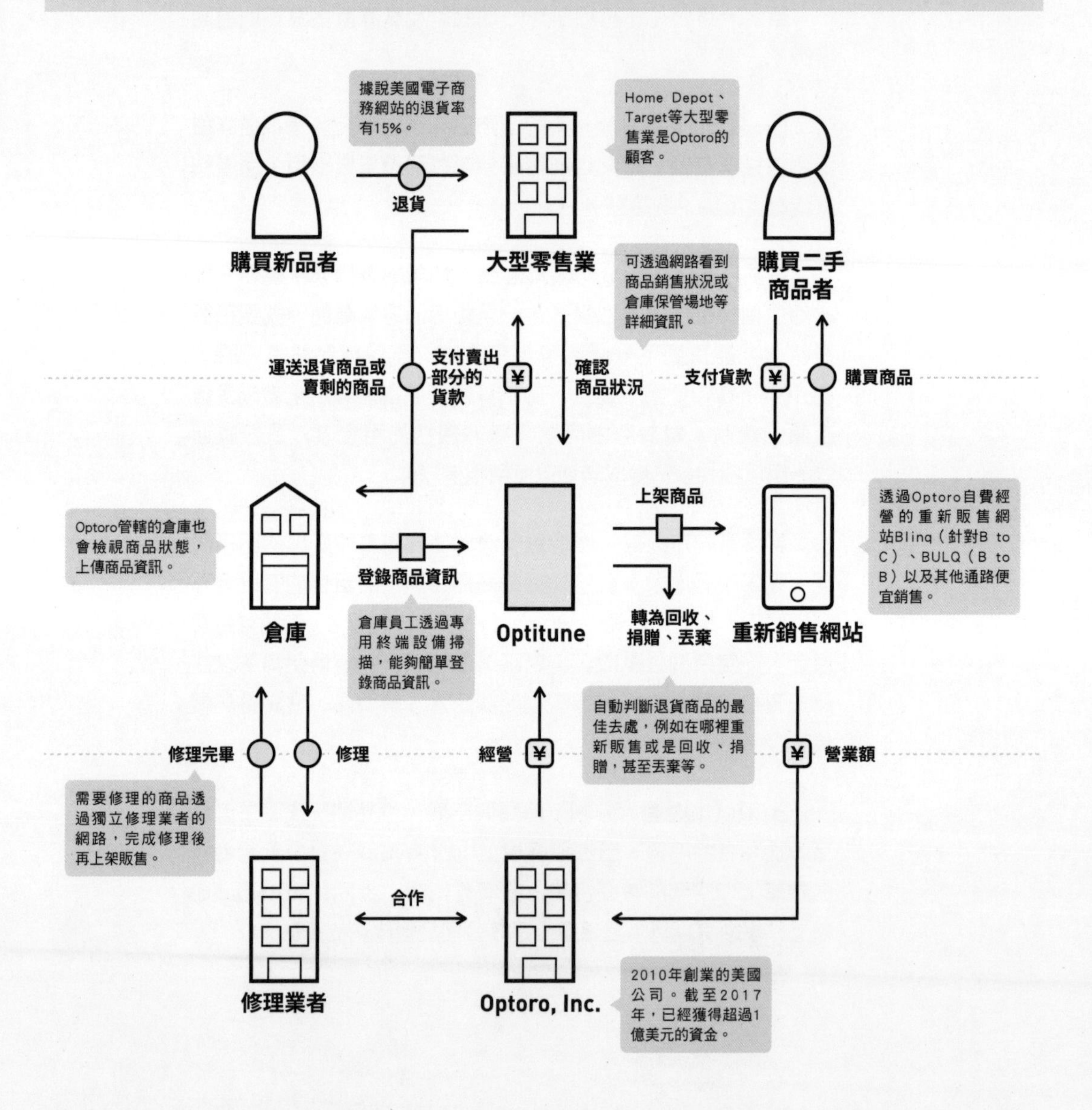


| 電子商務網站 | 起點 | 定論 | 退貨商品將變為成本 |
| --- | --- | --- | --- |
| | | 反論 | 能夠重新銷售退貨商品 |

## 獲得1億美元資金，創立於美國的「下個獨角獸企業」

在線上商店的市場大幅發展的現代社會中，對於零售業者而言，退貨或未售出的商品庫存是公司的一大損失。甚至，如果這些商品遭到廢棄，也會對環境帶來負面影響。

為了因應這樣的狀況，也為了促進持續性的消費，2010年創業的美國企業「Optoro」開始提供物流服務，處理電子商務網站退貨的商品。據說美國電子商務網站的退貨率有15%。從減少無謂的資源浪費的層面來看，這樣的永續事業特徵也跟上了時代的潮流。

該公司發展的「Optitune」服務最厲害之處在於可自動判別退貨商品，然後決定最佳的再銷售管道。若說這是該公司技術的最佳展現，真的一點也不誇張。

不只是重新銷售，該公司也會因應需要修理（也擁有修理業者的網路）、回收或捐贈。該公司製作的服務介紹影片曾說過「送到下一個最佳去處」，這句話簡潔說明了該公司的服務內容。

Optoro針對B to C與B to B，分別自費經營「Blinq」與「BULQ」等再銷售網站，等於準備好了商品的出路。乍看似乎有點類似廢物回收業者，不過其特色是運用現代科技的方式進行。

該公司創立於2010年，員工已經超過500人。還有，目前已經獲得超過1億美元的投資，公司成長順利，被評為「下一個獨角獸（評估價值超過10億美元，未上市的創投企業）」。

003

# 我的法國菜

**能夠以低價品嘗一流廚師的料理，祕密就在「翻桌率」**

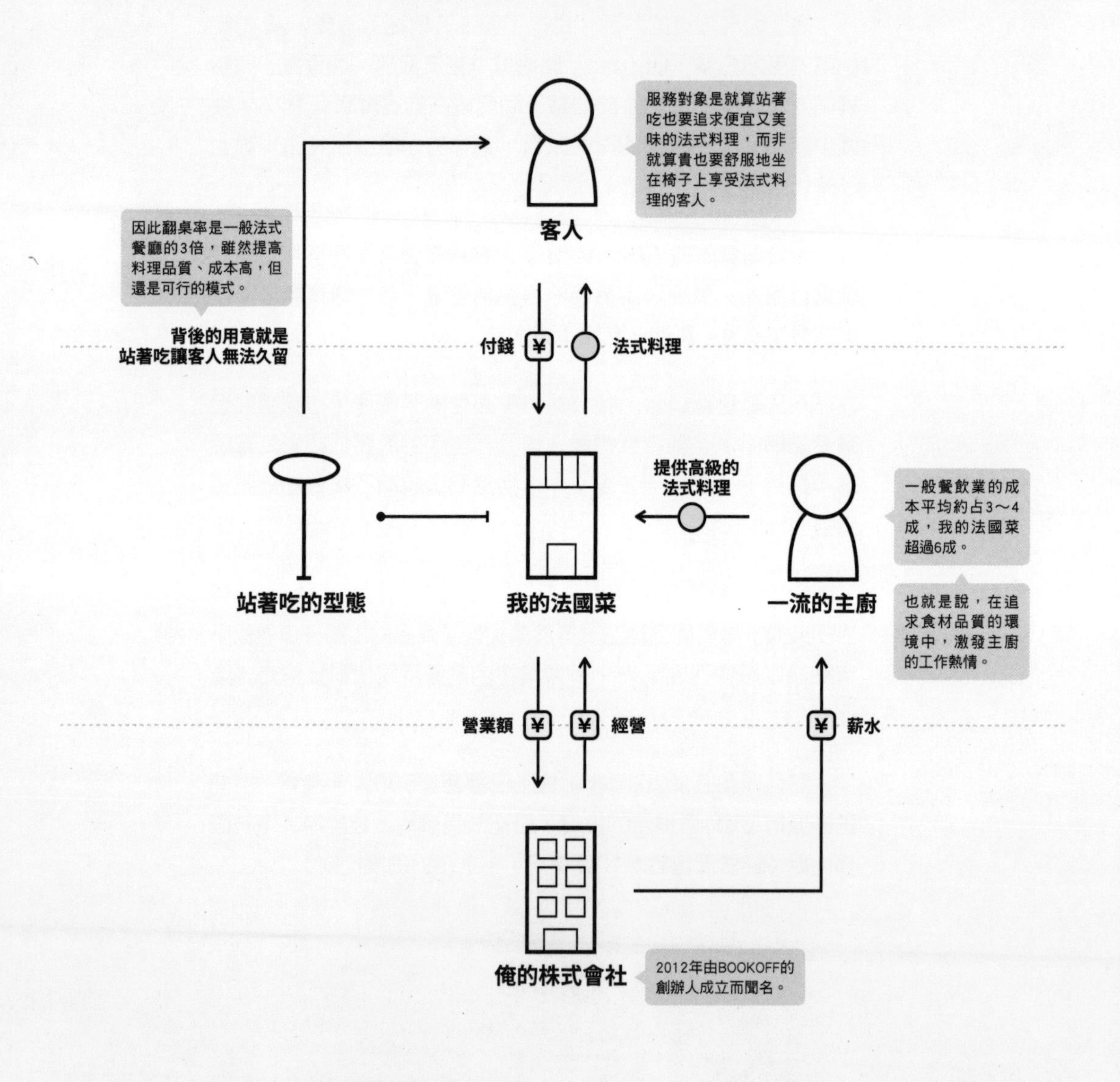


一流法式餐廳 起點 — 定論 坐著用餐的高級料理

反論 站著吃的平價料理

## 雖然是法式料理，但採用立食方式達到3倍翻桌率

立食餐廳「我的法國菜」聘用了活躍於高級餐廳的主廚們，以親民價格提供高級料理。經營此餐廳的「俺的株式會社」是成立於2012年的餐飲連鎖公司，由日本知名二手書連鎖店BOOKOFF的創辦人坂本孝創立新型態餐廳而聞名（創業時已超過70歲）。

「雖然是法式料理，但卻是站著吃！」這種方式非常挑戰人心。通常人們對於法式料理的認知是舒適地坐在椅子上用餐，所以價格昂貴也是合理的。

不過，該餐廳透過立食的方式獲得3倍翻桌率，減少每個人占用的空間，藉此設定便宜卻可行的價格。例如番茄奶油螃蟹義大利麵780日圓，瑪格麗特披薩580日圓，這樣的定價策略真是太讓人感到驚訝了。

一般來說，餐飲業的成本多落在3～4成，然而，我的法國菜的成本維持在6成以上。據說公司為了挖角一流廚師，還標榜「可以盡情使用你們想用的好食材」。

一邊加強主廚的工作動機，一邊保持料理品質，同時透過立食提高翻桌率。這樣的機制建立一個健全的商業模式。

坂本聽說「從餐飲學校畢業的學生，10年後還留在餐飲界的比率不到1成」，於是他為優秀料理人開闢一條生存之道，同時也希望在速食業當道的現代社會中，以低價提供消費者真正的美味料理。因此，他開始走向餐飲這條路。

2018年，「俺的株式會社」發展了更多的新創事業，例如「我的西班牙菜」、「我的日本料理」等事業型態。雖然沒有像法式料理那樣令人印象深刻，不過日本國內已經有超過30家店，亞洲也成立2家店。只是，現在不只有立食的事業型態，也開設有座位的餐廳。未來的商業模式變化很值得觀察。

004

# Sumally Pocket

## 比起丟棄，更輕鬆收納的「實物版」線上儲存空間

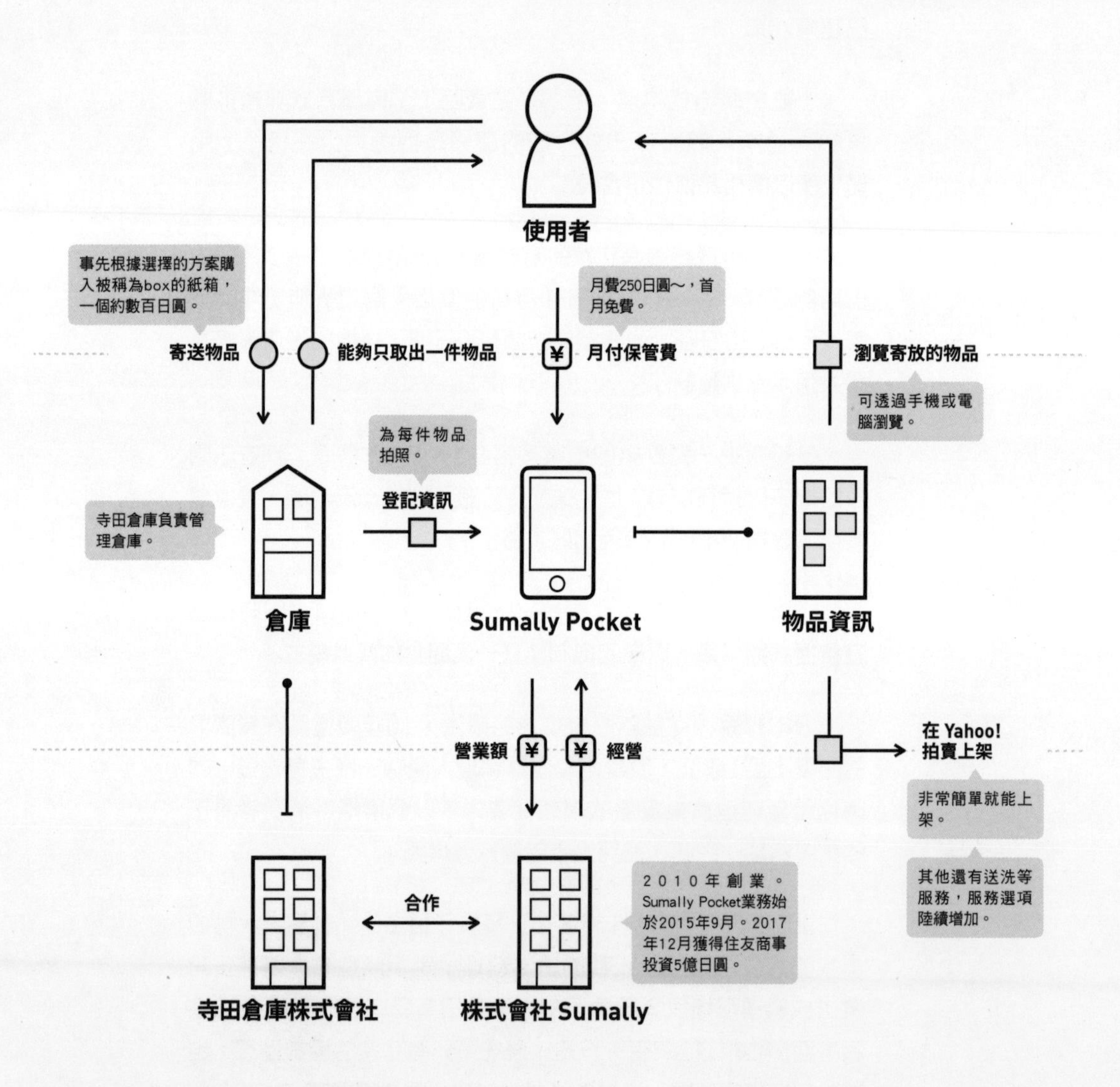


家裡的物品　起點 — 定論　不使用時就收起來

反論　不使用時就寄放

## 隨時都可存取的「共享經濟」決定版

「Sumally Pocket」是始於2015年的雲端收納服務。

2017年12月，該公司發布獲得住友商事5億日圓的出資消息，另外也任命前SMAP成員稻垣吾郎為Sumally Pocket的隊長，話題性十足。

放在家裡的物品本來就需要保管成本。如果把物品占據的室內空間換算租金，就等於是這些物品的保管費用。就算你好不容易搬到一間大房子，如果物品多，相對地就壓縮到你的生活空間，保管費也變貴。如果能夠運用「斷捨離」的觀念把物品處理掉，那倒還好，但是家裡畢竟還是有一些「一年只用一次，而且無論如何都會用到」的物品，很難清除所有物品。

Sumally Pocket提供收納空間，使用者繳交250日圓起的保管費，就可以存放平常用不到的物品。由於與寺田倉庫合作，所以送到倉庫的物品都被放置在安全且溫度・濕度都在控管之下的環境中保存。對於使用者而言，這也是非常令人感到安心的措施。

該服務的最大特色就是每件物品都會拍照存檔，使用者隨時可在網頁上瀏覽自己寄放的物品。簡直就是「實物版」的線上儲存空間。

最令人感動的是可額外追加選項「交給我Yahoo!拍賣上架服務」。如果使用者不再需要存放的物品，只需透過簡單的手續，Sumally Pocket就可以幫使用者在Yahoo!拍賣上架。也就是說，難以判斷是否還會使用的東西，總之就是先寄放著，日後也可以透過拍賣換成現金。

「從擁有變成使用」。最近共享經濟盛行，不過至今仍很難看到直接透過服務實踐這樣的概念。該公司獲得高額的金額資助，期待未來看到更多元的事業發展。

005

# PillPack

**利用個別包裝避免誤食的新世代線上藥局**

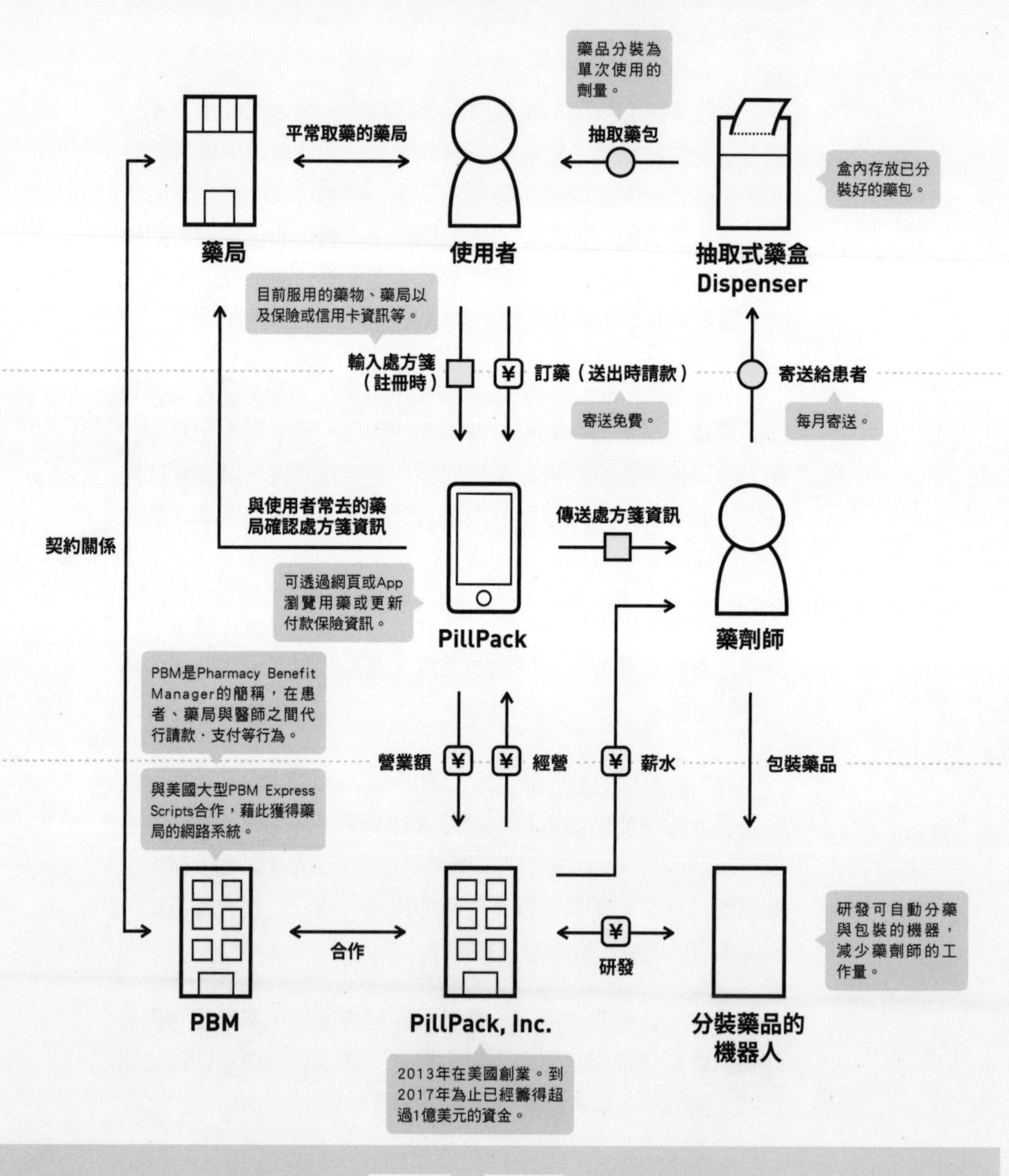


銀髮族用藥　**起 點** — **定 論**　容易發生誤食藥品

**反 論**　不容易發生誤食藥品

## 減少誤食藥物的價值

2013年創業於美國的「PillPack」是利用新型態的方式提供調劑藥局服務的企業。到2017年為止，已經獲得超過1億美元的資金投入，成長快速。

該系統每個月為患者寄送藥物。對於平常不用吃藥的人而言，或許這種服務無太大的影響。不過，根據資料顯示「美國境內每5人就有1人每天要吃3種以上的藥」，顯示這個市場的規模之大。

在PillPack除了可以線上訂藥之外，也能夠追加藥物或是更新保險資訊。註冊時，一輸入處方箋資訊，PillPack就會主動連絡患者經常前往的藥局確認處方箋內容。另外，為了處理大量的線上訂單，該公司也研發了可自動分裝藥物的機器以減少藥劑師的工作量。這也是該公司的強項之一。

此外，該服務最令人印象深刻的就是「抽取式藥盒（Dispenser）」，每次只取出一次藥物量。由於每次只取出一次的藥物使用量，所以不會發生誤食的情況。在美國，很多人因誤食藥物而喪命，「不會誤食藥物」的系統本身就有存在的價值。

對於既有的藥局而言，PillPack可能是他們的競爭對手。即便如此，建構藥局能夠在使用者轉移到線上訂藥時，助上一臂之力的機制就是PBM（藥品福利管理公司）。這家公司介入醫師、藥局等利害關係人之間，代為執行支付．請款的行為，是美國醫療界特有的機構。PillPack與PBM合作，藉此取得藥局的網路系統，取而代之的，該公司也要支付部分利潤給PBM。

對於不斷往超高齡社會邁進的日本而言，這是非常迫切需要的系統。但是根據日本藥事法規定，藥品必須在藥局親手交給患者才行，所以在法律上，線上藥局的事業型態還存在著無法跨越的障礙。另外，2018年6月，亞馬遜公司已經以10億美元併購PillPack公司。

006

# 未來食堂

**能夠配合自己的心情或身體狀況點菜的定食屋**

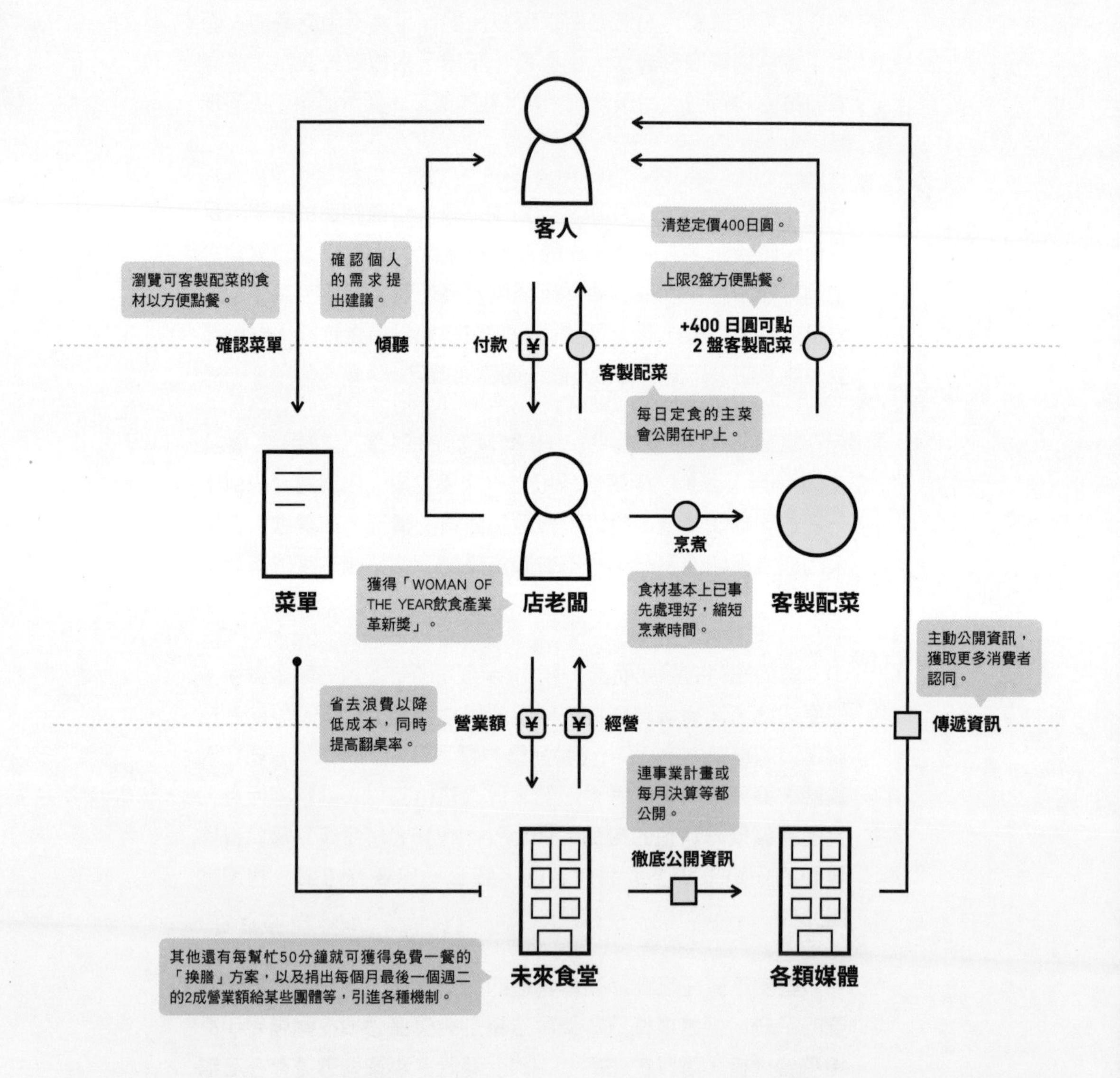


定食屋 起點 — 定論 無論誰點餐都提供相同內容的配菜

反論 配合客人需求提供配菜

## 衝擊餐飲業界「常識」的客製定食

「未來食堂」是一家定食屋，消費者能夠依照自己當時的心情或身體狀況需求點選「特製配菜」。所謂特製就類似客製化，因為要了解消費者的需求或花時間烹煮，所以好像不夠有效率。不過，這家食堂的厲害之處就是透過特定機制解決效率問題。2017年獲得《日經WOMAN》頒發的「WOMAN OF THE YEAR飲食產業革新獎」。

具體來說，未來食堂不會拘泥於食材項目的多寡，只以簡單的調味或手續來增加料理的多樣性。當然，由於已經事先做好前置作業，故能縮短烹煮時間。為了爭取烹調配菜的時間，所以會事先決定每日定食的主菜，或是晚上也會固定菜單等，設法有效率進行烹調作業。

另外，為了讓客人輕鬆點選乍看複雜的客製配菜菜單，所以定價一律設定400日圓，也訂出「配菜2盤以下」的規矩。客人可以瀏覽可選擇的食材，盡量減少客人選擇時的壓力。

一般來說，像定食屋這種低價銷售的餐館會事先決定好配菜內容，這樣無論是誰來點餐，都會吃到相同配菜。像這樣配合每位客人的各種需求來烹調配菜是非常沒有效率的，所以一般餐館不會採取這種做法。不過，未來食堂在「訂製您的『日常餐點』」的事業概念下，為餐飲業界投下震撼彈。以結果來說，把營業成本控制在25%左右，同時也達到中午尖峰時刻最高7次的翻桌率，真令人感到驚訝。

更精采的是，未來食堂公開了事業計畫以及每月的決算等經營資訊，完全公開資訊。透過這樣的做法，增加媒體曝光率，也透過知道未來食堂機制而前來消費的客人，為食堂帶來源源不絕的正向循環。「公開資訊最後會帶來利益」，這樣的結構真是符合現代的經營模式。

007

# Spacious

**營業時間前的餐廳是共享工作空間**

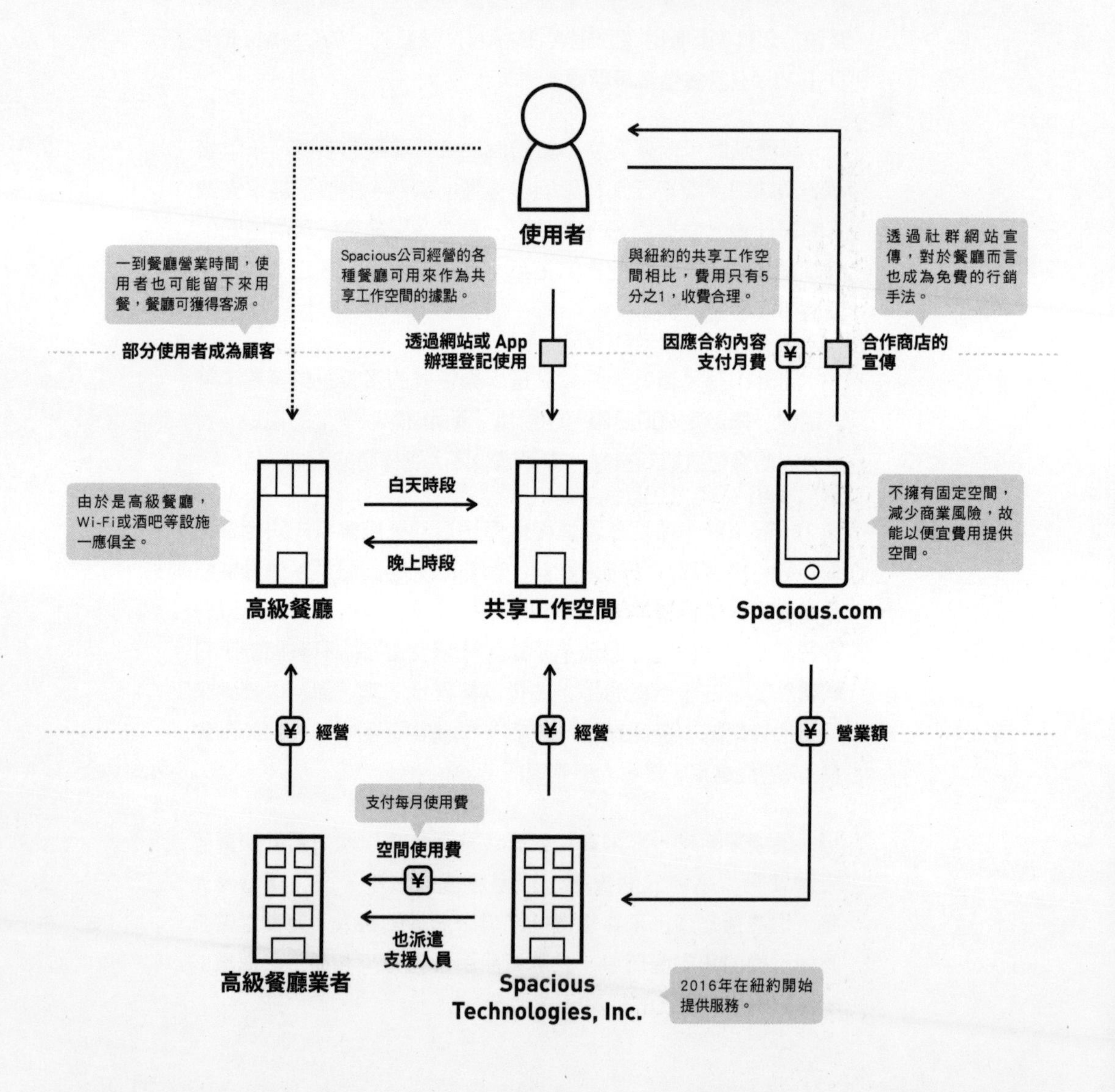


共享工作空間 **起點** **定論** 自己準備租借空間

**反論** 自己沒有租借空間

## 餐廳增加營業額與宣傳效果

「Spacious」是把開店前的餐廳空間提供作為共享工作空間使用的服務。2016年7月在紐約開始提供服務，目前在紐約有10家店，在舊金山有4家店，成功地擴大事業版圖。

經營共享工作空間的有WeWork等多家企業，不過大部分企業都擁有自己的空間以供出租。而且，最近為了做出差異化，企業也進行各種改建以塑造更時髦的空間，所以成本不斷往上增加。

在這樣的市場環境中，Spacious運用餐廳開店前的閒置時間的創意就非常令人驚艷。主要提供Spacious共享工作空間的都是高級餐廳。越是高級，白天的中餐時段就越難獲利（因為午餐的定價難以追上料理品質之故）。然而，餐廳如果提供Spacious空間的話，每個月就可收取使用費。而且，餐廳本身可獲得Spacious的主動宣傳，加上有時候使用共享工作空間的客人在工作後，也會直接留下來用餐。對於餐廳而言，出借空間有諸多好處。

對於Spacious而言，不須花成本提供Wi-Fi或飲料等舒適服務，就能夠使用高級餐廳，這個好處可真不小；對於使用者而言，只要是與Spacious合作的餐廳，都是他們可自由工作的場所，也能夠改變工作場所變換心情工作。月繳95美元就可使用，真是非常合理也非常實在。

https://www.spacious.com/

008

# rice-code

**可透過「田園藝術」買米的地方創生機制**

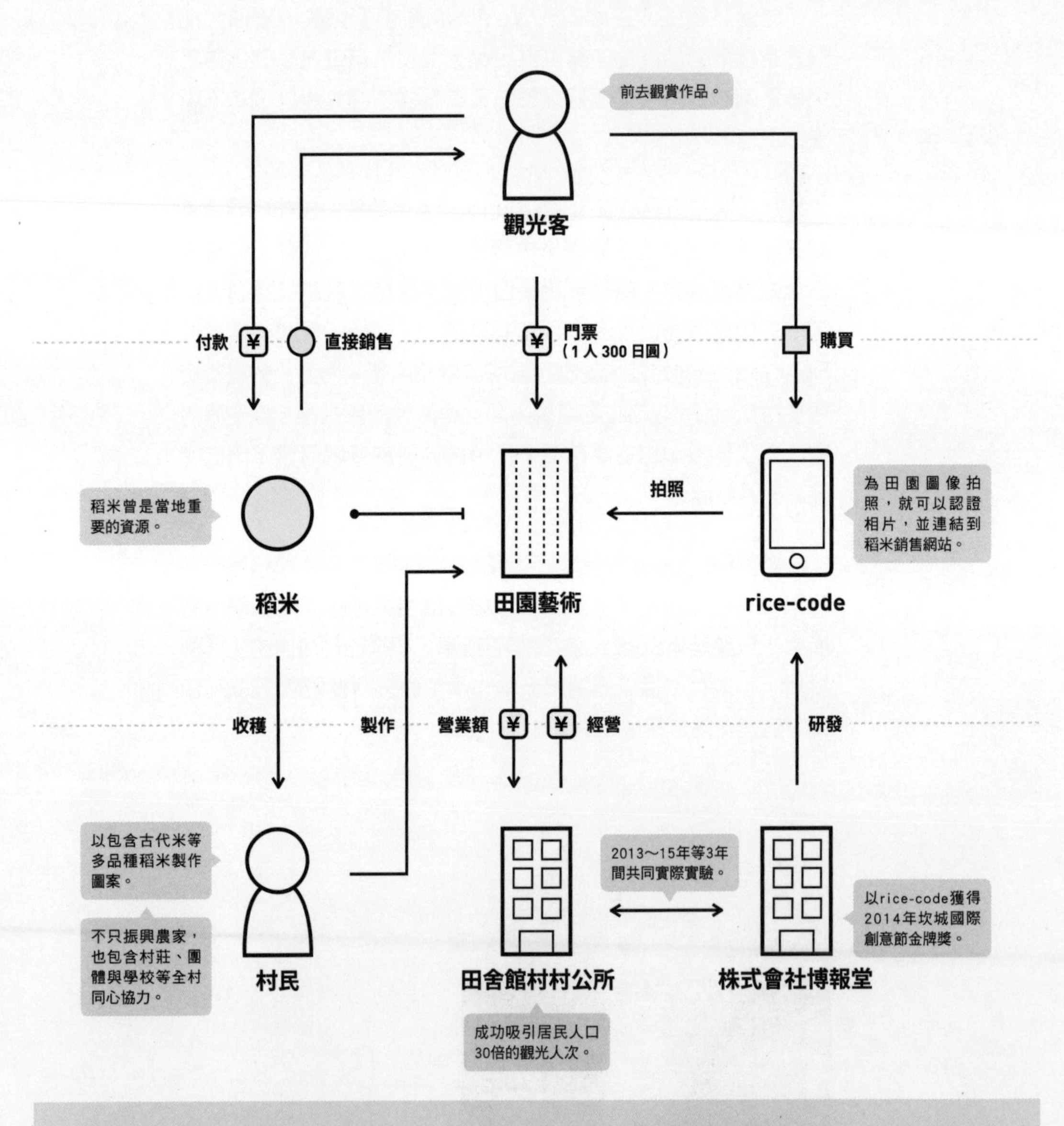


栽種稻米 起點 — 定論 只供食用不供觀賞

反論 不僅提供食用，也提供觀賞

## 人口7900人的農村湧入約30倍人口的觀光客

觀看田園，會看到如畫的光景，這就是「田園藝術」。把田地視為畫布，使用不同顏色的稻子畫出巨大的圖像或文字，這樣的畫作風行於日本各地。

如果利用智慧型手機的App讀取該田園藝術作品，就能夠購買當地生產的稻米。擔任此機制重要角色的就是博報堂所開發的「rice-code」應用程式。

田園藝術發揮的舞台——日本青森縣田舍館村的地方特產就是稻米。由於高齡化與人口日益減少等因素，稻米銷售額年年減少。因為這樣的背景，所以運用稻米特產發展田園藝術已行之有年，只是始終無法提高稻米的銷售額。因此當地開始投入新的銷售機制，直接把稻田當成「賣場」。不僅創造了讓人不由得想拍照的風景，甚至設計可以直接連結到購買稻米的網站，這樣的機制真是聰明。

透過這樣的做法。田舍館村成功吸引25萬人次的觀光客前往參觀，相當於該村人口的30倍左右。2014年獲得坎城國際創意節（Cannes Lions International Festival of Creativity）PR部門與戶外部門金牌獎。

經過3年的實驗證明後，每年田園藝術仍舊持續進行，觀賞人數在2017年約有27萬人，門票收入達到約7300萬日圓，乃值得持續關注的地方創生機制之一。

009

# sakana bacca

**不透過大盤，直接從漁港進貨的鮮魚零售專賣店**

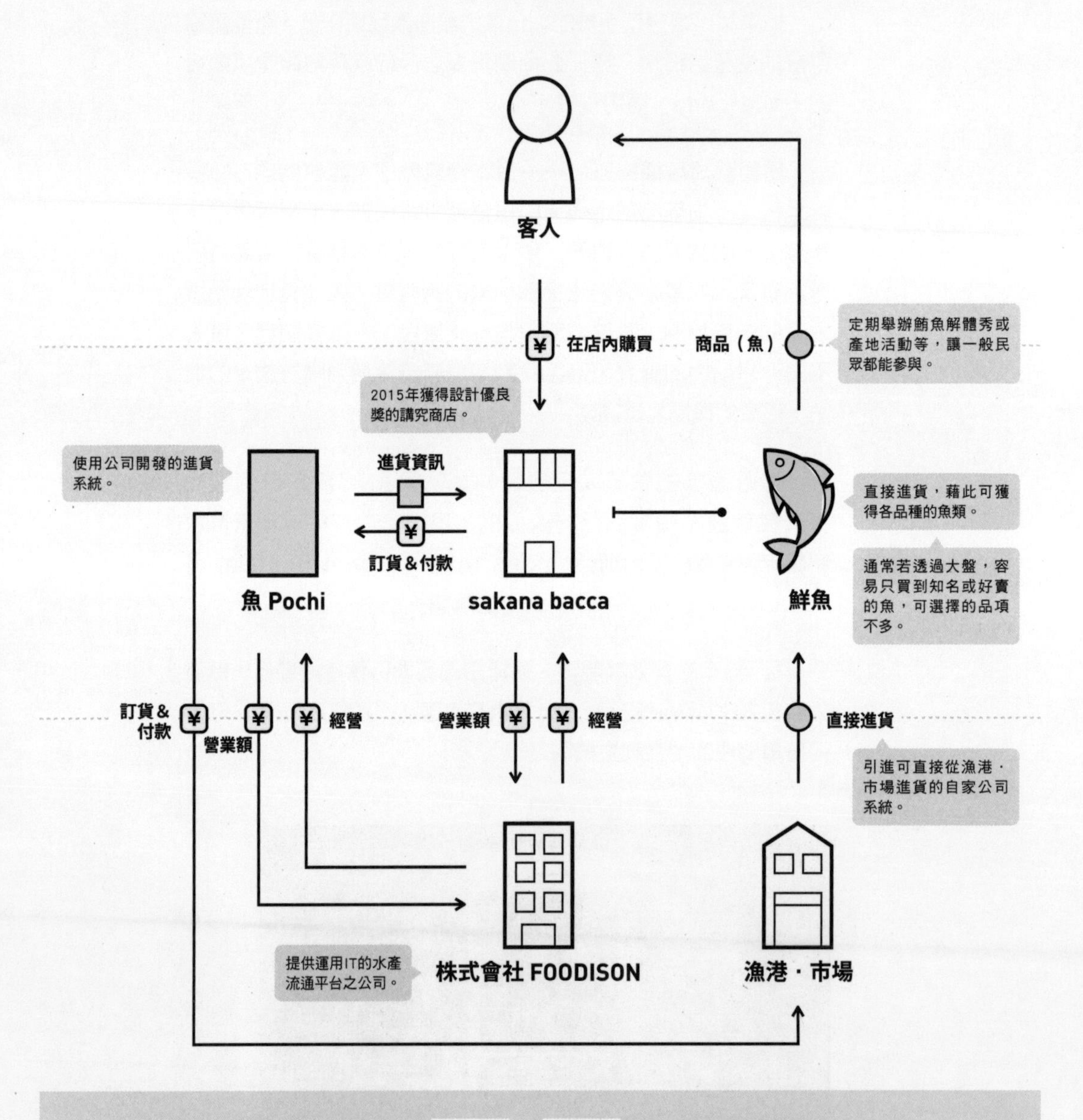


街上的魚販 **起 點** — **定 論** 跟大盤進貨好賣的魚類，所以品項少

**反 論** 直接從漁港進貨，所以品項多

## 以咖啡店般的樣貌改變「魚販」的印象

我首次見到「sakana bacca」的店面時，對於與一般魚販完全不同的商店氛圍，感到極為驚訝。如果店名沒有sakana（魚）這個字，或許我真的會誤以為這是時髦的咖啡館或其他店面。店面設計極為講究也是因為主要客群鎖定在30多歲到40歲的女性，該店甚至在2015年獲得設計優良獎（GOOD DESIGN AWARD）的獎項。

sakana bacca對於商品品質也非常講究，也販售超市中不容易看到的鮮魚種類。這樣的做法可吸引消費者對鮮魚產生興趣。

根據日本農林水產省於2016年發表的數字，日本漁業業者人數逐年減少，與10年前相比，減少了24.7%。在這樣的情況當中，sakana bacca引進了直接從產地（漁港）進貨的系統。

一般來說，如果透過大盤就只買得到好賣的魚，所以無論如何品項就會變少。不過，如果直接從產地進貨，就能夠取得較多種類的魚。另外，加工罕見魚類並流通也可產生商品價值，活絡市場。

該公司自行開發的進貨系統稱為「魚Pochi」，這套系統也可供其他餐飲店使用，這也是活化市場策略的一環。目前該公司批發1500多種的水產品給累計超過1萬家註冊商店（截至2018年7月）。B to C的sakana bacca與B to B的魚Pochi為解決水產業的結構性問題擔負起重責大任。

010

# Seicomart

**大勝 7-11 的地區密集型便利商店**

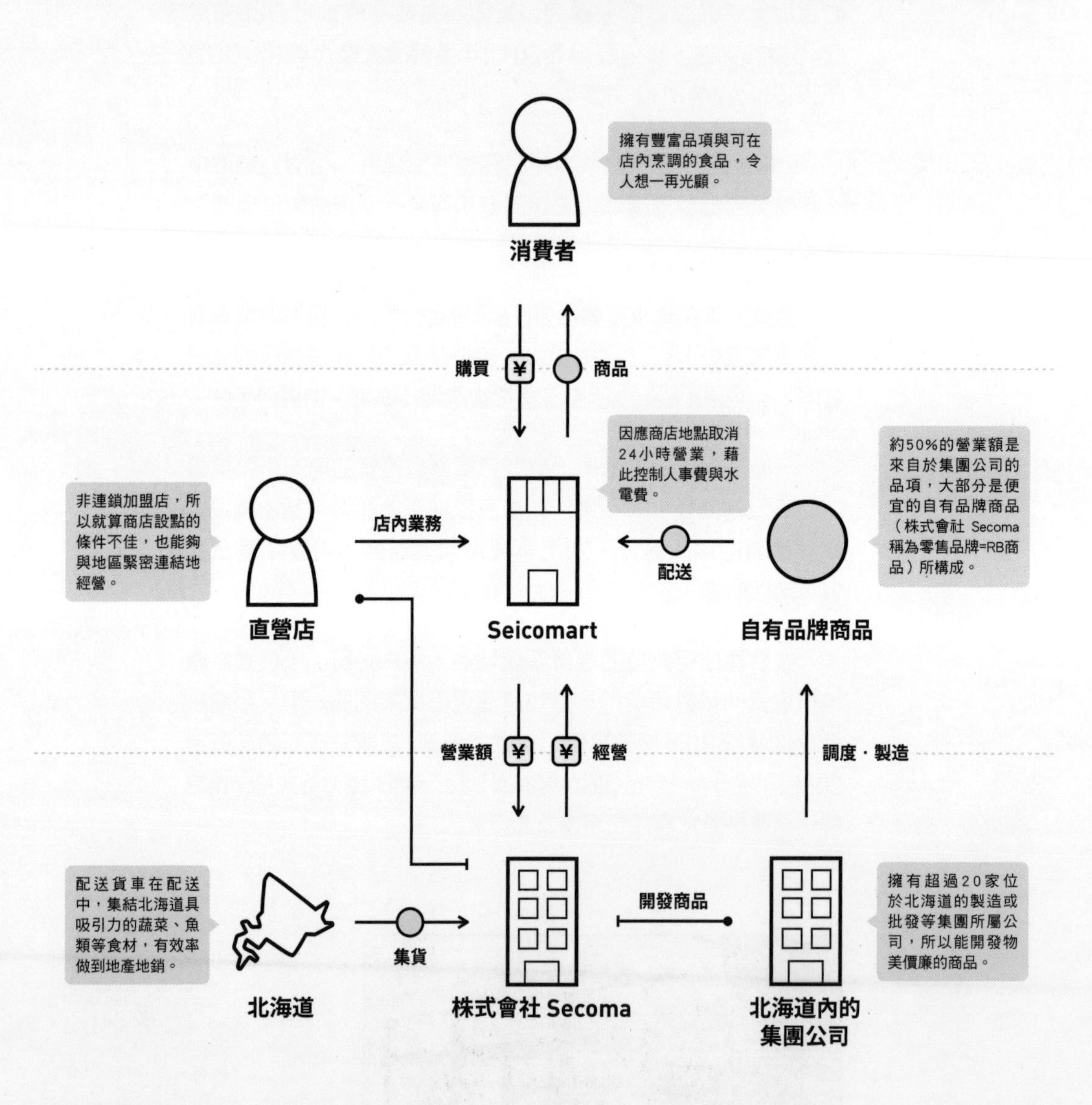


便利商店 **起點** — **定論** 以連鎖型態在全國展店

**反論** 以直營為主體，在地區密集展店

## 來自北海道、服務北海道的北海道便利商店

提到北海道的人氣便利商店，除了「Seicomart」不做他想。雖然Seicomart並沒有在日本全國各地展店，但卻成功與7-11等大型便利商店拉開差距，於2016年．2017年度連續2年獲得顧客滿意度第1名的殊榮。

Seicomart與大型便利商店相比，擁有更多不同的特色，例如商品品項豐富、可在店內烹調便當、北海道的PB（自有品牌）商品多、多半沒有24小時營業——而各商店之所以能夠採取這樣的經營方式，理由是來自於該公司的獨立經營模式。

與個別商店必須獲利的連鎖業不同，直營店占8成的Seicomart不僅擁有具下游功能的店鋪，也擁有從上游的製造部門到中游的配送部門等，因為這樣的緣故，每家店就算不用汲汲營營地提高營業額，也能夠透過整體部門的運作獲利。舉例來說，製造方面透過直接採購，就能夠以便宜價格取得北海道的優良食材，所以能夠取得各種價格的商品陣容。該公司的考量是，如果不是獨立經營的話，價格區間就會變得凌亂，也難以根據人氣高低湊齊多樣化產品，最後就演變成剝奪了消費者的選擇項目。

透過直營方式，也能夠發展深耕地區的商店。例如在一個居民約只有900人，而且4成人口超過65歲的高齡地區，商店的營業時間就設定13個小時，藉以控制人事費與水電費。另一方面，由於提供豐富的品項，可獲得居民的一再光顧，如此就可獲利。就算商店所處的地段不佳，也不會對員工做出無理的要求，這種經營態度可說是商店得以持續經營的祕訣吧。

透過展現北海道的魅力、深耕地區的做法，建立就算是大企業也辦不到的商業模式，同時發揮企業的強項，真是很了不起。希望各位注意，就算是相同的事業形態，也能夠透過多元的想法，展現各種不同的經營方式。

011

# DUFL

「空手就能移動」，針對出差・旅行者的服務

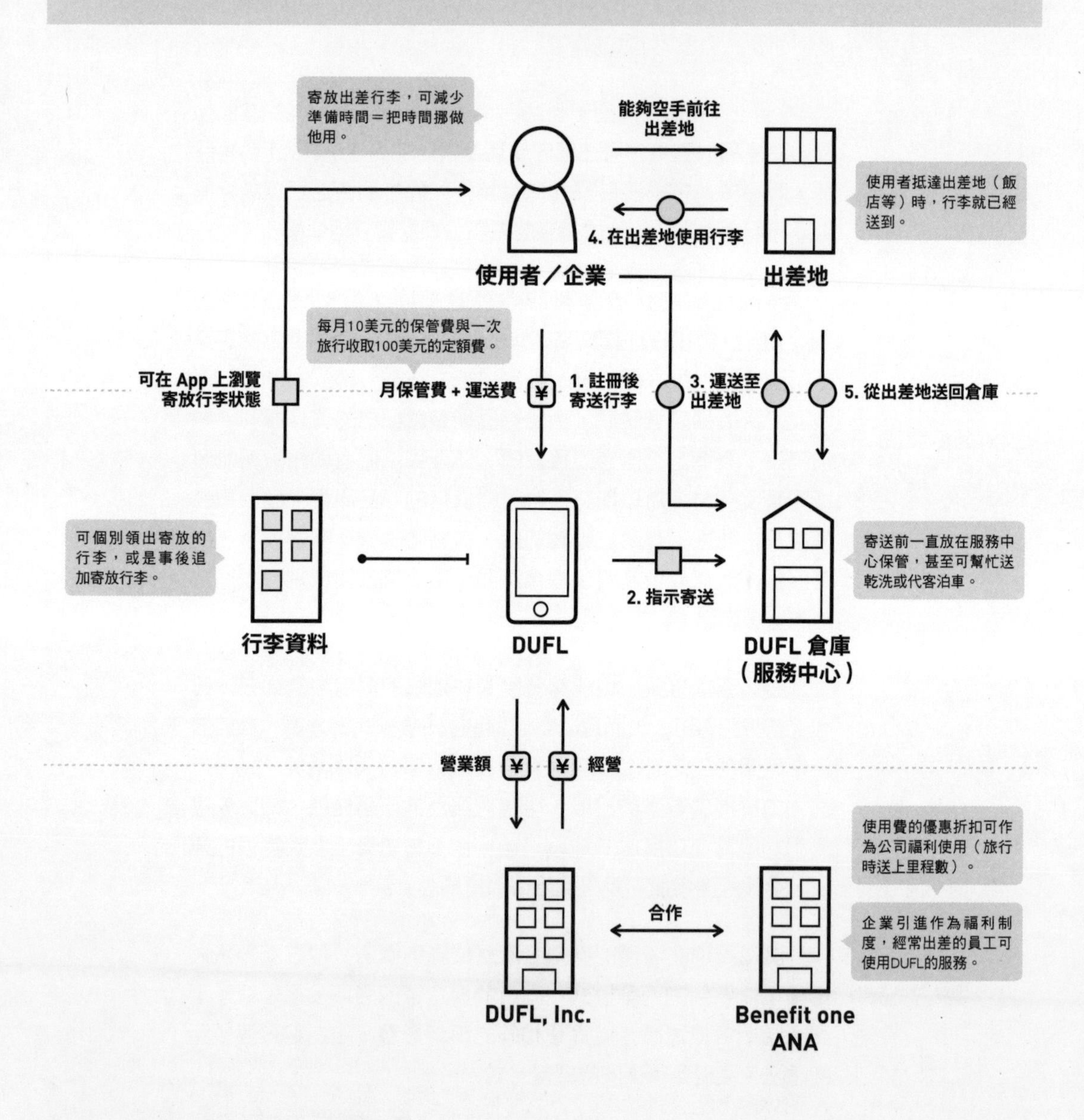


出差 起點 — 定論　必須準備行李並隨身攜帶

反論　無須準備行李，能夠空手移動

## 已有企業引進作為員工福利制度

再也無須為了出差或旅行準備或運送厚重行李了。由於行李可事先送達住宿飯店，所以只要攜帶隨身行李即可——做到這點的，就是「DUFL」。

DUFL是由三井物產出身的塚本信二等4名創業成員，為了消除長久以來無法解決的旅行壓力，於2015年在美國推出針對旅行者的服務。雖然目前的主要客群鎖定行政高層，不過持續使用服務的比率高達99%。

一旦在該服務註冊，使用者就會收到行李箱。把出差時會用到的行李裝在該行李箱並寄出後，行李就會一直放在倉庫中保管。倉庫會以送洗狀態保管行李，使用者也能夠透過App管理自己的行李。當下次出發前往旅行地或出差地之前，使用者透過App選擇想在出差地使用的物品，倉庫的員工就會把被選上的物品裝入行李箱，再寄送到投宿飯店。使用者抵達投宿飯店時，行李就已經送達自己的房間了，所以使用者能夠直接出發拜訪客戶或空手移動。

據說美國大型飯店、顧問公司或金融機構，都已經引進這項制度作為員工福利的選項。在日本，該服務與提供員工福利服務的大企業Benefit one合作，作為員工福利的選項之一。

該服務可配合各國需求提供客製化內容，在日本就針對高爾夫球提供服務。高爾夫球桿或高爾夫球鞋等可以寄放在DUFL的倉庫中，不只幫客戶運送，也提供清潔、保養等服務。如果只有運送服務，客戶可以選擇高爾夫便的快遞服務，如果把高爾夫球球具放在家裡，不僅占空間，清潔或保養等也很麻煩。而DUFL的服務則可以解決上述所有壓力。

至於未來的戰略，預定將發展幾項服務，例如可把在電子商務平台上購買的商品追加到App的衣櫃中，或是向銷售廠商租借所需的衣物可暫放在衣櫃中等。

012

# MUD Jeans

**來自荷蘭的簽約制牛仔褲品牌**

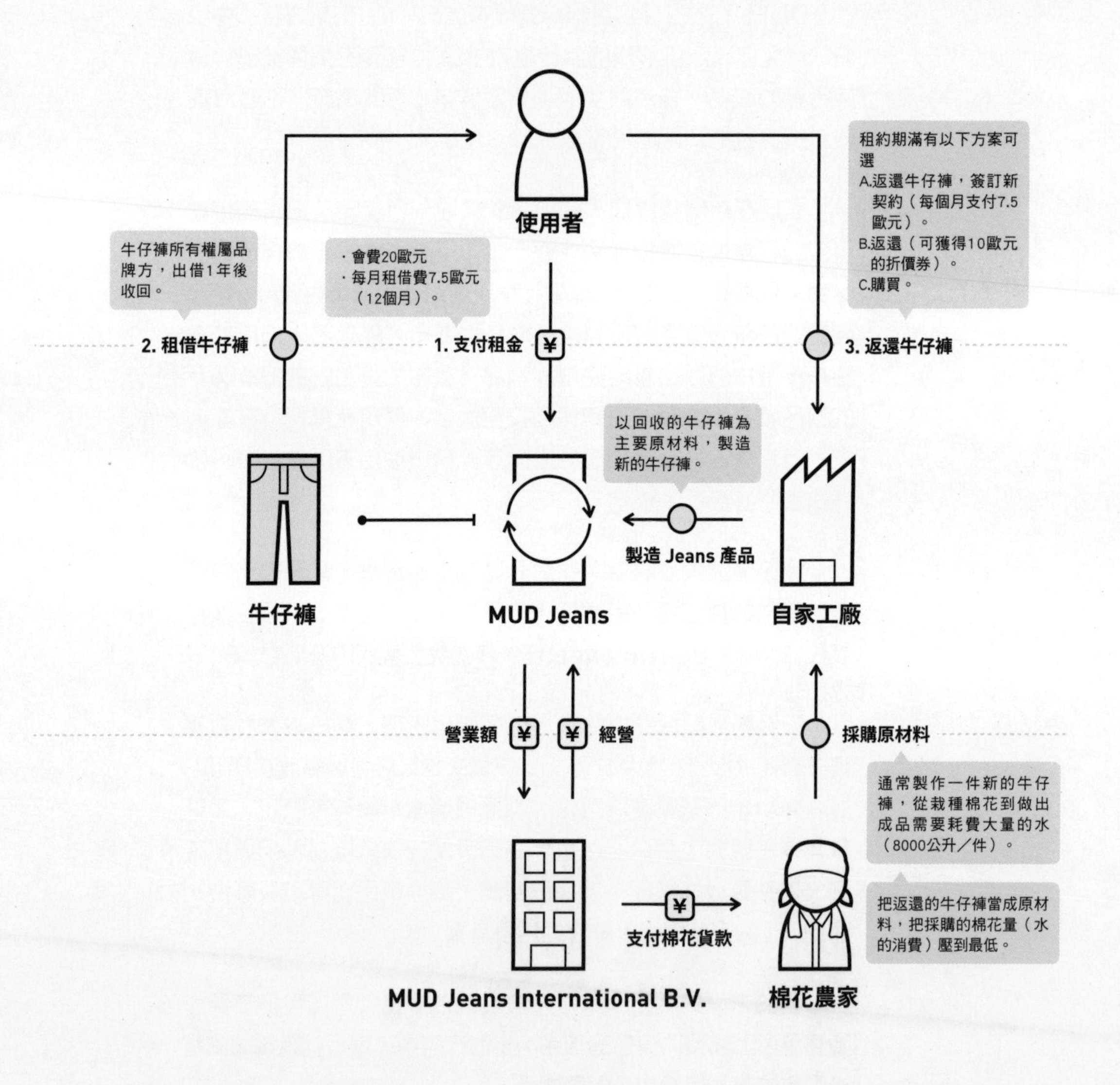


| 牛仔褲 | 起點 | 定論 | 購買並擁有 |
|---|---|---|---|
| | | 反論 | 租借使用 |

## 以「租借」而非「購買」實現循環性消費

「MUD Jeans」是來自於荷蘭的牛仔褲品牌。該企業建議消費者「租借」而非購買牛仔褲，推廣「使用」而非「擁有」的概念。

MUD Jeans表示，製作一件牛仔褲從栽種棉花到製成成品的過程中，總共需要耗費8000公升的水。另一方面，消費者因覺得厭膩，就會把不穿的牛仔褲塞入衣櫃長眠。特別是相對於全球每人平均擁有1件牛仔褲的數字，荷蘭則是1人擁有5件牛仔褲，可謂牛仔褲大國。荷蘭人擁有大量牛仔褲儼然成為常態。

該公司注意到這個課題，認為使用大量水資源栽種了棉花，卻把棉花用在用不到的牛仔褲上，這真是太不合理了。於是建構了循環性的消費型態，把消費者與牛仔褲的關係從「購買並擁有」轉變成「租借使用（返還）」。透過這樣的做法，把返還的牛仔褲當成主原料重新製造，避免採買多餘的原料，也建立一個對地球環境而言，可帶來持續性的循環機制。根據最後統計的結果，據說MUD Jeans的用水量比牛仔褲產業的平均用水量還少78%。

消費者除了支付20歐元的會費之外，每個月再支付7.5歐元的租金向MUD Jeans租借1年的牛仔褲。基於原物料歸該公司所有的概念，所以租借期間的修理免費。當1年租借期滿，消費者有3個選項，A.）歸還舊牛仔褲，租借新的牛仔褲（每個月繼續支付7.5歐元），B.）歸還舊牛仔褲，獲得下次可使用的10歐元折價券，C.）購買。歸還的舊牛仔褲會重新處理，重生成為新的牛仔褲，再「出借」給新的消費者。

這樣的機制受到高度的好評。考慮環境．社會而進行的商業活動也獲得民間的B-Corporation認證（註：B-Corporation為一個國際認證，針對公司治理、員工照顧、友善環境、社區經營與客戶影響力等5大面向，檢視企業「全面性」的表現。要求公司追求獲利的同時，也要兼顧利害關係人，以達到3P平衡的目標）這種優良的商業模式是否能夠把大量消費的文化改變成永續性的循環消費模式？期待後續發展。

013

# LEAFAGE

**沒有店面也沒有廚房的線上餐飲服務**

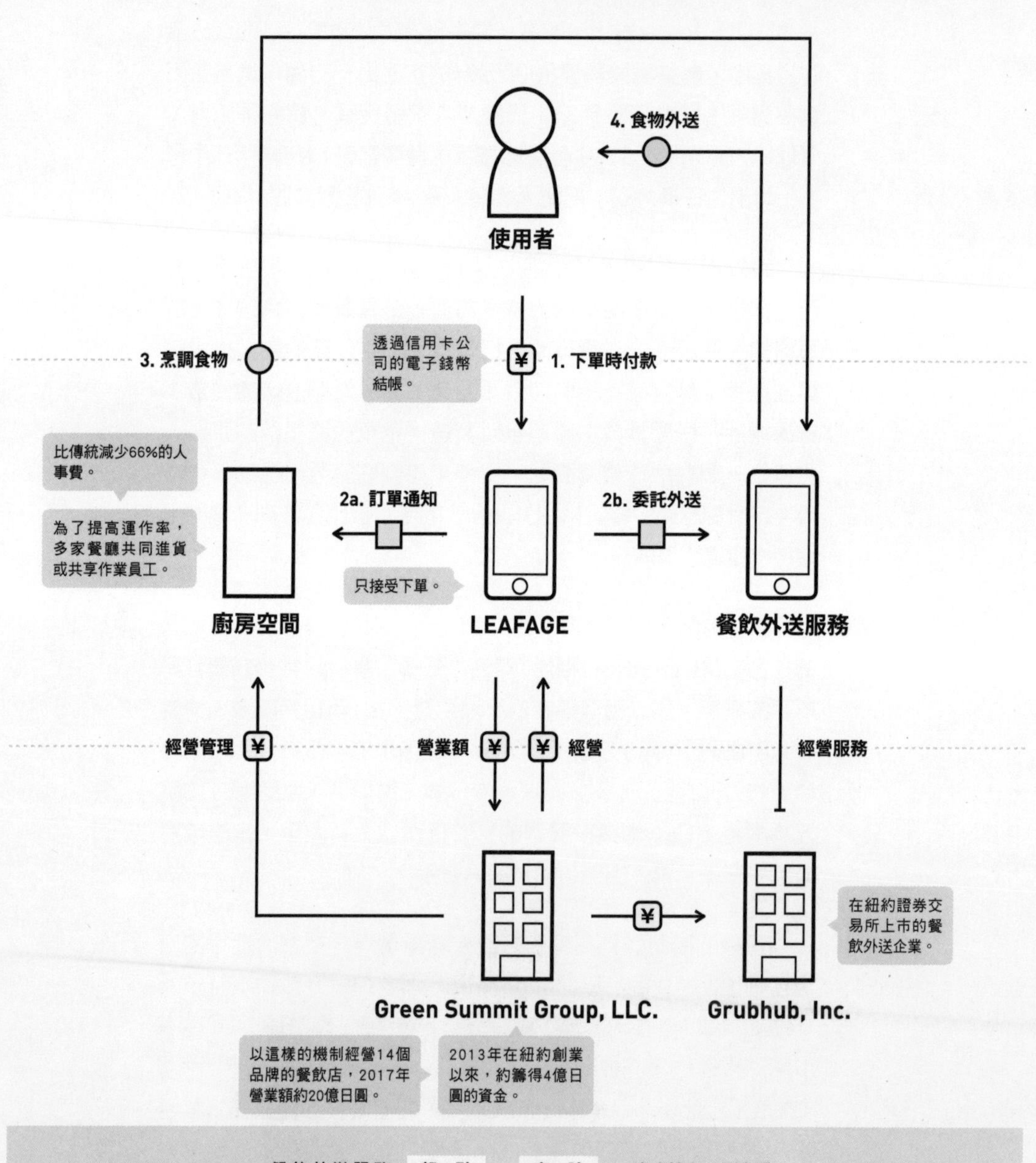


| 餐飲外送服務 | 起點 | 定論 | 一家店擁有一個廚房 |
|---|---|---|---|
| | | 反論 | 多家店共用一個廚房 |

## 消除經營餐館時面臨的兩難課題

提到餐館，一般人腦中浮現的就是「消費者到店裡用餐」的畫面。「LEAFAGE」這類被稱為「虛擬餐館」、「幽靈餐館」的餐飲服務卻沒有可供用餐的空間，也就是沒有實體店面。

LEAFAGE成立於2013年。消費者從線上訂餐，並在指定場所收到餐點。光是聽到這樣的形容，一般人可能覺得「這不就跟一般的外賣一樣嗎？」不過，其實更厲害的是其內部的運作機制。

首先，當公司從官網或App等接到線上訂單，會立即通知位於廠房或地下室的商業型「租借廚房」烹煮餐點，同時通知合作的美食快遞公司Grubhub準備配送。透過這樣的機制，在租借廚房烹調的餐點就會經由美食快遞公司的聯絡網送到消費者手中。

經營的公司支付租借廚房的使用費，以及美食快遞公司的委託費。廚房是由多家餐館共同租借使用，據說曾經有多達10家餐館共享1間租借廚房。總之，雖然線上是不同餐館，但是烹煮地點或員工有可能是一樣的。

像這樣不擁有傳統的店面空間與廚房，只有訂單進來時，才會使用到廚房與美食快遞網絡的外部服務，這樣就可以把成本降到最低。以往餐館的商業模式多半被租金或人事費等固定費用壓縮利潤。另外，這種商業模式之所以興起，也是因為在美國外食費用已經超過食材費，民眾自炊的比率越來越低的緣故。

估計到了2020年，餐飲外送服務的市場規模會擴大到25兆日圓以上。占全美市占率第一的Grubhub, Inc.在2018年的第一季營業額快速成長，比去年同期增加49%，約為255億日圓。

014

# RIZAP

**貫徹「保證成功」的機制**

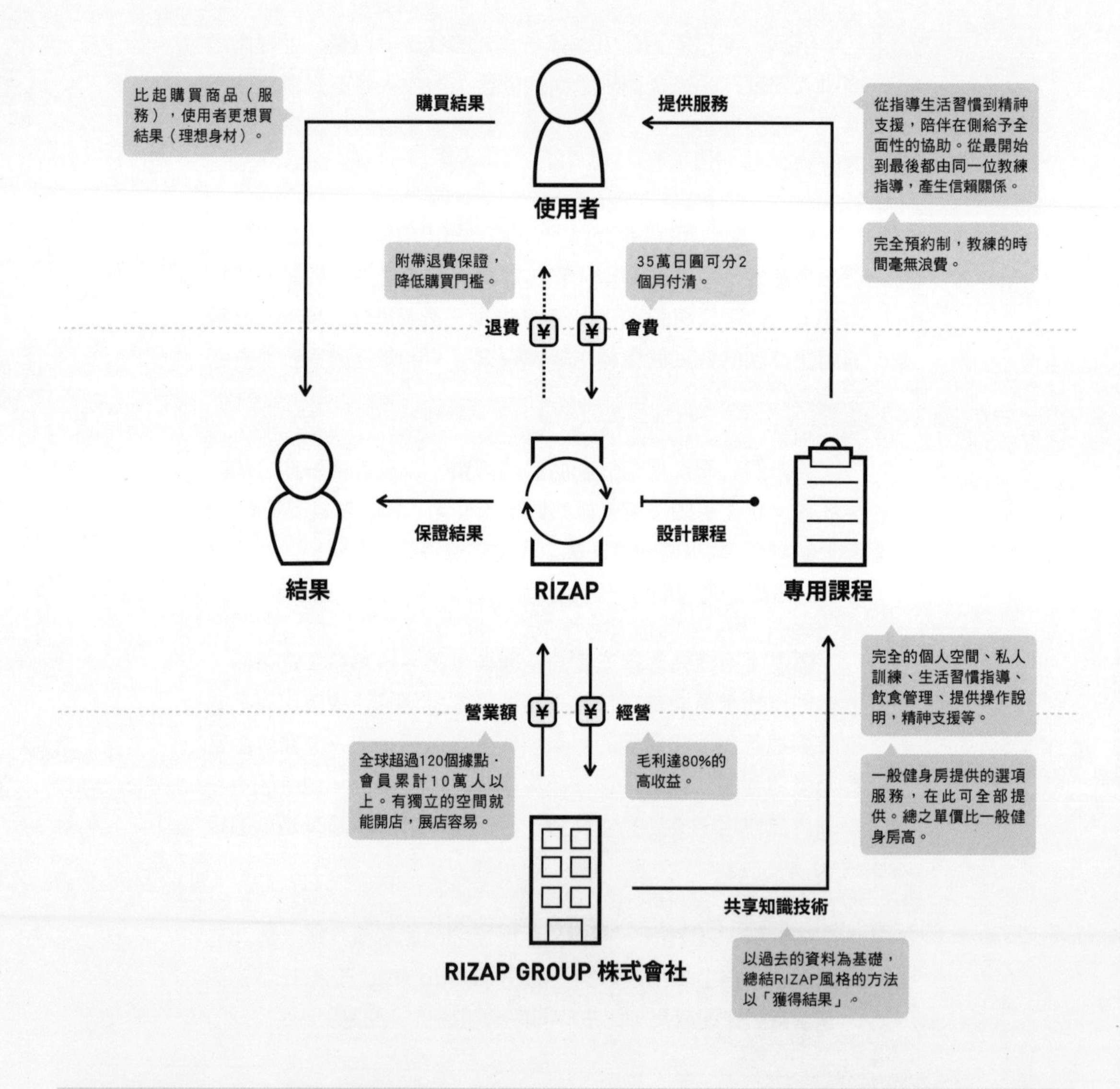


健身中心 起點 — 定論 基於自我管理打造理想體態的地方

反論 不做自我管理也能夠擁有理想體態的地方

## 顛覆業界常識的「保證退費」機制

就算鼓起勇氣挑戰減重，也會因為太痛苦而半途而廢……對於這樣的人們，「RIZAP」喊出「保證成功」的口號，提供特有的訓練方法。所謂健身房健身通常就是會員上健身房，並支付使用費，在自我管理之下達到理想的體態。不過，「RIZAP」建立附加價值的方式完全不同。

會員上RIZAP的健身房通常2個月要付約35萬日圓的高額費用（可以分期付款）。在RIZAP，教練除了會給予會員一定的鍛練課程，也會陪伴會員，從生活習慣到心理層面等，給予全面性的指導。另外，從一開始到最後，都是同一位教練負責，所以雙方會產生信賴關係，也有助於激發會員的健身動力。

收費系統基本上只有次數會改變，服務內容無論是哪種方案都一樣。RIZAP完全提供個人使用空間、私人訓練、生活習慣指導、飲食管理、提供操作說明以及精神支援等。一般健身房提供的選擇項目，這裡可完整提供。完全預約制度，同時也是完全的個人空間，所以會員可配合自己的時間，輕鬆地進行密集訓練。

這些機制帶來高獲利與快速成長。如果在東京都內的大廈或商業大樓中有一個空間，就可以建立一個完全的私密空間，所以很容易發展多家據點。目前全球已有超過120個據點，會員數累計超過10萬人。另外，如果是一般健身房，營業時間必須有員工隨時待命以提供服務；RIZAP完全採取預約制，所以員工的工作時間就不會造成無謂的浪費。

支持消費者決定入會的最後關鍵手段，就是「保證退費」。一般健身房不可能退費，所以消費者會覺得門檻高而無法做出入會的決定。然而，RIZAP標榜如果2個月沒有達到設定的目標，就可全額退費。也就是說，消費者買的是理想的體態，而不是上健身房獲得的服務。如果以這樣的觀點來看的話，2個月花35萬日圓也就不覺得貴了。

015

# citizenM

**針對「在全球中移動的商務人士」的共享型飯店**

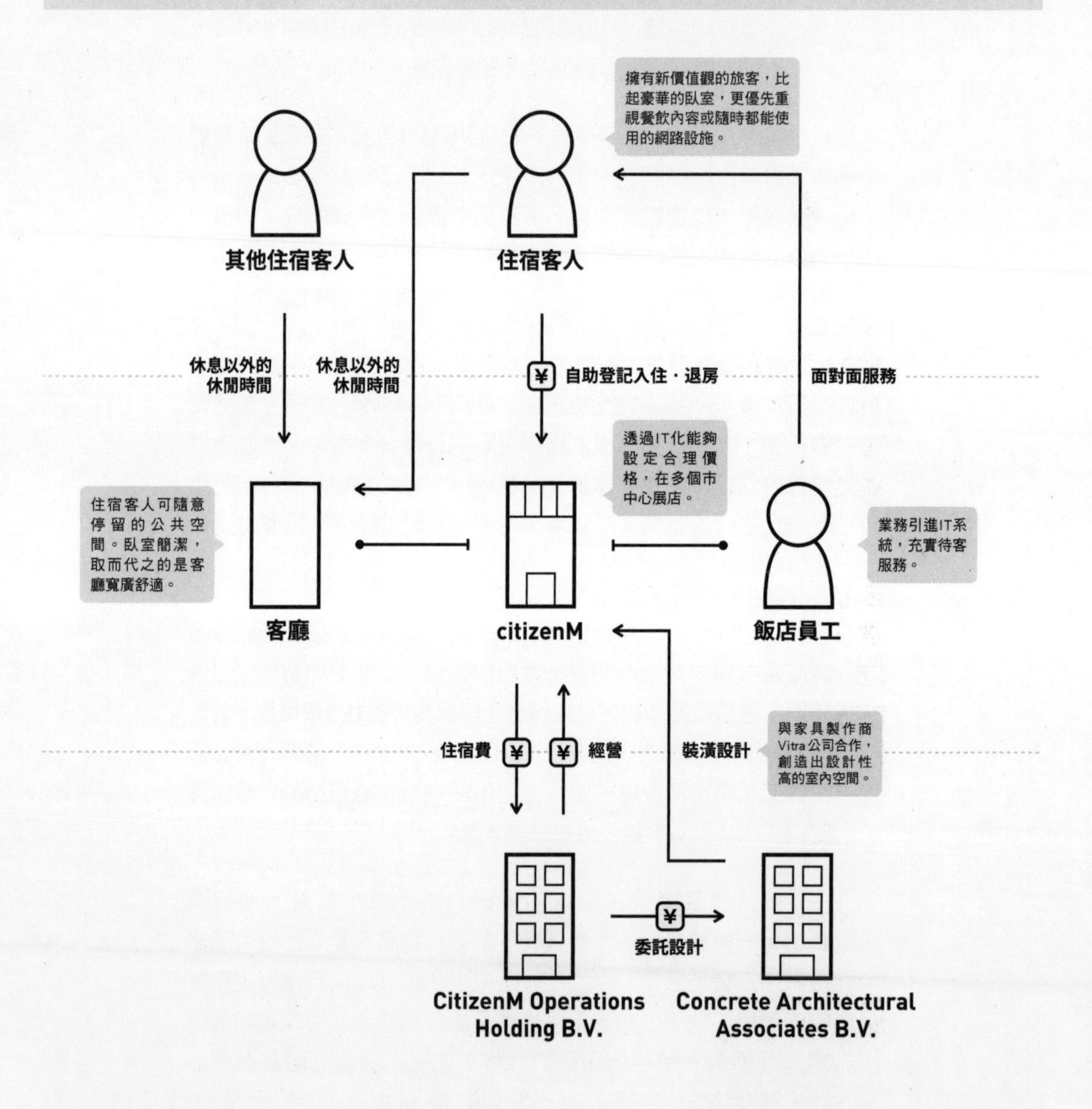


| 飯店 | 起點 | 定論 | 在客房度過大部分的時間 |
|---|---|---|---|
| | | 反論 | 在公共空間度過大部分的時間 |

## 走出房間，享受飯店的公共空間

雖然此飯店尚未在日本拓點，不過新的飯店型態已經在海外發展。「citizenM」創辦人之一的Rattan Chadha在成立此事業之前，曾經接觸在全球各地移動的商務人士，在這當中，他找到新型態的旅行者樣貌。未來的旅行者追求的是新型態的頂級生活，「比起昂貴的使用物品，更重視早上起床沖澡迎接舒適的早晨，在網路經常保持暢通的狀態喝著卡布奇諾」。他稱這樣的商務人士或是私人生活中也頻繁在全球各城市移動的人為「mobile citizen（此為飯店名稱的由來）」，並把下列幾點列為飯店應具備的因素。

①提供可悠閒享受個人時間的客廳或廚房等空間或時間
②透過自動入住系統或卡片確認房間與餐點
③又大又舒服的床
④利用平板簡化室內的操作按鈕
⑤彈性因應的員工取代功能性的櫃台人員

特別不一樣的是客廳設施。飯店入口見到的不是辦理入住的櫃台，取而代之的是寬廣的客廳。其中擺設了各種類型的桌、椅，以及附設咖啡廳等，所以客人能夠在此盡情享受舒適空間。投宿的客人除了睡覺、整裝以外，大部分的時間多在此度過。

citizenM以歐洲、美國為主展店，2018年已有13家飯店，最近也在亞洲的台灣設立一家。使用IT技術登記入住以簡化手續，豐富公用的客廳空間。另一方面，臥室與服務因提高效率而得以祭出合理的價格區間。真希望日本有朝一日也能有這樣的飯店出現。

photo:citizenM hotels and Richard Powers

016

# EVERLANE

**公開「成本」的時尚品牌**

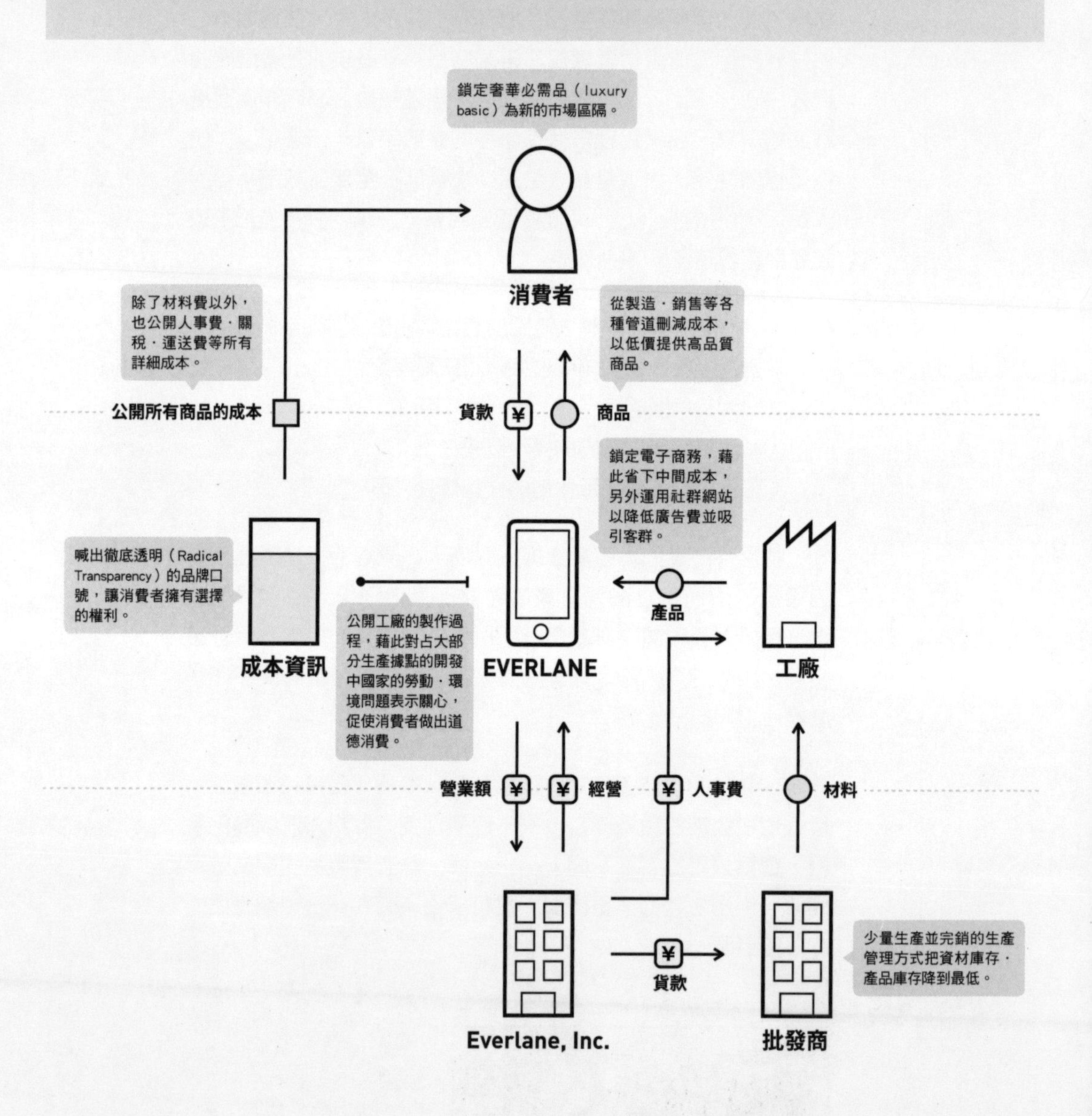


時尚品牌　起 點　定 論　成本與製造過程都保密

反 論　成本與製造過程都公開

## 甘冒「業界的禁忌」而獲得消費者認同

日本的成衣市場逐漸縮小。當特賣會一開始，祭出50%的折扣被視為理所當然，有時候甚至會折扣到80%。這不禁讓消費者心生懷疑，這件衣服的成本到底是多少呢？

2010年，創業於美國舊金山的「EVERLANE」時尚品牌公開了公司製造．銷售的所有商品成本。舉凡布料、金屬零件或是拉鍊等硬體，或是工廠的人事費、關稅、運輸費的明細等，全都徹底公開。甚至，除了成本之外，同時也公布「Traditional Retail」（傳統零售業的價格），令人驚訝的是，EVERLANE的大部分商品都以此價格的半價銷售。

該公司之所以能做到這點，是因為其商業模式。傳統品牌會成立大型的街邊店，大量生產．大量銷售以追求規模經濟。EVERLANE則反其道而行，首先鎖定電子商務通路，省去中間成本；另外，把產品鎖定在生活必需品，透過完售少量生產的產品之生產管理方式，將資材庫存．產品庫存降到最低。

公開的資訊不是只有價格而已。承攬成衣業界大量生產的開發中國家之嚴苛勞動環境受到世人矚目的情況下，EVERLANE公司透過照片公開委託工廠「以何種方式生產什麼產品」的過程以及從業人員的工作情況，或是從最開始一直到交易為止的詳細細節等，都清楚交代。透過這樣的做法，占有大部分生產據點的開發中國家也會對勞動．環境問題對策等產生相同認知。最後，該公司幾乎不用花任何廣告費，僅靠口碑或客人介紹就能獲得業績。

公布生產過程、成本、競爭的價格，能夠提供傳統零售業一半價格的機制。雖然從傳統品牌的角度來看，這樣的做法無疑是觸犯業界大忌，而該公司卻喊出「徹底透明（Radical Transparency）」的口號。我想沒有對手敢針對這點與之競爭，這就是該公司最大的強項吧。

017

# Neighbor

**出租閒置空間的「倉庫版 Airbnb」**

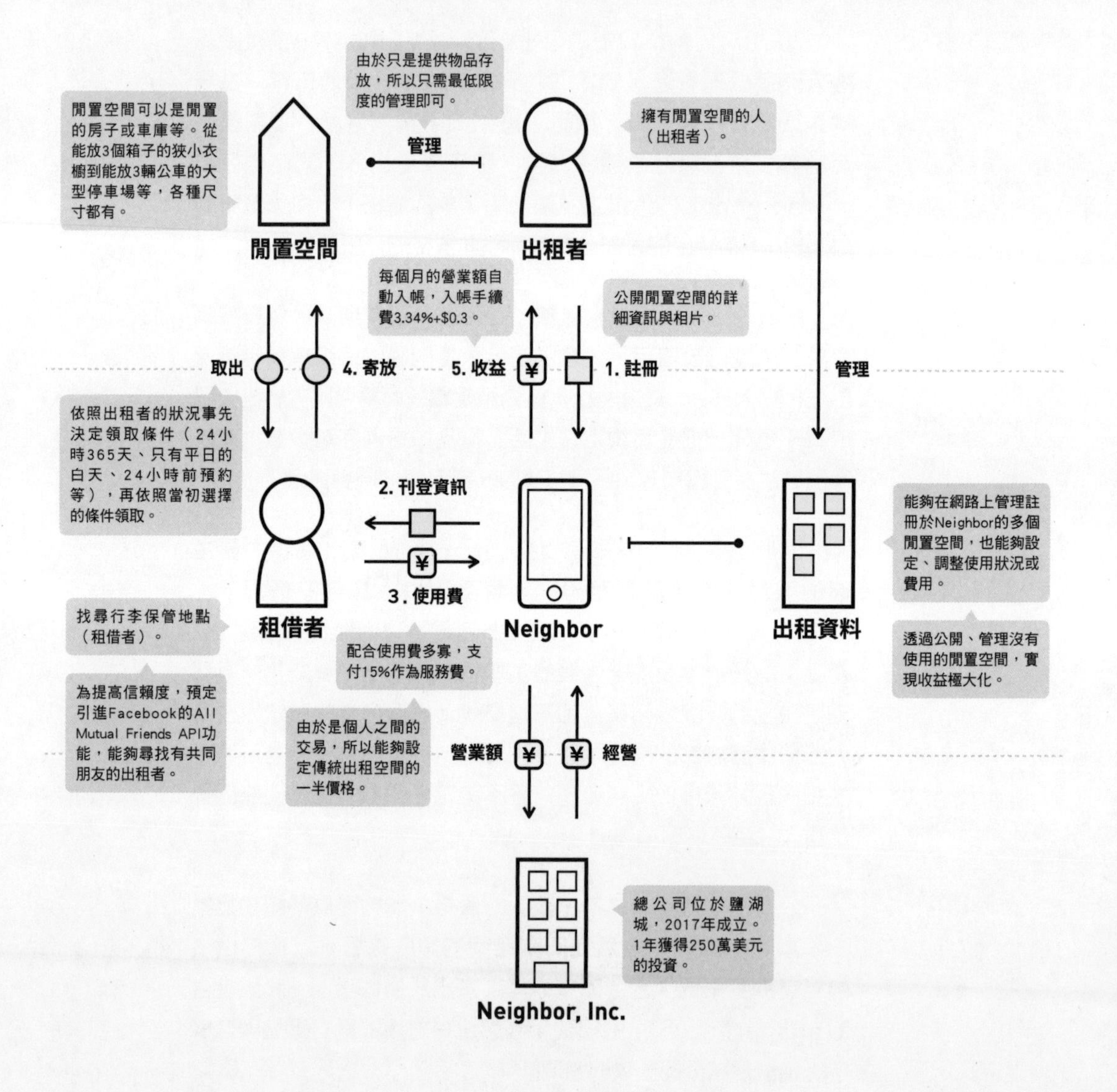


自宅的閒置空間　起點 — 定論　就算有空間也沒運用

反論　出租供人使用

### 把家裡沒使用的空間換成金錢

以前用來停車的車庫、小朋友以前使用的房間等，如果仔細檢視家裡的空間，一定會意外發現沒有使用的閒置空間。將這樣的閒置空間轉換成收益的服務，就是「Neighbor」。

2017年創業於美國鹽湖城，Neighbor在短短1年的時間之內，就籌措了250萬美元的資金，是美國的新創產業。

Neighbor這個平台結合了閒置空間擁有者與尋找空間收納者，故被稱為「倉庫版Airbnb」。出租者在該公司的網站上公開閒置空間的詳細資訊與相片，租借者則能夠從地點或空間大小尋找適合自己的收納空間。

一樣是出租閒置空間給使用者，Airbnb必須為使用者的住宿做準備或整理，而Neighbor由於只是收納物品而已，所以只須做到最低限度的管理即可。一旦物品被運送過來，出租者什麼都不必做，每個月就能夠獲得收益。

租借者每月支付出租者所要求的使用費與服務費（使用費的15%）。由於這是個人之間的交易，與傳統租借空間的服務相比，價格可以壓在一半以下。

如果租借者想領取物品，可依照出租者的狀況事先決定領取條件（例如全年無休且24小時、只有平日白天、24小時前預約等），再依照當初選擇的條件領取物品。

另外，Neighbor運用Facebook的All Mutual Friends API功能，租借者可以透過此API尋找有共同朋友的出租者，透過這樣的機制提高使用者之間的信賴程度。

018

# CARGO

**利用共享駕駛經濟而推廣的「車內超商」**

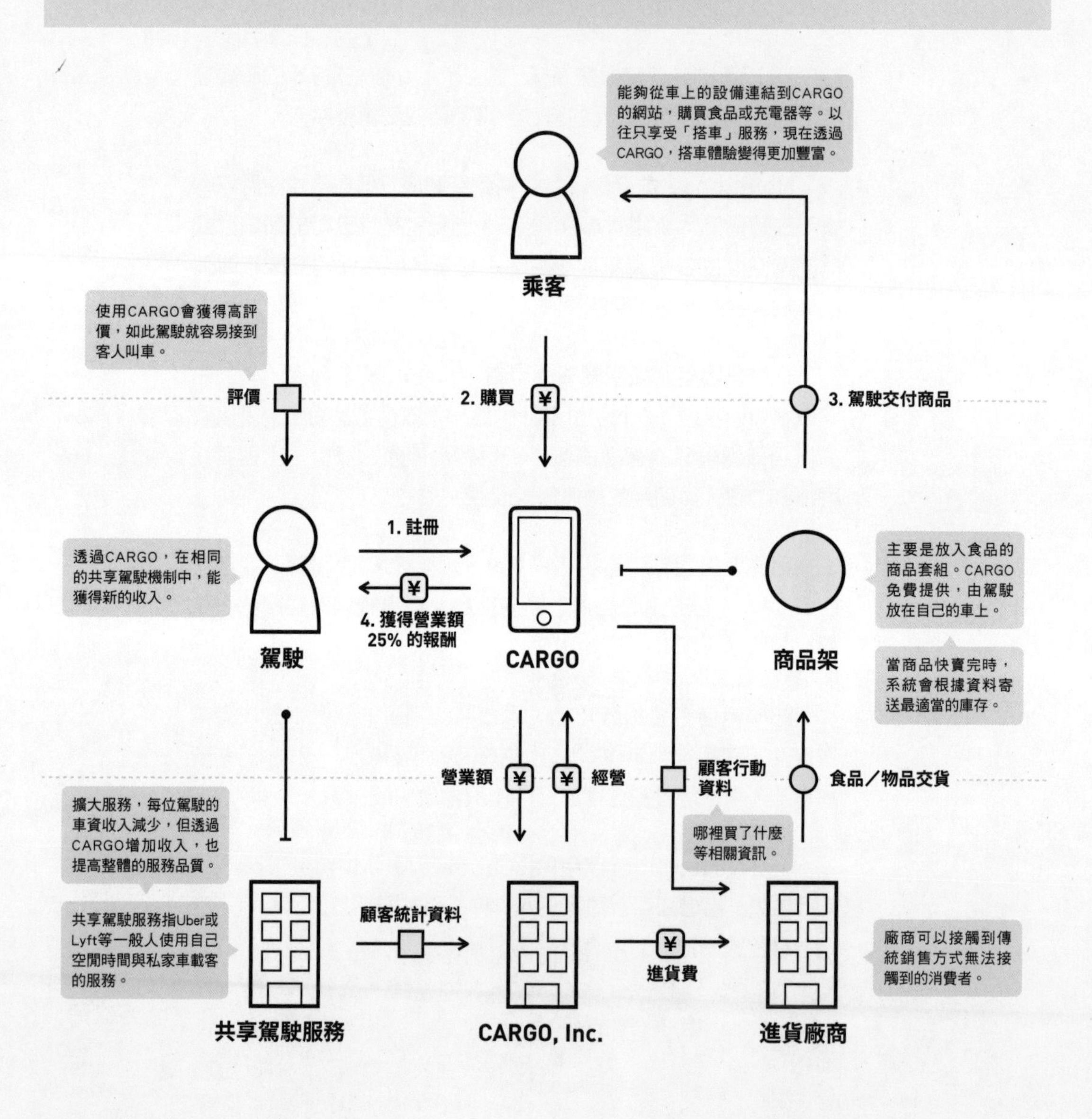


共享駕駛的司機　**起 點** — **定 論**　賺取車資

**反 論**　除了車資外還有其他收入

## 駕駛除了車資外還有的其他收入來源

「CARGO」是Uber或Lyft等共享駕駛的服務中，駕駛在車內提供的超商服務。

這項機制是CARGO把充電器或裝有食品的商品套組免費寄送給駕駛，由駕駛將商品擺放在車內。乘客刷商品盒外的條碼連結到CARGO的電子商務網站，就可購買商品。駕駛可收取商品售價的25%作為回饋。

這種服務之所以產生是因為美國的共享經濟服務的背景。美國有許多人是靠提供共享服務獲得主要收入來源，而不僅僅是賺零用錢。因此，為了提高工作效率，66%的駕駛會兼做其他服務。另外，為了獲取乘客好評以提高叫車率，許多駕駛也會免費提供餐飲以獲得好評。由於這樣的背景，駕駛能夠輕易地接受這個想法而展開服務。

此商業模式特別值得一提的，就是以往只賺取車資的駕駛無需特別花其他功夫就獲得新的收入來源。甚至，由於使用共享駕駛服務的客人透過電子商務網站購買商品，所以電子商務網站可取得人口統計數據與共享駕駛服務特有的行動數據資料（場所・移動距離等）的相關性。這些數據資料不只CARGO可使用，也會傳送給提供商品的廠商作為開發新客群使用。甚至，從Uber或Lyft等提供共享駕駛服務的公司的角度來看，由於駕駛的收入來源增加，也會提高平台的競爭實力。

總之，CARGO搭上共享駕駛服務的風潮，對於該公司以及共享駕駛服務、駕駛、乘客、廠商等5者而言，都產生正向關係。該公司截至2018年為止，已經獲得870萬美元的資金挹注，未來可望在共享經濟領域大展鴻圖。

019

# BLUE SEED BAG

**因熊本地震而產生的救災新型態**

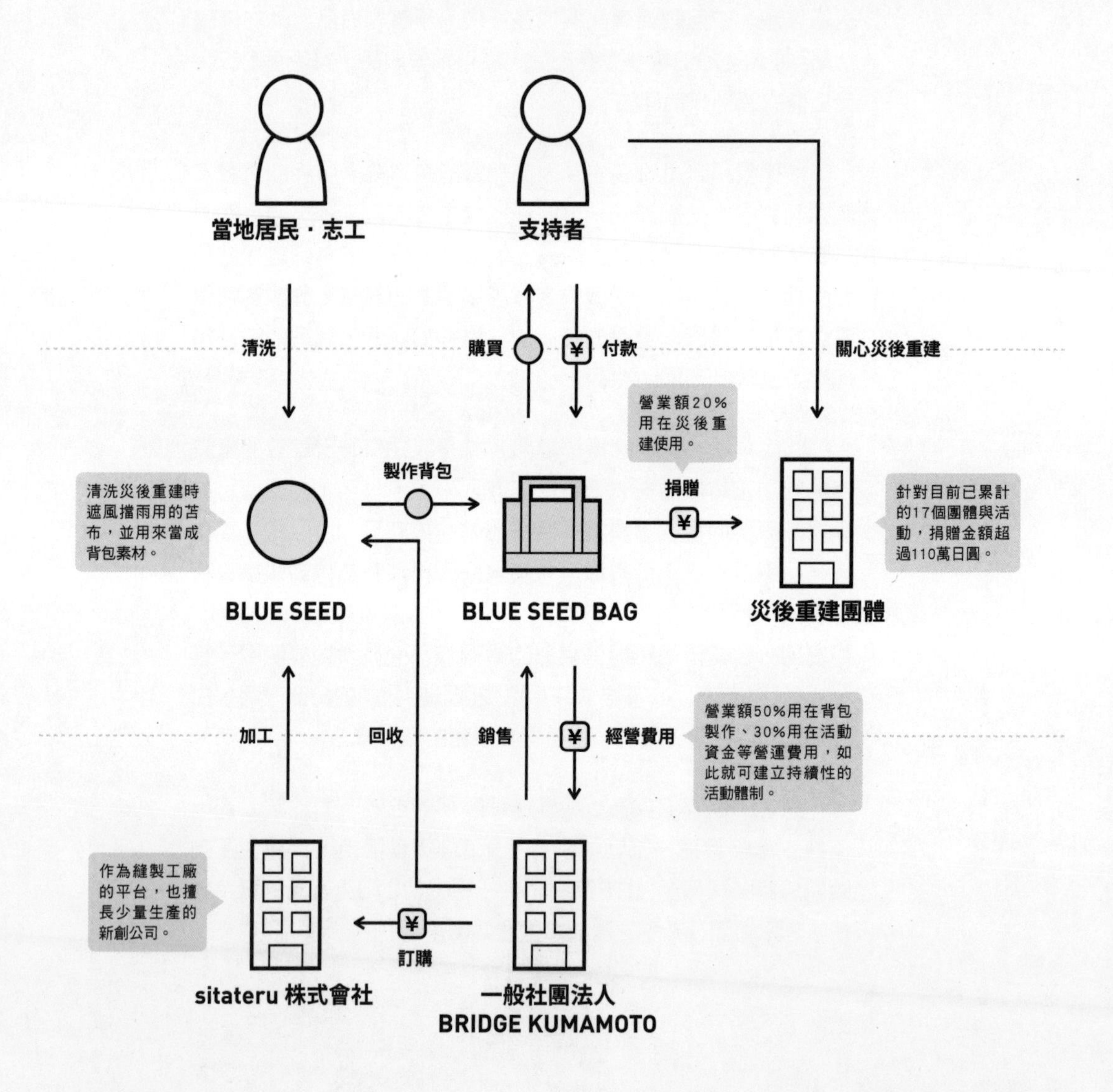


支援重建 起 點 — 定 論 對於受災地區的關心逐漸低落

反 論 透過經濟活動延續對受災地區的關心

## 把打算銷毀的苫布做成手提袋

2016年發生的熊本地震促使這項事業的誕生。發生地震時，有時會發生房子的牆壁或屋頂坍塌等災情，這時民眾會使用苫布遮風擋雨。當災害過後，沒有用的苫布就會成為大量的廢棄物。把鋪在這些建築設施的苫布拿來用在災後重建吧——基於這樣的想法，誕生了「BLUE SEED BAG」這樣的商品。

除了能夠有效運用資源之外，透過使用實際用在救災的素材，也能夠對災區以外的民眾傳達協助重建的訊息。這個手提袋以「重建的種子」之意涵，取名為「BLUE SEED BAG（註：苫布的英語「sheet」與種子的英語「seed」發音接近，故以SEED命名）」。

這個機制的特別之處在於，商品開發與製作都在災區內進行。由於產品使用的材料是救災結束後就失去作用的苫布，所以無需花錢購買材料。清洗、裁剪救災使用過的苫布都靠志工通力合作完成。每件商品的觸感會因為每一塊苫布的不同而各有差異，其中刻劃著受災與重建的記憶。商品製造由擅長少量生產的當地新創公司sitateru企業協助，因此就算量少，也能夠生產高品質產品。

為了提高透明度，所以組織公開了銷售所得的明細，這點也很了不起。營業收入的50%用在製造上，30%用在活動上，20%則捐贈給救災使用。為了延續活動的進行，本來就必須籌措營運與支援者相關的活動資金，不過此項專案的大部分營業收入都投入熊本．大分等地的救災上。營業收入用在支援重建上，這樣的舉動提高了購買者．支持者對於這項事業的認同感。

020

# BONOBOS

在「不賣商品的商店」中賺錢的男性服飾品牌

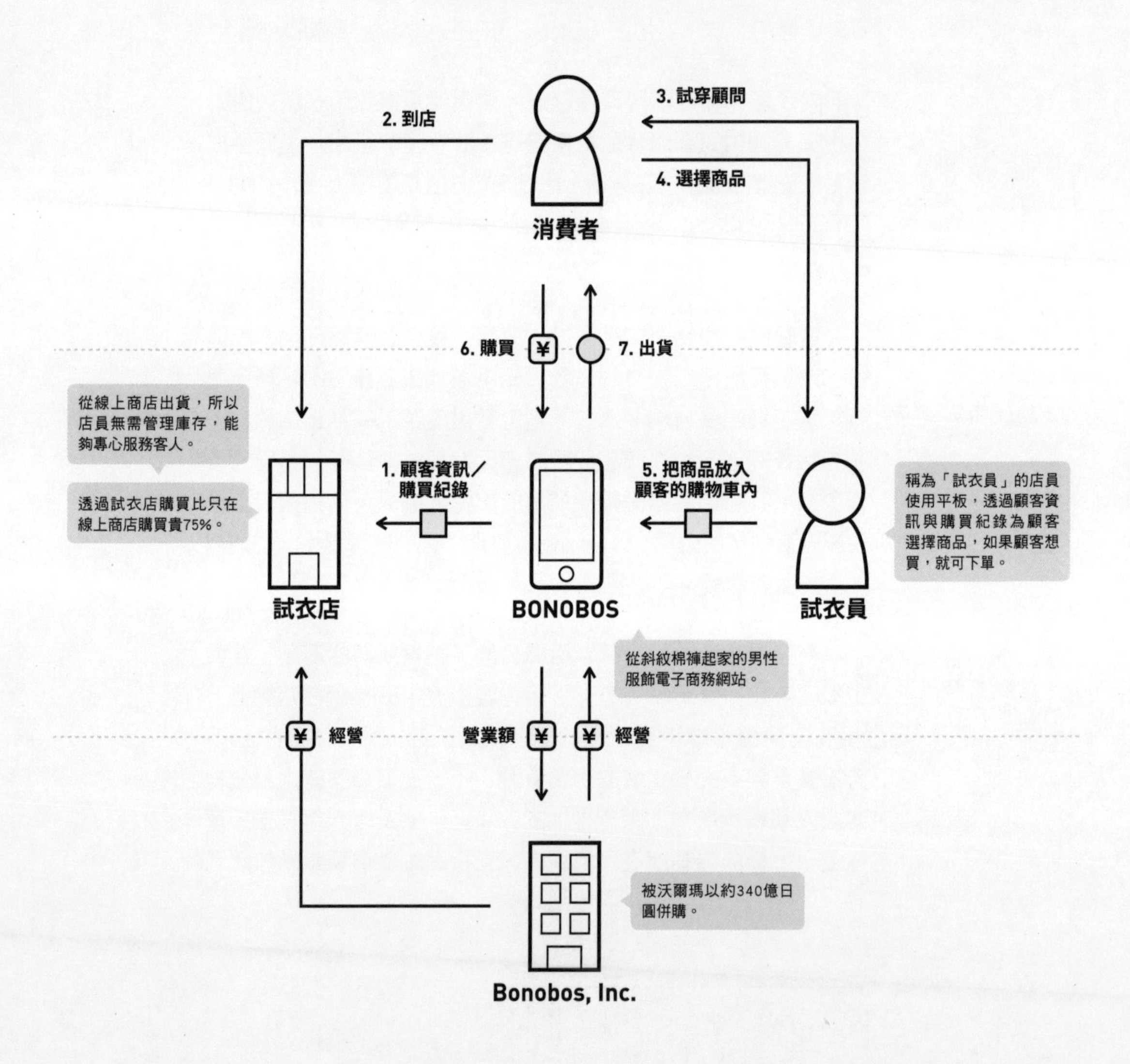


| 成衣業的實體店面 | 起點 | 定論 | 為了兼顧庫存管理，服務客戶的時間少 |
|---|---|---|---|
| | | 反論 | 無須做庫存管理，有時間服務客戶 |

## 無需收銀也沒有庫存，能夠專心服務客戶

創業於美國的男性服飾品牌「BONOBOS」開了一家稱為「試衣店」的展示型商店。

這家店只展示試穿用的最低限度商品庫存，而沒有存放銷售用的庫存。至於要如何利用這家店呢？消費者先在線上商店預約試穿服務，再前往店面，接受試衣員一對一的試穿諮詢服務。若有喜歡的商品，可以透過試衣員手上的平板讀取QR Code，並將商品放入線上商店的購物車內，這樣就能夠在電子商務網站上購買。

若是一般的服飾店，店員必須做收銀或庫存管理等工作，服務客戶的時間勢必就會受到影響。不過，若在「試衣店」，店員無須推銷，也不用做收銀或庫存管理等工作，就能夠專心接待客戶。

平板內儲存了商品知識與客戶資訊，試衣員服務客戶時可加以運用。可根據客戶尺寸大小、喜歡的樣式或是來店的紀錄等資訊，為客戶提供最佳服務。

透過試衣店購買的商品價格比在線上商店購買的價格高出75%，這意味著一對一的顧客體驗提高了服務的滿意度。

BONOBOS最早創業的理念，是為選擇樣式少的男性褲子提供豐富且舒適的商品。針對大部分男士不知如何買衣服的問題，提出「徹底消滅採買衣服的痛苦」之概念，為提高客戶滿意度投注心力。

BONOBOS於2017年6月被美國跨國零售企業沃爾瑪公司（Wal-Mart）以340億日圓收購，未來可望更加擴大規模。

021

# WAmazing

**為遊日的外國觀光客消除各種不方便的服務**

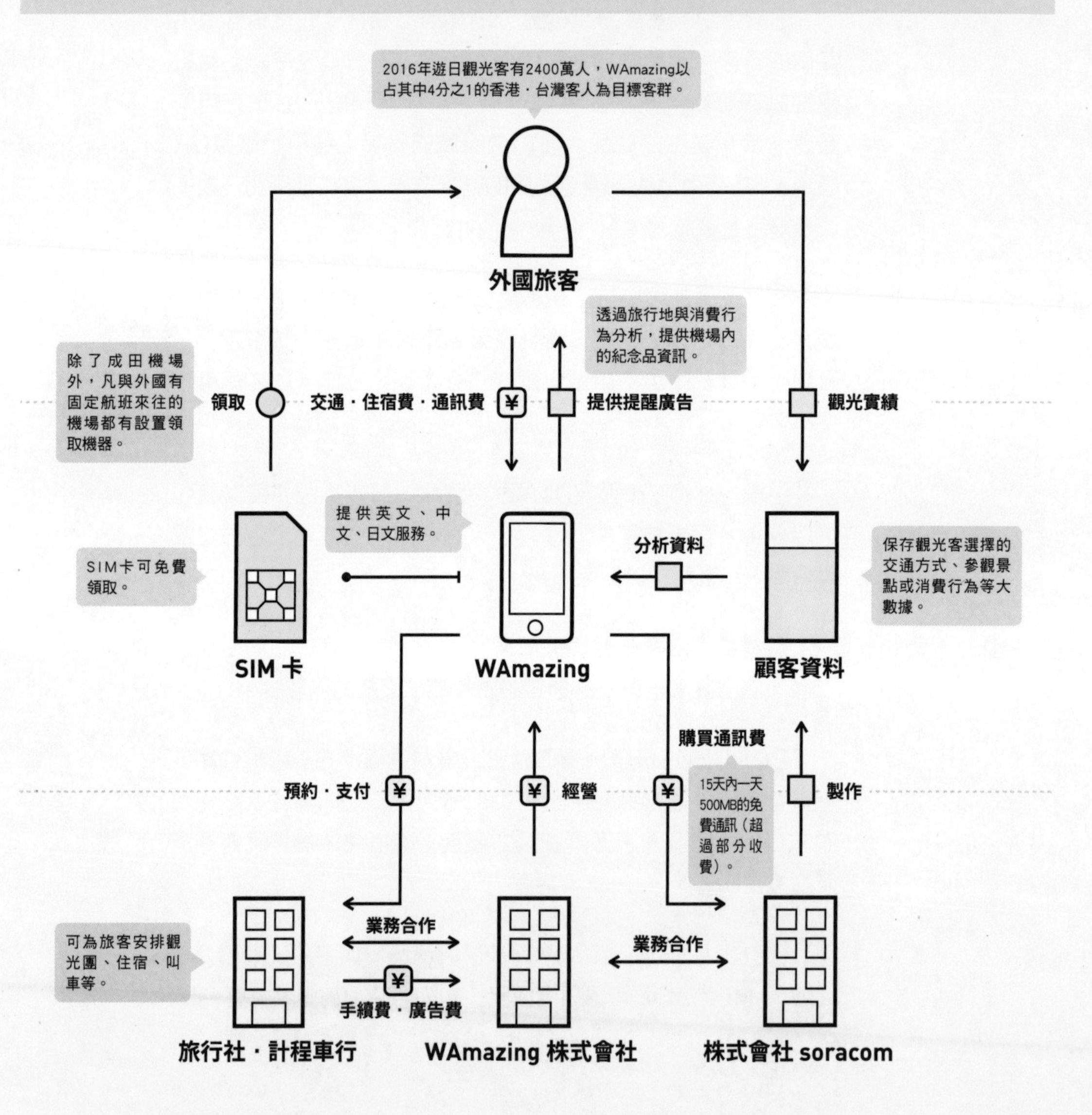


遊日觀光客 **起點** — **定論** 不容易買到SIM卡，要付通訊費

**反論** 方便取得SIM卡，免通訊費

## 利用免費SIM卡，無論通話或結帳都方便

曾到海外旅遊的人可能會產生「真的是這樣！」的同感。抵達旅行目的地時，旅行者對於「決定通訊方式」、「掌握交通工具」經常覺得不方便．不滿意。

最近，遊日的外國觀光客在旅途中，對於Wi-Fi環境等免費通訊基礎設施，或是因語言隔閡造成交通移動的困難等問題多所指摘。與海外各國相比，日本免費通訊的環境設施並不完善。根據日本總務省與觀光廳的調查結果顯示，遊日的外國觀光客在旅行途中最覺得困擾的是「免費的公用無線網路設施不完善」。甚至，就算抵達日本之前已經預約了，最後卻完全沒用到，也就是使用上最有障礙的，就是「購買SIM卡」這件事了。

「WAmazing」這項App服務可透過免費索取的SIM卡，一卡搞定上述所有的不方便與不滿意。觀光客從國內出發前往日本前，先下載App並綁定信用卡，抵達日本後，就可從設置於日本全國機場中的機器領取免費SIM卡。利用此SIM卡可以免費通訊、還能夠預約計程車、觀光旅行團，甚至結帳等，一卡搞定。由於SIM卡會儲存旅行中的各種紀錄，所以在準備搭機返國的機場裡，旅客也會收到「您忘記買伴手禮喔！」等最適合持卡人的廣告提醒。

目前台灣．香港旅客的人數占遊日觀光客的4分之1，所以這項服務的客群一開始就鎖定台．港觀光客。此服務開始啓動僅僅半年的時間，就有1.2萬人使用，成功籌得10億日圓的資金。目標設定在2020年的時間點，成為一個達到500萬人使用的平台服務。

雖然目前該服務以外國觀光客為目標客群，不過未來也預定將日本各地的魅力傳送給日本觀光客以拓展客群範圍，期待透過觀光為地方帶來復甦。由於東京奧林匹克運動會將於2020年舉行，遊日觀光客逐年增加，WAmazing的未來發展值得關注。

022

# Warby Parker

**可在家試戴後再決定購買的眼鏡**

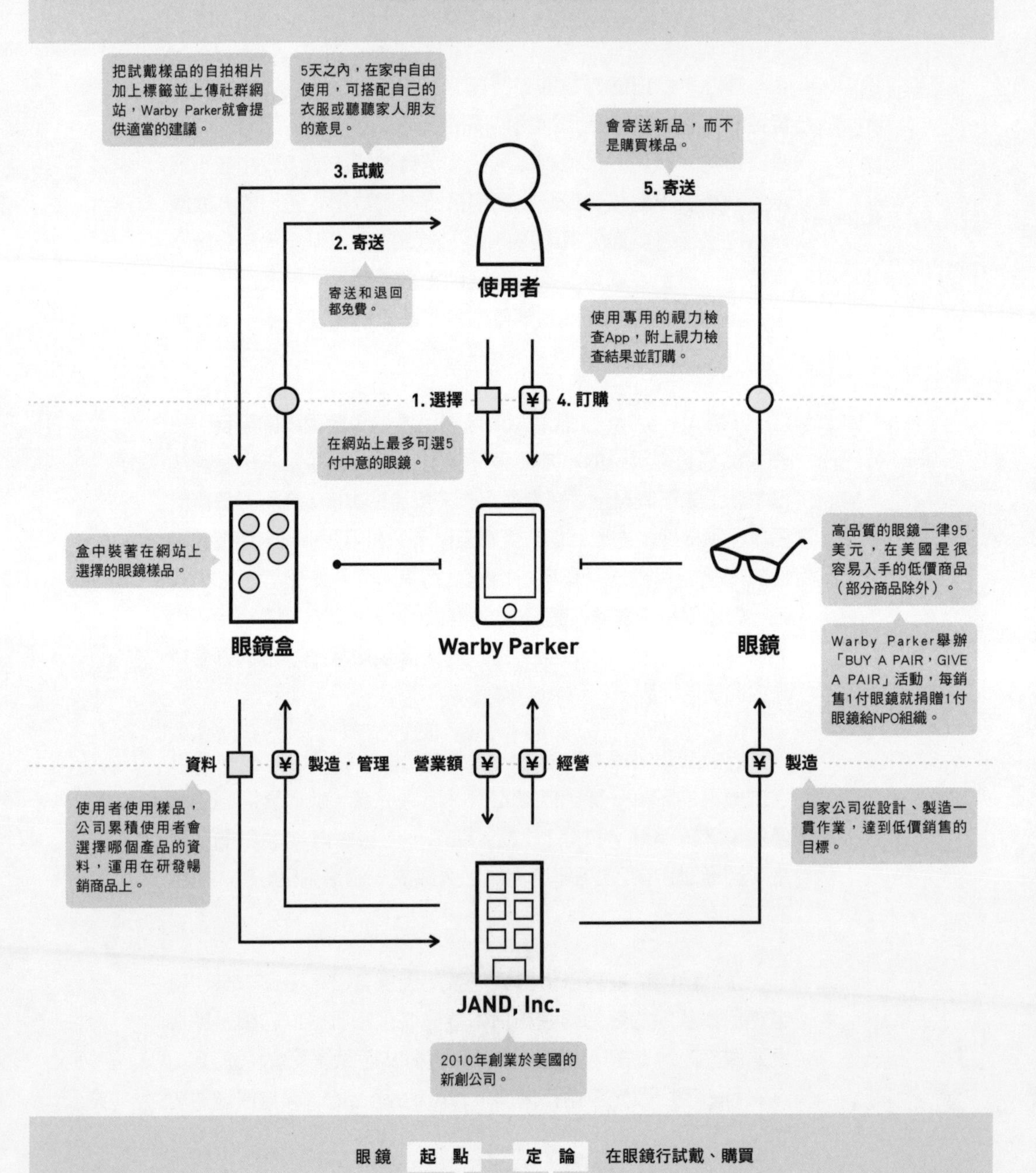


眼鏡 **起點** — **定論** 在眼鏡行試戴、購買

**反論** 在家裡試戴，在線上購買

## 視力檢查也透過App進行，超簡單！

新買的眼鏡好像不太適合……只要是戴眼鏡的人一定都有過這樣的經驗吧。如果是調整尺寸，眼鏡行可以幫忙處理，但是為了換眼鏡特地跑一趟眼鏡行，想起來就覺得麻煩。「Warby Parker」為了解決這樣的問題，提供購買前可在家裡試戴的服務。

創業於2010年，已經籌得2.15億美元的這家美國大型新創公司，雖在美國各地設立眼鏡行，但同時也建立一套消費者就算沒有親自前往店面，也能夠體驗更勝於店面服務的眼鏡試戴機制。

使用者進入Warby Parker的網站，填寫簡單的問卷。系統會根據使用者的回答及喜好，推薦適合的眼鏡，使用者再從中挑選最多5付眼鏡，然後這5付眼鏡的樣品就會免費寄到使用者家中。使用者可在5天之內，在家中自由使用。可以不用在意旁人眼光搭配自己的服裝或戴出門等。另外，如果把試戴樣品的自拍照片加上標籤並上傳社群網站，Warby Parker也會給予適當的建議。如此一來，試戴樣品的使用者就成為品牌代言人。

使用者最後選出一付喜歡的眼鏡後，再使用專用的視力檢查App檢查視力，然後附上檢查結果並訂購即可。寄送的樣品可以免運費寄還公司，使用者將收到全新的眼鏡。

購買前在自己家中試戴，這種做法不僅可降低消費者購買眼鏡時的不安，同時也能夠透過社群網站獲得宣傳效果。還有，最後透過使用者選用哪種款式的眼鏡等資料的累積，也能夠運用在研發下一個熱銷商品及庫存管理上，公司再根據資料進行一連串的設計・製造。因著這樣的緣故，雖然眼鏡品質高，Warby Parker卻也能夠祭出每付眼鏡一律95塊美元的低價策略。

023

# Phil Company

**在「停車場上」蓋房子，有效利用土地**

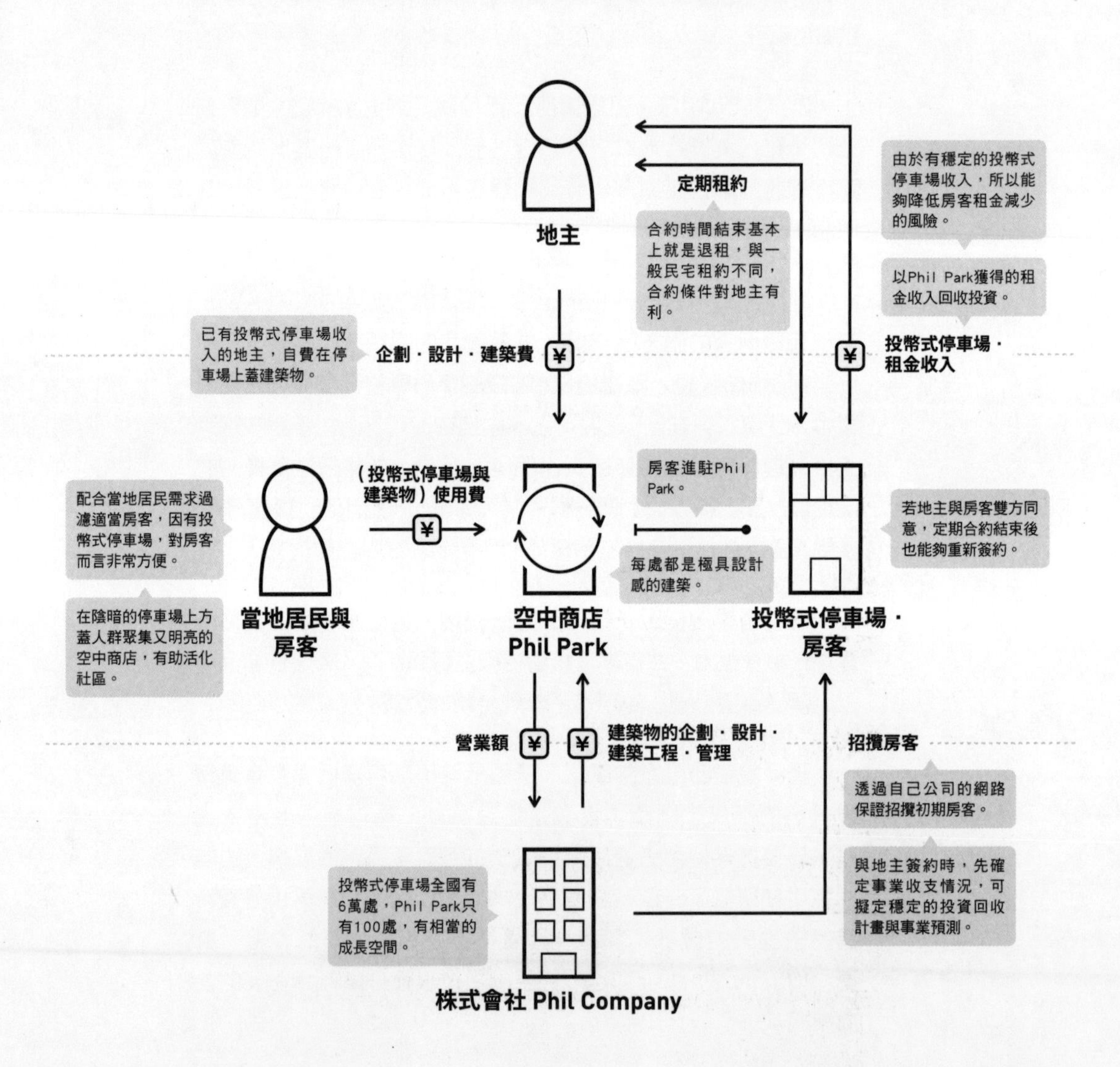


空地的有效運用　**起　點**　**定　論**　投幣式停車場？蓋房子？

**反　論**　投幣式停車場上蓋房子

## 也幫忙找入住的房客

聽到有效運用土地，腦中想到的大概都離不開「蓋居住用住宅」、「蓋商業用建築物」、「設立投幣式停車場」這3種做法吧。一般來說，蓋商業用建築物（租賃大樓・商業設施等）在建設期間要先支付初期費用，能否回收就成為最大的風險。另外，建築物一旦蓋好就無法簡單毀壞，所以若是考量建造建築物，必須以長遠的眼光籌畫才行。

另一方面，用作投幣式停車場的優點是初期投資金額少，有效利用土地時的心理障礙也較低，可以做有彈性的運用，例如變更為建築用地售出或是蓋房子等。不過，缺點就是收入不高，總覺得停車場不是穩定的收入來源。對於地主而言，傳統運用土地的3種方法充滿著矛盾而難以選擇。

有鑑於此，株式會社Phil Company成立了「空中商店Phil Park」的事業，在既有的停車場上蓋建築物，雙重運用土地，也能夠期待增加收入。該公司配合土地所在位置的特色，提出具時尚設計感的建物方案。為了降低建築成本，有可能不設置電梯，或是盡量降低公共空間等，藉以減輕地主的經濟負擔。

除了負責建築物的設計・施工之外，幫忙招攬房客也是該事業的一大特色。為了降低建築物蓋好卻沒人承租的風險，Phil Park會透過他們自己公司的網路招攬初期房客，讓地主放心。

024

# 日本環境設計

**把回收行動從「非做不可」變成「想做」**

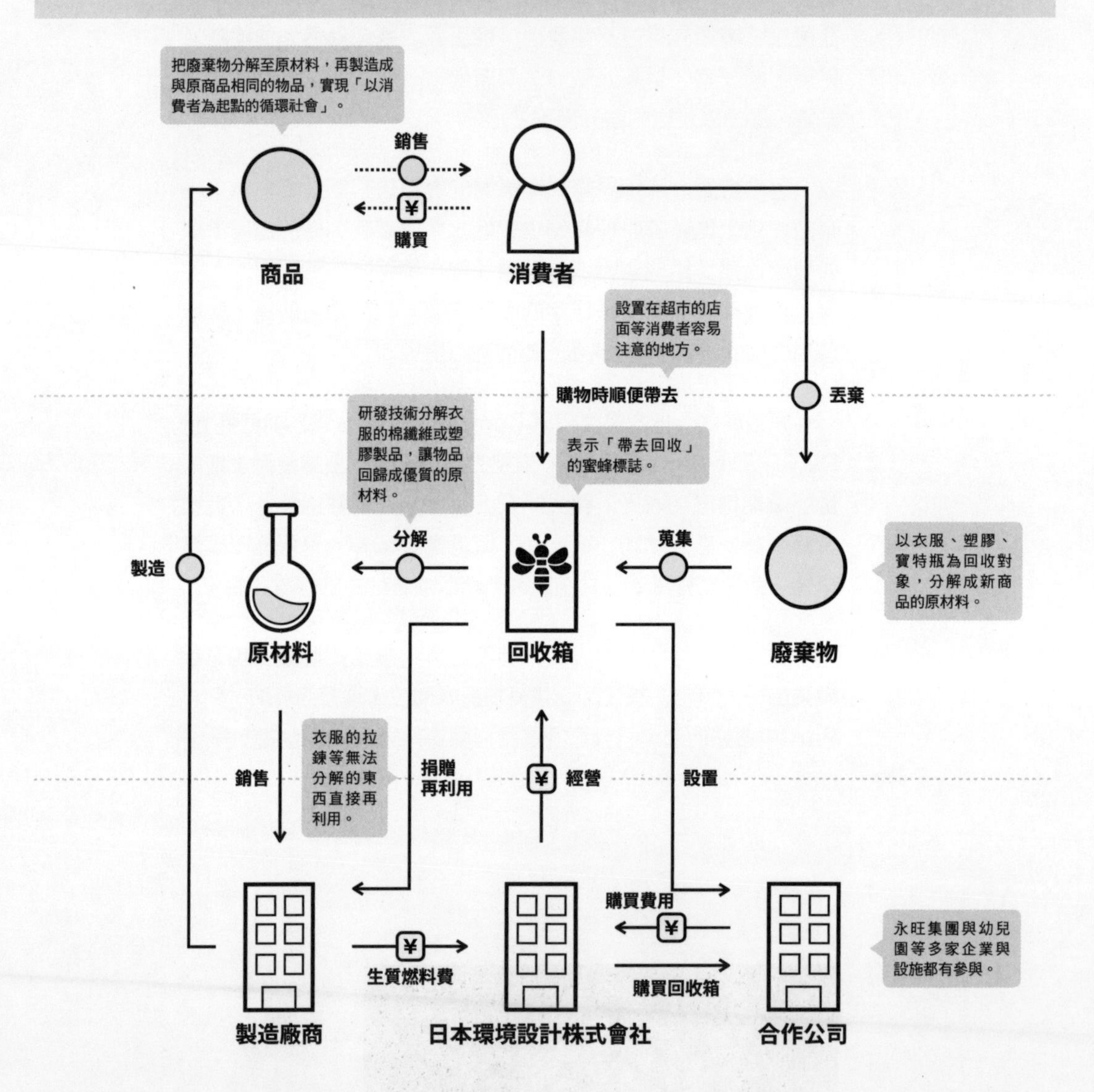


回收 **起點** — **定論** 改變為其他商品

**反論** 改變為相同的新商品

## 把回收變得有趣，讓世界驚豔

以往大概沒有任何一家公司可以如此轉變回收觀念吧。「日本環境設計」公司結合「獨家技術」與「衆人想協助的機制」，建構一個新的回收生態系統。傳統的回收都是以「因為會造成浪費～」、「為了保護環境～」等口號讓人產生「非做不可」的義務感。不過，該公司卻成功建立一套讓人不禁「想做回收！」的機制。

一般的回收不會把回收物分解到原物料的狀態，通常是把回收物改變成不同型態的物品。不過，該公司研發出「把棉纖維與塑膠等物品分解到原物料層級的技術」，所以能夠製造出與回收物相同的物品。

讓人感興趣的是該公司的收益來源。該公司銷售回收箱給200多家企業或機構，回收箱回收可當成原料的衣服或塑膠製品等。「每家公司或機構都想要保護環境，如果花點錢也算是投資」。該公司著眼於企業方的想法，成功地打造出企業與消費者的雙贏關係。

創業者之一的岩元美智彥堅持提供「以消費者為原點的服務」。比較家庭垃圾、產業垃圾的量，顯然以企業為服務對象的規模較大。然而，無論哪家企業做了對環境有益的行動，也難以打動消費者的心。所以公司未來的目標是讓每位消費者實際產生「自己也開始動手做」的念頭，成為根深蒂固的文化習慣。

最棒的是該公司把回收變有趣的做法，讓世人感到驚嘆。在電影《回到未來》第2集中出現的De Lorean時光機老車抵達2015年10月21日，當日公司舉辦一場向消費者蒐集垃圾做出再生燃料以供De Lorean使用的活動，並獲得廣大迴響。光是自己把垃圾放進回收箱，De Lorean就可行走，這種如電影般的情節吸引民衆的目光焦點，也把回收從「必須做」改變為「想做」的行為。

025

# FREITAG

**廢棄產品化身為「世界獨一無二的包包」**

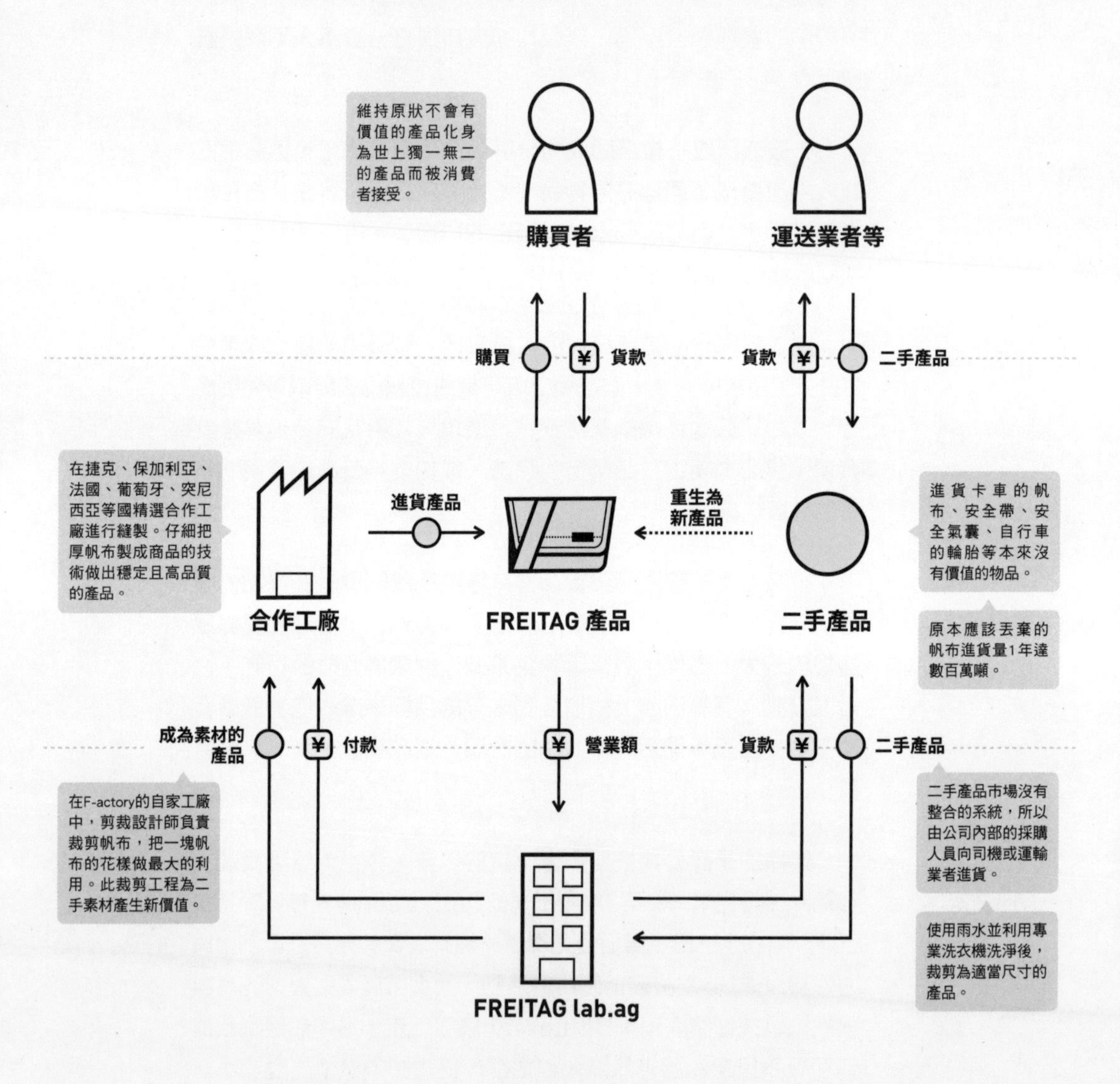


品牌商品 **起點** — **定論** 品質穩定的商品

**反論** 凌亂而有個性的商品

## 舊防水帆布或輪胎變身為高品質包包

1993年「FREITAG」誕生於瑞士的蘇黎世，是一家利用二手產品為素材製成包包的品牌。一般來說，追求高品質的品牌產品會要求使用穩定品質的材料。但是針對這樣的概念，FREITAG對於品質的要求沒有改變，但是素材的凌亂（不一致）卻提供了「世界獨一無二的價值」，也提高品牌的知名度。

FREITAG最開始是以舊的貨車帆布、廢棄的自行車輪胎或是汽車安全帶為材料，製成郵差包。現在產品種類已經增加到40項（只有包包），1年的生產量達40萬個。每件包包都使用二手產品作為材料改製而成。舊防水帆布或汽車安全帶的進貨來源是卡車司機或運輸業者，但由於進貨流程並未整合，因此公司內部擔任採購的「卡車監看員」總是要為進貨四處奔走。

另一個重要的程序就是剪裁。負責剪裁的是稱為「包包設計師」的員工。設計師運用型態、剪裁以及自己的設計靈感，將一塊帆布的花樣做最大極限的運用。透過這樣的做法，舊產品就重生為獨一無二的素材。接著該素材由捷克、保加利亞、法國、葡萄牙、突尼西亞等合作工廠以高度技術縫製，重生為高品質產品。這麼一來，原本應該要廢棄的390噸防水帆布獲得運用，對環境的貢獻產生極大的意義。

一般來說，品牌商品都追求品質固定且穩定的高品質狀態。不過，凌亂而有個性的高品質產品一樣能產生價值，這也是此商業模式的精彩之處。

026

# 薩莉亞

**為何便宜卻能使用好的食材？**

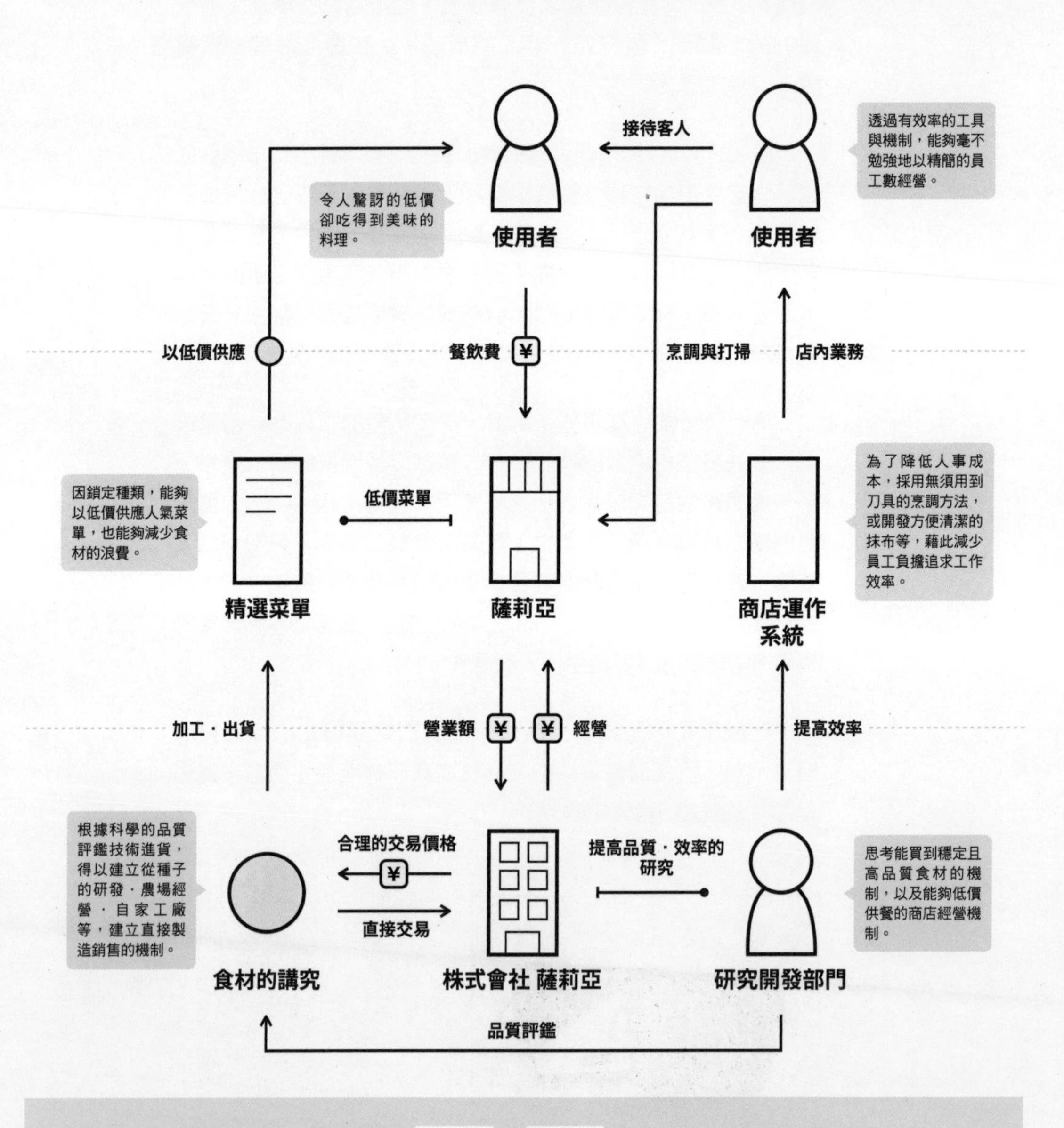


親子餐廳 **起點** — **定論** 提供多樣化的菜單

**反論** 提供講究食材的精選菜單

## 在親子餐廳業界罕見地招募許多理科出身的員工

在競爭激烈的外食連鎖餐廳市場中，「薩莉亞」擁有持續成長的好成績。去過薩莉亞用餐的人多半對菜單的便宜價格感到訝異。例如薩莉亞的顧客單價就比其他親子餐廳還便宜100日圓以上。義大利料理的專家也驚訝表示，「明明餐廳使用好品質的食材，餐點也烹調得很美味，為什麼能夠訂出這樣的價格呢？」其實理由大致可分為兩點。

第一，薩莉亞重新檢視原本的經營內容以控制費用，並徹底執行提高利益率的機制，例如減少菜單的品項；另一方面，重視顧客就算只點一份人氣餐點也要出餐的服務（299日圓的米蘭燉飯就是招牌的人氣料理之一），此舉所帶來的成果是減少食材浪費，並提高工作效率。減少的浪費所獲得的利益又回饋給顧客，所以餐點的價格又可往下調降。這樣的良性循環不僅獲得顧客喜愛，同時也為餐廳帶來獲利。

第二，講究食材。關於食材的採購方面，薩莉亞重視的是決定食材品質的下限，而不是決定價格的下限。生火腿或義大利香腸等食材與義大利的食品公司直接簽約進貨，部分稻米或農作物也會由自家公司擁有的農田種植。為什麼薩莉亞對食材如此講究呢？「那是因為餐點的美味程度有八成是由食材決定的緣故」。該公司會長正垣泰彥在他的著書中如此解釋。

因此，薩莉亞內部出現餐飲業界罕見的現象，就是聘請許多理科出身的員工，據說這是為了在公司內部加強研發部門的能力。例如為了以定量方式判斷味道，建立科學性的品質評鑑機制，或是為了提高餐廳的經營效率，所以開發專業的烹飪器具或清潔用品等商品。就這樣透過堅持食材的品質並減少浪費，提供了便宜又美味的人氣餐點，同時也兼顧了乍看是互相牴觸的兩個要素。這就是薩莉亞異於其他競爭對手的強項。

# b8ta

## 進行產品「β 測試」的零售店

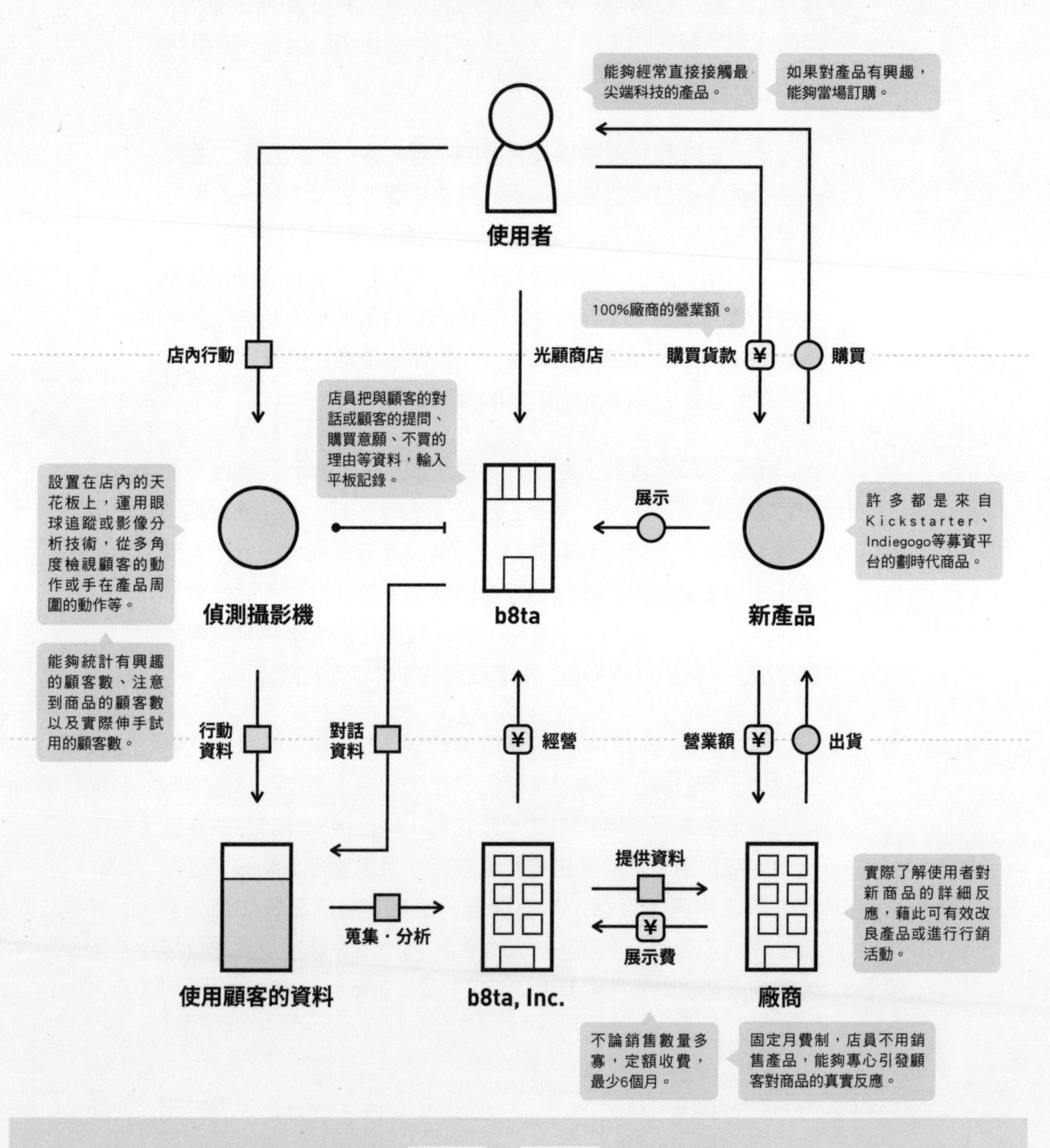


零售店 起點 — 定論 銷售商品的場所

反論 觀察顧客反應的場所

## 店員不積極推銷產品的理由

「b8ta（β）」是一家可以一邊銷售產品，一邊進行所謂「β測試」，也就是產品測試的企業。該企業在美國西岸的舊金山等地擁有9家商店，店內陳列許多來自Kickstarter或Indiegogo等募資平台的劃時代商品。例如能夠體驗VR的goggles（飛行眼鏡）、無人機、電動滑板等等，都是一些光看就讓人感到興奮的產品。

使用者可經常直接接觸到最尖端的科技產品，如果喜歡的話，也可在現場訂購。店內的天花板設置攝影機，能夠透過偵測視線的眼球追蹤（Eye Tracking）或影像分析技術，從多角度觀測使用者的動作或手在產品周圍的動作等，藉此就可以統計「有興趣」、「察覺到」、「實際拿起來試用」的顧客數量。

b8ta的有趣之處不僅如此。舉例來說，當你到一般的服飾店買衣服，看著店內商品時，店員就會過來推銷商品吧。不過，b8ta的店員幾乎不會主動來招呼客人。或許有人會感到疑惑「店員不積極推銷，這樣店還開得成嗎？」不過該公司卻因此而成功。因為廠商展示產品的目的並非銷售產品獲利，而是獲得使用者在自然狀態下的提問、說出購買意願或不買的理由等資訊。為了塑造這樣的情境，所以b8ta對廠商收取展示產品的固定月費，也因此，店員就沒有必要推銷商品了。

蒐集到的優質定性資料透過Chart Tool在24小時內，定量資料則透過網路系統幾乎同時傳送到廠商手上。如此在b8ta展示產品的廠商就能有效改良產品或採取行銷活動。

b8ta採用的這套機制獲得極高評價，不只是新創產業，連大企業也願意在b8ta展示。軟銀的人形機器人Pepper打算進軍美國市場時，也曾經運用b8ta提供的服務擬定行銷策略。

028

# Vacation STAY

**樂天集團經營的「可混合運用物件的網站」**

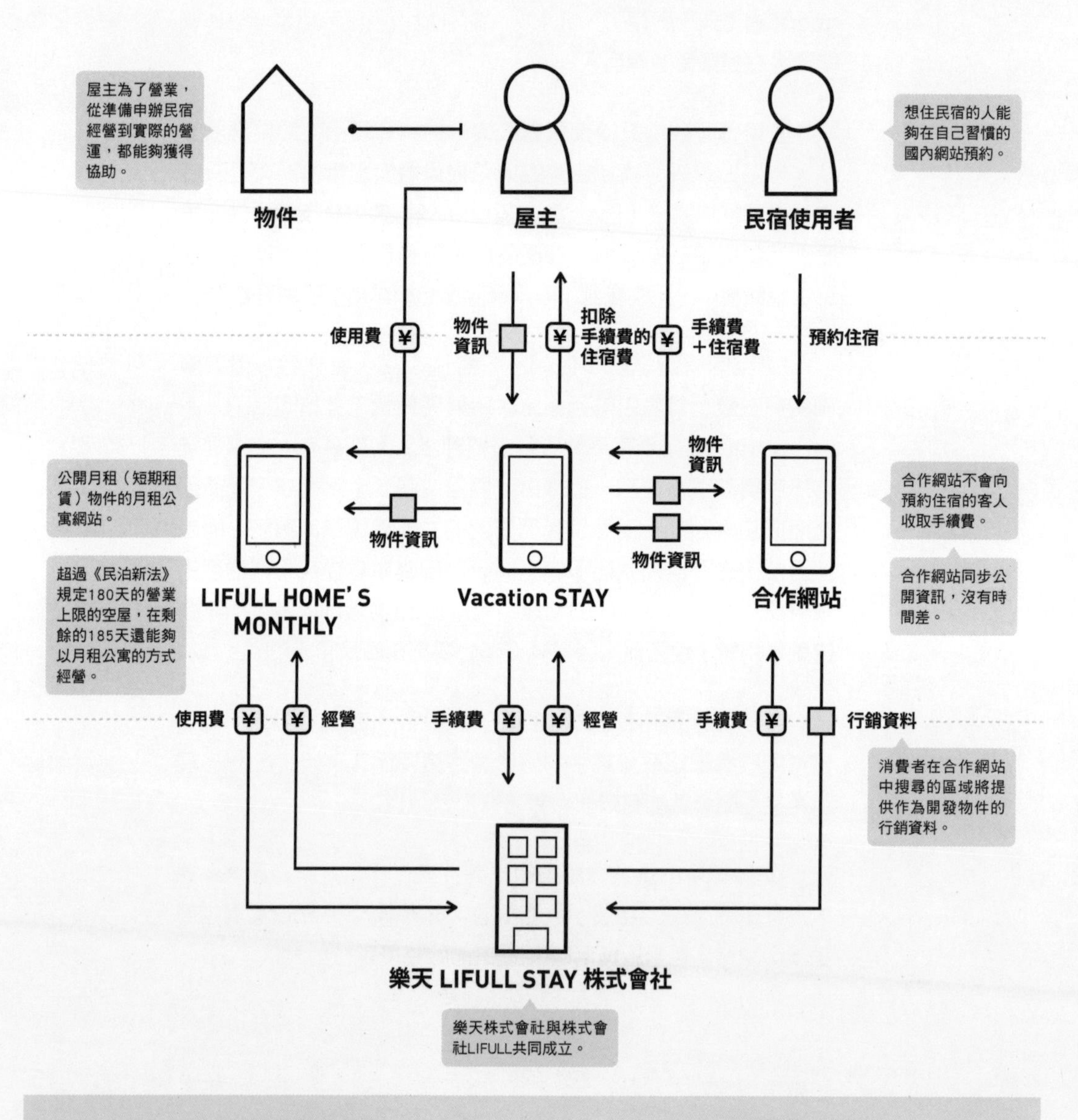


民宿媒合網站 起點 — 定論 一年之中只能出租半年的物件

反論 整年都能出租的物件

## 也可利用「月租」的方式出租，所以一整年都能夠營運

「Vacation STAY」是連結屋主與民宿使用者的媒合網站。提到民宿媒合網站，Airbnb是最具代表性的例子。不過Vacation STAY因為提供一項不同的服務而與Airbnb做出差異。對了，所謂「民宿」就是出租一般的民宅供人住宿的意思。

其實日本國內的空屋問題非常嚴重。2013年的空屋有820萬間，創歷史新高。民宿因有效解決這個問題而受到關注。但是，2018年6月起開始實施的《住宅宿泊事業法》（民泊新法）規定民宿業者的營業日以180天為限，其餘的日子無法營運，這又成為新的問題。Vacation STAY的厲害之處就是看到這個問題，於是提供也能夠以月租型公寓出租的機制，換言之就是「一整年都租得出去」。另外，由於該服務是向屋主與民宿使用者收取手續費而成立的事業，所以掌握大量物件與增加使用者就是最重要的成功要素。這點也是該網站的強項。

關於掌握物件數量方面，Vacation STAY使用株式會社LIFULL擁有的網路開拓新物件。LIFULL是經營Vacation STAY的樂天LIFULL STAY株式會社的股東，也是經營不動產·住宅資訊網站的公司，在全日本擁有超過800萬的物件，物件資訊量是業界第一，Vacation STAY可以在這裡宣傳是非常有幫助的。

關於增加使用者方面，由於與海外預約住宿網站合作，所以刊登在Vacation STAY的物件，同時也會刊登在國外的網站上。在2018年7月的時間點上，合作的海外網站有「Booking.com」、「HomeAway」、「途家」、「AsiaYo」、「Yanolja」等5家公司。考慮到越來越多國外觀光客來日本旅遊，迅速讓更多人看到物件資訊就成為Vacation STAY專攻的重點。《民泊新法》是2018年才完成的法令，所以要看接下來的發展情況。不過，空屋多位於偏遠地區，所以民宿也可望為地方帶來活絡的氣象。希望未來民宿業界可帶來新的事業商機。

029

# ecbo cloak

**店內的閒置空間可用來作為「投幣式置物櫃」使用**

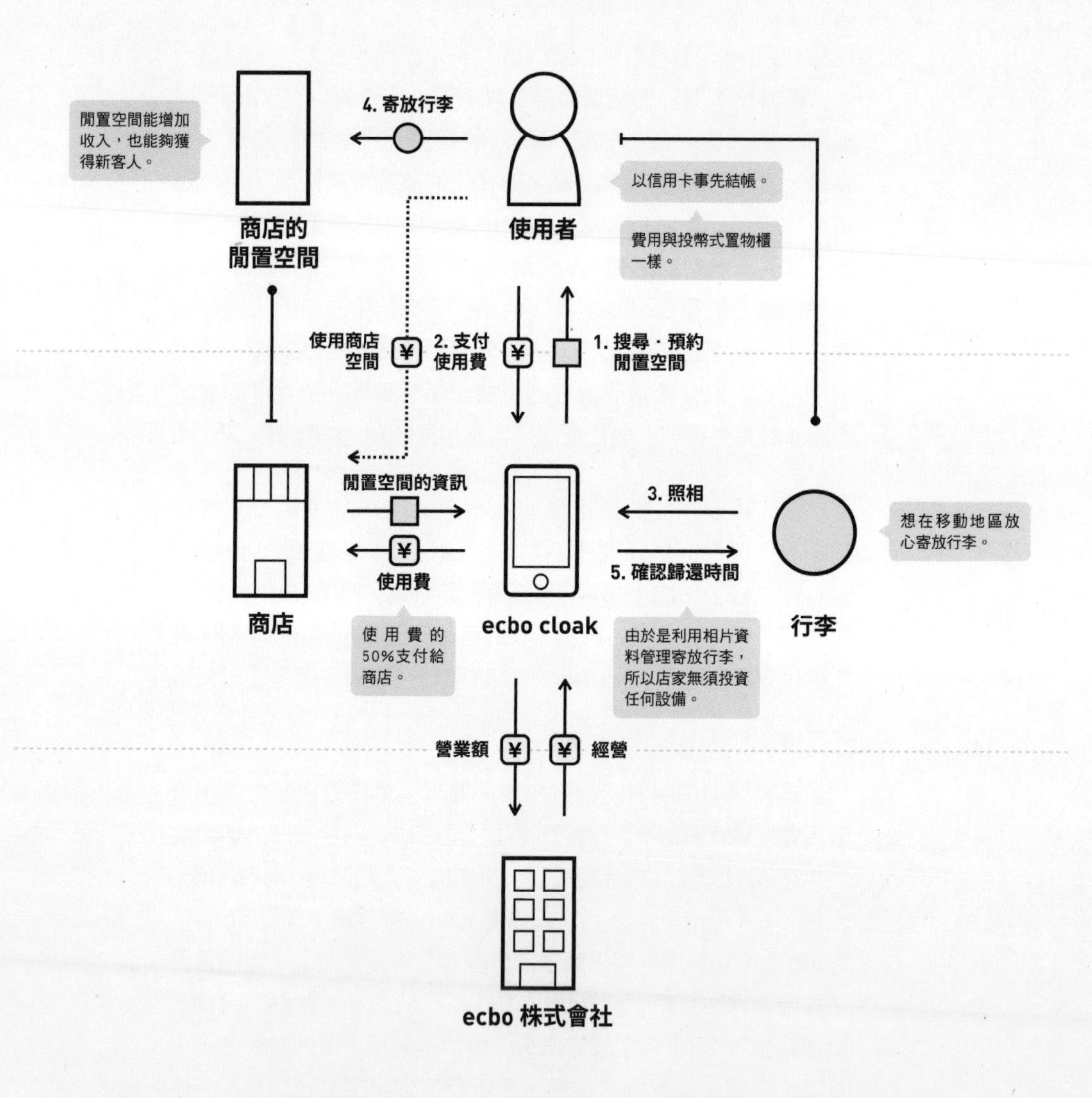


行李 **起 點** — **定 論** 只能寄放在投幣式置物櫃

**反 論** 可以寄放在店內的閒置空間

## 接受寄放行李的店家可收取寄放費用的50%

旅行或外出時想寄放行李，但是一到當地卻發現投幣式置物櫃都滿了。為了找投幣式置物櫃而精疲力竭，或是浪費多餘的時間……你是否有過如此的悲慘經驗呢？

「ecbo cloak」解決了這樣的問題。ecbo cloak就是利用咖啡店或商家的閒置空間，讓旅人能夠安心寄放行李的服務。使用方法也非常簡單，想寄放行李的人只要先找到寄放空間並預約就可以了。付款方式也能夠以信用卡事先結帳。收費與投幣式置物櫃一樣，包包尺寸的收費300日圓（含稅）／天，行李箱尺寸的收費600日圓（含稅）／天。

使用者只要當天去店裡寄放行李即可。寄放後，會收到附上行李相片的證明郵件。拿取行李時，給店家看電子郵件就可取件。

使用ecbo cloak的服務無須帶著傳統投幣式置物櫃的鑰匙。另外，投幣式置物櫃的空間大小固定，所以無法存放的樂器、滑雪用品、嬰兒車等，都能利用ecbo cloak的服務。

店家既可以利用閒置的空間增加收入，也可增加來寄放物品而順便消費的顧客，真是一舉兩得。以往無法接觸到的消費者也會前來店裡寄放行李。由於店家只是使用閒置空間，無須投資新設備，所以也能夠輕鬆地開始提供這項業務。店家能夠收取寄放費用的50%。

最近日本鐵道公司（JR）、日本郵便也開始與ecbo cloak合作，不斷增加可寄放行李的空間（JR的費用從600日圓起跳）。旅行時，如果找不到地方寄放行李，請務必試試這項服務。

030

# Oisix

**看得到生產者的面孔，所以就算是「醜蔬果」也可安心食用**

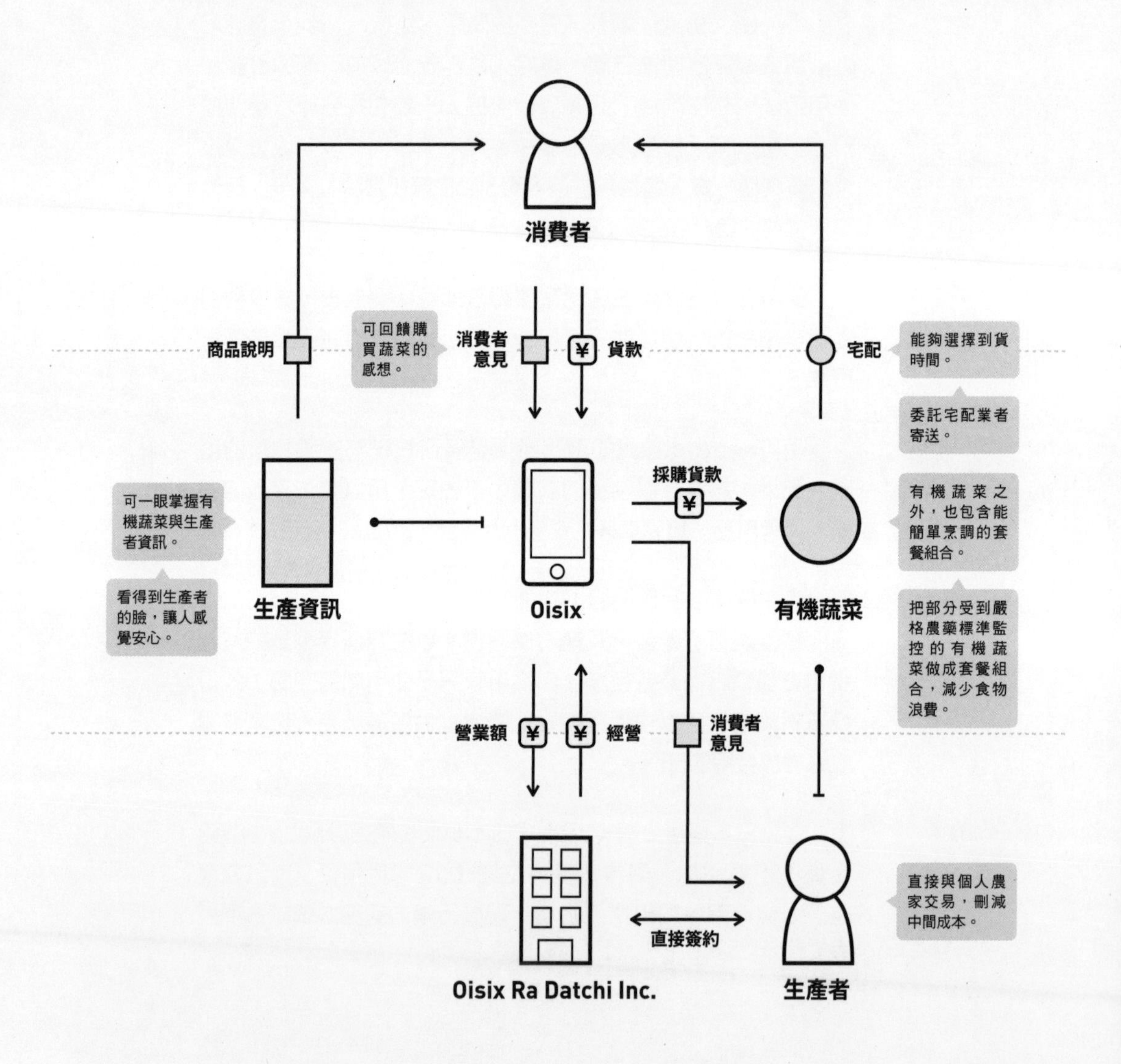


有機蔬菜的宅配　**起點**　**定論**　形狀不整齊覺得不放心購買

**反論**　就算是醜蔬果也覺得安心

## 協助生產者進行行銷及商品化

原本有機蔬菜看不到實體，也容易腐壞，所以不適合宅配的銷售方式。在這樣的狀況下，Oisix Ra Datchi Inc推出「Oisix」，日本首見的有機農產品宅配服務。最近幾年，Oisix Ra Datchi Inc併購了「保護大地會」、「Radish Boya」等競爭公司而加速成長。該公司的宗旨是「連結消費者與生產者」、「建構生產者獲得回報而感到驕傲的機制」，也分別獲得消費者、生產者極高的評價。

Oisix網站的特色是可以輕鬆確認栽種農產品的說明以及生產者履歷。透過這樣的做法，消費者就算看不到實物，也能夠安心選購商品。

原本鎖定的目標客群是擁有小朋友的30多歲女性，所以除了有機蔬菜之外，也提供可在短時間輕鬆完成料理的套餐組合「Kit Oisix」。「Kit Oisix」的內容物豐富，最重要的是可以輕鬆烹調又好吃，所以受到消費者好評。由於運送方面委託給宅配業者，所以能夠因應消費者各種不同的需求。

該公司的服務不僅對消費者，對於生產者而言也好處多多。舉例來說，由於消費者可以評論購買的商品，所以生產者可以直接收到消費者的意見，而這些意見是在一般零售店銷售時所得不到的資訊。

另外，若有需要，Oisix也會協助生產者對栽種的蔬菜、水果進行行銷或包裝。例如，把就算生吃也甘甜美味的蕪菁命名為「蜜桃蕪菁」，藉以擴大銷售量；把限用農藥的醜蔬果包裝成套裝組合銷售以減少食材的浪費等等。以生產者的角度來說，透過Oisix銷售商品能夠獲得更多好處。

031

# 橫濱灣星球場

**縮短與當地居民距離的棒球場**

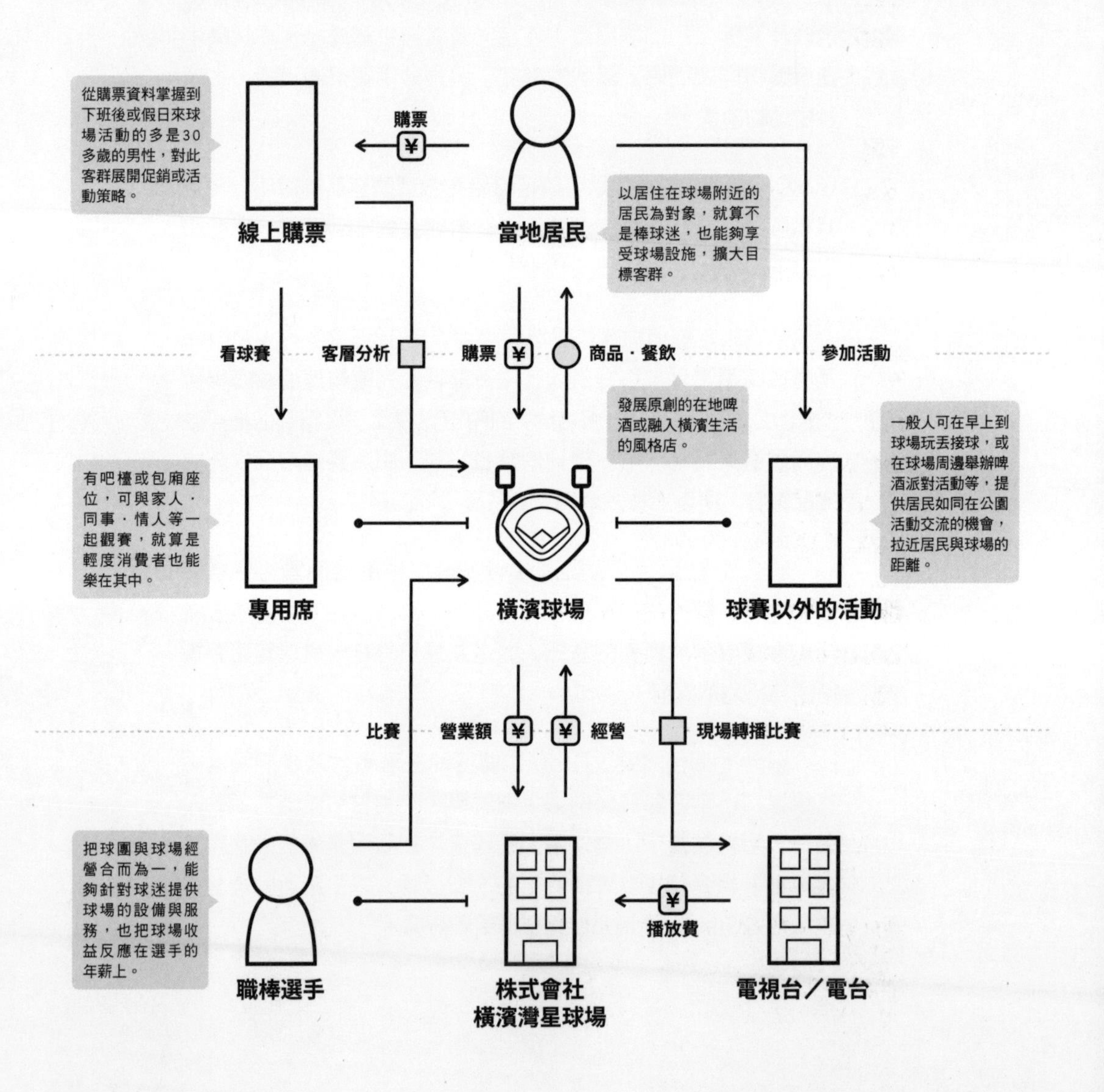


| 棒球場 | 起點 | 定論 | 看棒球比賽的地方 |
|---|---|---|---|
| | | 反論 | 以棒球為觸媒的遊樂空間 |

## 就算不是熱情的棒球迷也能夠樂在其中的地方

從2011年觀眾數116萬人到2016年觀眾數193萬人，「橫濱灣星球場」創下 5 年之間快速成長約1.7倍的紀錄。就算到了現在，橫濱球場依舊保持連日爆滿的狀態。可能也是因為這樣的緣故，橫濱灣星球隊的排名順位也連年往上攀升。

觀眾人數能夠如此快速成長，靠的不只是熱情的球迷，最主要的原因是球場也把觸角伸入下班回家的上班族・情人・家族等輕度消費客群。

橫濱球場以進一步縮短與居民之間的距離為出發點，所以就算是賽外時間，也積極創造居民與球場接觸的機會。舉例來說，某些日子的早晨可以在球場中玩投接球。對於上班前想輕鬆活動身體的上班族，或是憧憬職棒選手的孩子們而言，這是一個令人非常開心的地方。其他也會舉辦露營活動或啤酒派對等活動，藉此快速拉近當地居民與球場的距離。經由這些接觸球場的機會，一定也有許多人會興起「下次也來看看球賽吧」的念頭而前往球場觀賽。

去球場觀賞球賽時，球場準備各種特殊座位以因應各種用途的餘興節目，例如家族聚在一起幫球隊加油的包廂區，或是可一邊喝酒一邊觀賽的站席吧檯區等。另外，球場也提供許多輕度球迷也能夠樂在其中的商品，例如銷售只有在球場內才喝到的精釀在地啤酒、以及就算不是球迷也能夠在生活中使用的商品等。

透過這些精心策畫提高收益率，球團的經營狀況越來越好，最後的收益也能夠反應在職棒選手的年薪上。這麼一來，球團的團結力量變強，觀眾也變得更樂意觀看球賽。球場祭出的每項措施當然都非常特別，不過如果從整體的機制來看的話，看得出經由球場連結棒球選手與當地居民之間的關係，也帶動了棒球運動的風氣。這樣的做法真是高明。

「物力」的商業模式
# 總結

**在「物力」章節中介紹的案例，可以更進一步以「在物品中是否有特別新穎的發現？」區分為「時空系列」、「產品・服務系列」、「流通系列」等3大類。**

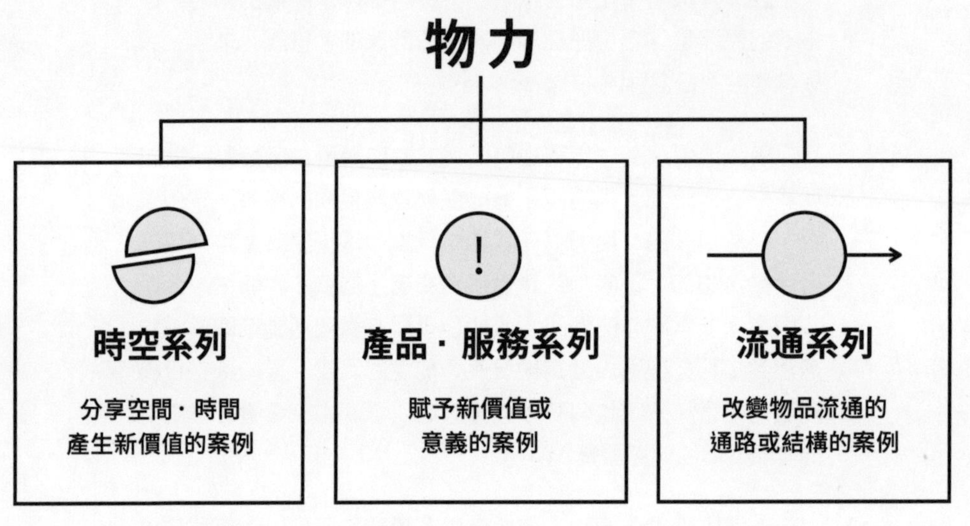

# 第2章

# 金錢

建立新的「金流」

本章將介紹「可以立即換成現金」、「靈活運用虛擬貨幣」、「能夠輕鬆投資」等，在傳統上不會產生金錢的領域或金錢流通停滯的領域中，創造新商機的案例。

032

# Lemonade

**可捐贈保險金盈餘的 App**

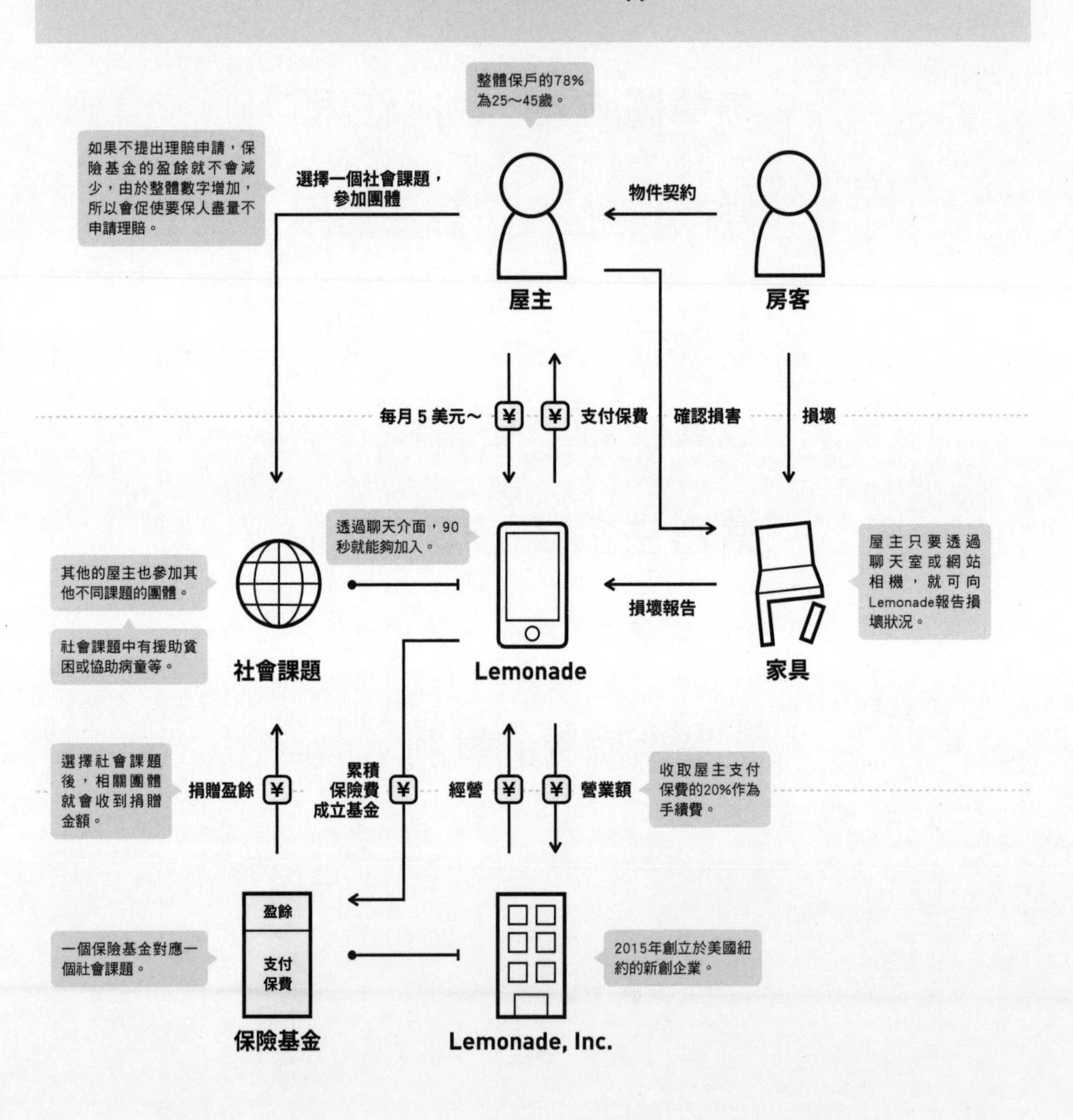


盈餘 起點 — 定論 成為保險公司的利益

反論 捐贈給認同的社會課題

## 以關心貧困支援等課題的屋主為宣傳對象

2015年創立於美國紐約的「Lemonade」是針對屋主提供產物保險的服務。每個月花5塊美元就可加入保險，而且可透過App投保，快的話90秒就可輕鬆完成手續，這點對屋主很具有吸引力。

兩位創業者的背景與保險業毫不相干，所以該公司的做法與傳統的保險公司極為不同。公司的特色是採用AI（人工智慧）或行為經濟學來發展商業模式。

其中最具特色的就是屋主主動參加感興趣・關心的社會課題團體。社會課題有例如支援貧窮或支援生病兒童等等，甚至每一個團體背後都成立一個保險基金。一般來說，保險費的盈餘都會成為保險公司的利潤，不過Lemonade的設計則是把保險費的盈餘捐贈給與社會課題相關的團體。

由於有這樣的機制，所以屋主就算家具遭到破壞，也盡量不申請理賠，這樣盈餘就會一直累積，也就有巨額的金錢可供捐贈。隸屬相同團體的其他屋主也是一樣的心態與做法。總之，為了不使盈餘的金額減少，屋主會盡量不申請理賠以確保機制順利運作。

透過「捐贈給關心的社會課題」的制度設計，對關心社會課題的千禧世代（在美國指2000年代成年或成為社會人士的世代）做出有效的宣傳。

截至2018年7月，該公司已經在紐約以及加州等20個州提供保險服務。日本軟銀公司對Lemonade出資1億2000萬美元（約135億日圓）蔚為話題，據說該公司也將進軍日本市場。

033

# polca

**跟朋友「借點錢周轉」的 App**

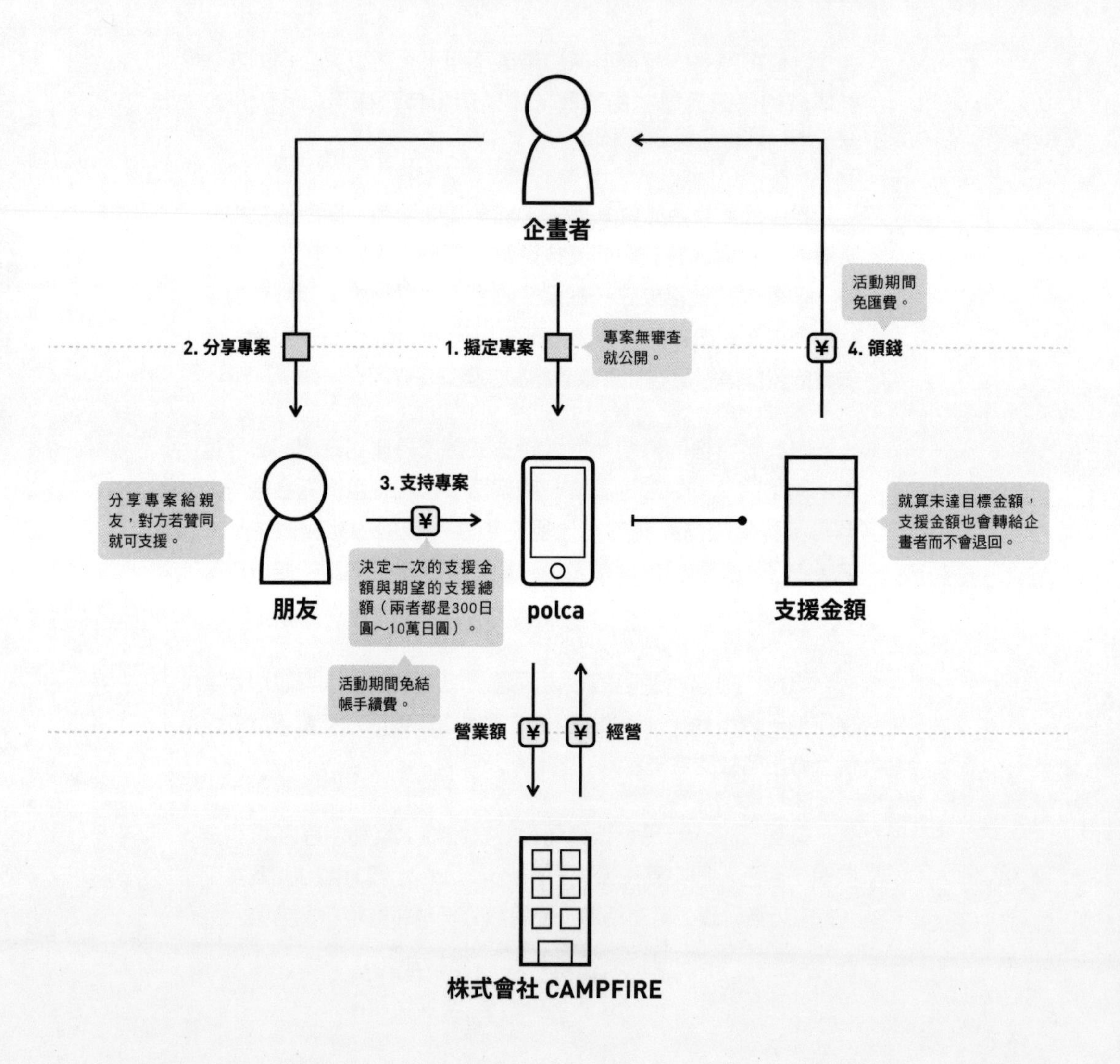


群眾募資　起點　定論　需要公開尋求巨額的資金協助

反論　在私人場合中尋求小額的資金協助

## 「300日圓+無審查」的群眾募資

「polca」是以群衆募資聞名的株式會社CAMPFIRE所推出的新型態服務，向朋友募集300日圓起（最高到10萬日圓）的App。與一般的群衆募資一樣，該服務的募資也會回贈禮物等，不過由於是向朋友籌措資金，所以公司稱這種型態的服務為「親友募資（friend+funding）」。

這項服務的重點在於，這是以300日圓起跳的小額捐款，所以免去審查的過程。尋求募資的使用者只要腦中想到什麼點子，就可以立即啓動企畫。這個特色也呈現了該公司的理念，「順利使用金錢、順利運用金錢做事，打造一個金錢與交流並存的世界」。

如果觀察polca的服務，可以發現「電腦壞了，所以想換一台新的MacBook」這類利己而迫切的專案，怎麼樣都很難獲得協助。可能是投資者會覺得「如果有那樣的迫切需求，就自己出錢啊」；另一方面，NPO等利他且迫切的專案，就比較容易獲得支援，所以最近NPO透過polca募資的案例也越來越多。另外，「想用別人的錢吃燒烤」這種利己但也不緊急的專案（顯然是搞笑系）意外地容易獲得贊助，這點非常值得玩味。而這也是因為小額就可支援的服務，所以才會產生這樣的現象吧。

無論怎麼說，比起支援金額的多寡，「能夠與支援者維持圓融的關係」才是使用者認同這項服務的重點吧。該服務剛推出的1個月時間，使用者就超過3萬人，非常受歡迎。還有，2017年啓動的服務由於促銷的緣故，暫時不收手續費，所以很難說是否已經建構可賺錢的機制。累積使用者之後，如何把人數轉換成金錢，期待日後進一步的發展。

034

# 時間銀行

**實現「時間就是金錢」的概念，能夠買賣時間的交易市場**

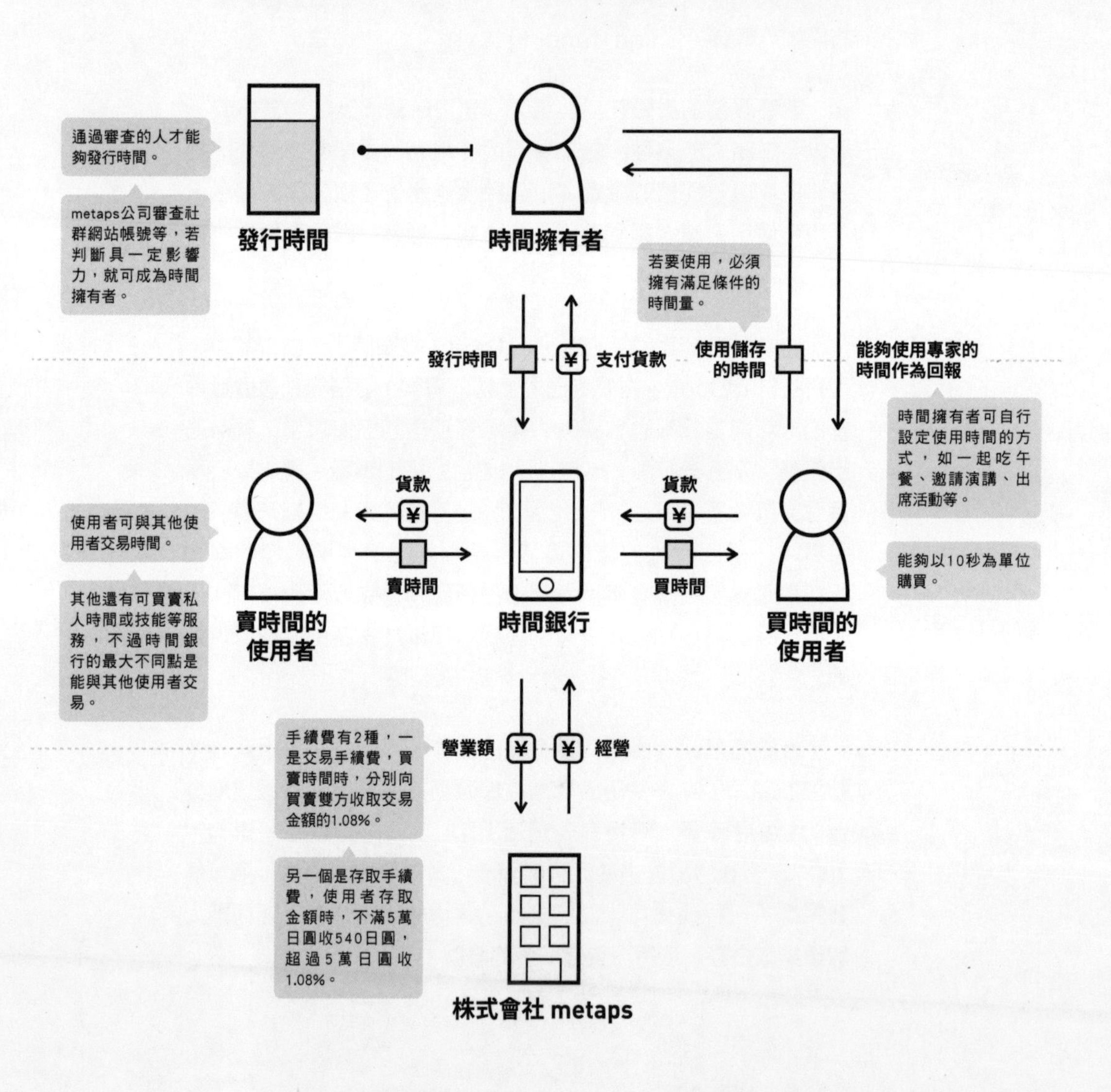


時間 **起 點** — **定 論** 無法用金錢買賣

**反 論** 可用金錢買賣

## 個人的時間變得可以交易

「Timebank」是能夠買賣個人時間的平台服務。由經營線上支付與數據分析的株式會社metaps推出。

首先，企業經營者或運動選手等知名人士或專業人士必須申請「發行時間」。所謂發行時間，以一般公司來說就如同申請股票上市，所以發行時間也跟公司一樣需要接受審查。時間銀行會以「影響力分數」作為評斷標準。具體的評判方法似乎沒有公開，不過好像是從申請者的社群網站中的追蹤人數或貼文內容來判斷。

使用者能夠以10秒為單位來買賣通過審查的名人時間。使用者購買時間的好處之一是可以獲得「回報」。所謂回報就是以10秒為單位買賣的時間累積到一定的程度就可獲得的權利。「接受經營者提供諮詢的權利」、「聽歌手個人現場演唱的權利」等，種類各有不同。應該也有使用者為了與特定的名人碰面而買時間吧。

還有一個好處是「交易時間」。正是這樣的交易系統，才能夠與其他服務做出差別。市場上以現金接受諮詢或做家事之類的服務很多，不過那些始終都是結合金錢與服務等兩者。若是時間銀行的話，就算買了時間也不見得需要接受服務（回報）。如果有人需要那樣的時間，使用者之間就可以進行交易以賺取價差。當然，也有人不接受回報也不拿出去交易，就只是單純擁有。

以前大家都說「就算花錢也買不到時間」，不過該公司顛覆了這樣的概念，並以異於以往的意義實現「時間就是金錢」的概念，真是一個很厲害的服務。

035

# CASH

**光是拍照，就能夠立即把所有物「換現金」**

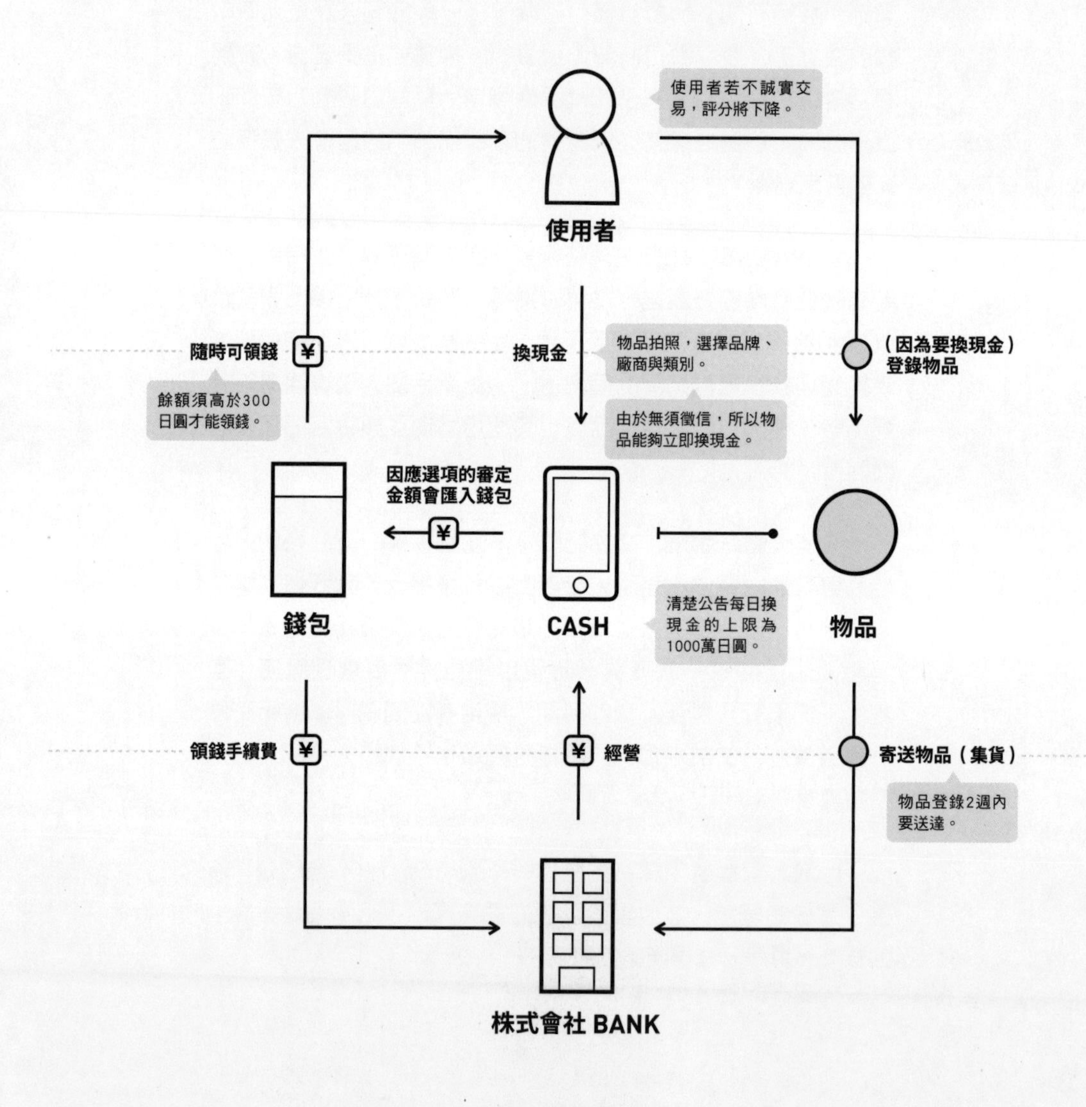


| 賣中古品 | 起點 | 定論 | 先售出再收現金 |
|---|---|---|---|
| | | 反論 | 先收現金再售出 |

## 信賴他人，先給錢

現在急需用錢，但是連賣掉手上物品的時間也來不及。即便處於如此窘迫的情況，也能夠立即收到現金，建立這套機制的就是能夠立即把所有物換成現金的App「CASH」。此機制的流程很簡單，不過思考非常周全，只需以下3個步驟即能完成交易。

①為手上的物品拍照
②選擇物品的品牌／廠商／類別等項目，審查物品，換成現金
③兩週內將物品送達

光是傳送物品的相片就能夠立刻拿到現金，這是因為公司是以物品的品牌、廠商或是類別等進行審查。審定金額會匯入使用者的錢包，使用者可以馬上領錢。物品的寄送也是可以透過App簡單操作，對於忙碌的現代人而言，這點應該是極具吸引力吧。

這項服務的基本概念就是傳統的二手買賣，然而「先拿錢，後寄貨」的反論卻一舉成功。

就算有人想到這樣的機制，也會因為風險太大而難以實現。正因為企業秉持著「相信人性，改變傳統機制」的堅強信念，所以推出服務僅僅16個小時，就送出超過3億日圓的現金，此舉令社會印象深刻而得以在2017年11月被DMM.com公司以70億日圓併購。

036

# ALIS

**看出可信賴的「文章」與「人」的媒體平台**

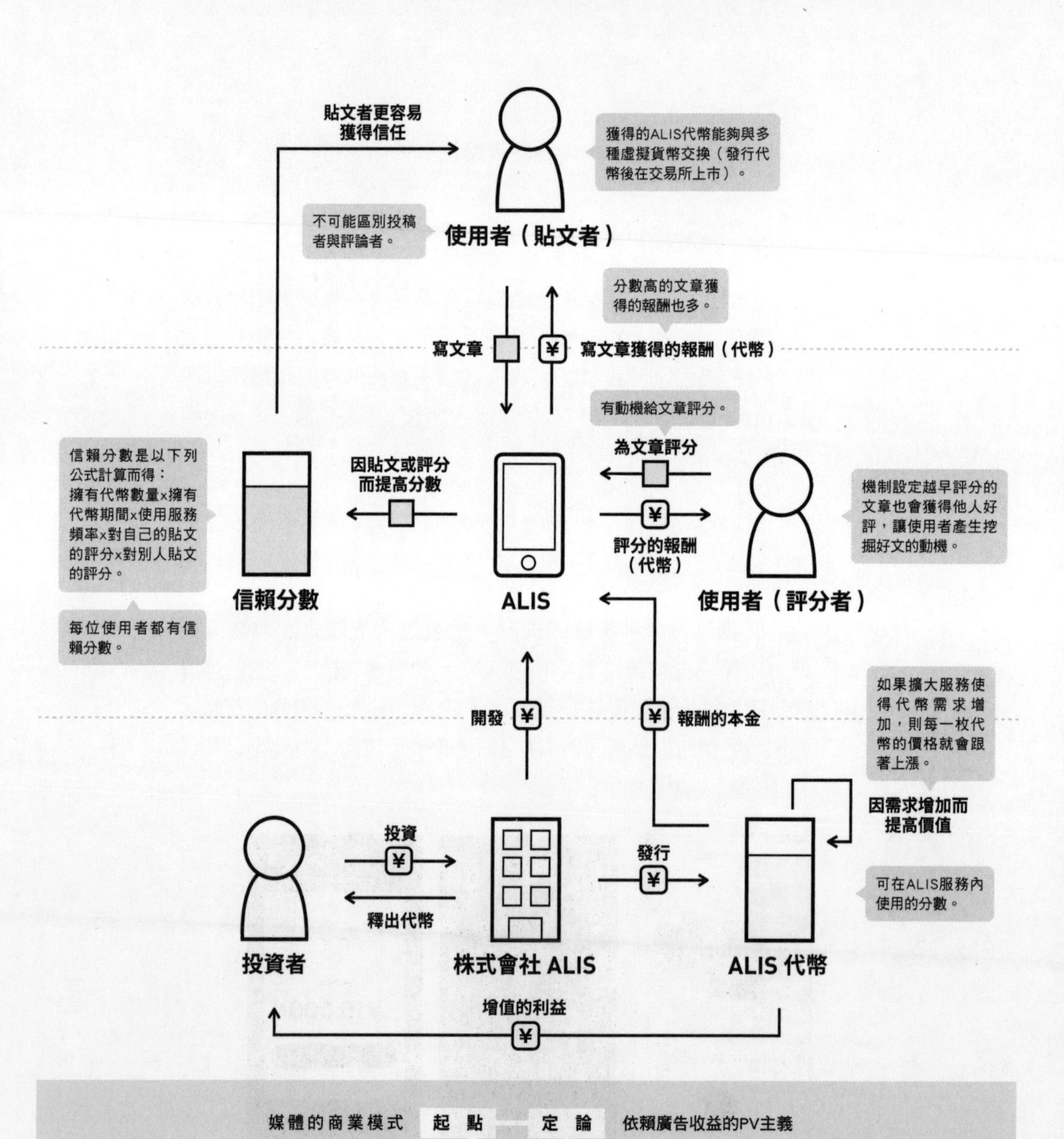


媒體的商業模式　起 點　定 論　依賴廣告收益的PV主義

反 論　不依賴廣告收益的評分主義

### 透過區塊鏈技術看出可信賴的貼文

最近，網路上的文章品質遭人質疑，而「ALIS」則是可看出能夠信賴的文章與人的媒體。

最開始，這項服務是以「網路媒體如果依賴傳統的廣告收益模式，很容易造成PV偏頗」的問題為前提。由於賺取PV（page view，頁面瀏覽量）會造成經濟動機上的偏差，以至於容易產生文章品質低落的情況。

ALIS這個媒體平台嘗試透過機制解決目前的結構性問題。

該媒體了不起的地方在於不僅對寫文章的人給予金錢的獎勵，也會獎賞為文章評分的人。最棒的是，越早挖掘優質貼文，給予的獎賞也越高，如此給文章評分的人就有更強的動機主動挖掘好的文章。

貼文者獲得的文章評分越高，獲得的獎賞也越多。當貼文數量或評分的「信賴分數」提高，貼文者也同時獲得他人的信賴。

「獎賞的資金來源從何而來？」或許你會有這樣的疑問。關於這點則是透過虛擬貨幣的ICO（註：Initial Coin offering，首次代幣發行，指區款鏈上虛擬貨幣的發行及募資）獲得解決。ALIS在虛擬貨幣交易所上市後，貼文者與評分者獲得的報酬就可以自由地與多種虛擬貨幣交換。

不依賴傳統的廣告收益模式，建立一個好的貼文內容可獲得評分的生態。這點可以說是該媒體成功與傳統媒體做出差異的最大強項吧。

037

# Mobike

**為什麼中國共享單車的用車禮儀改善了？**

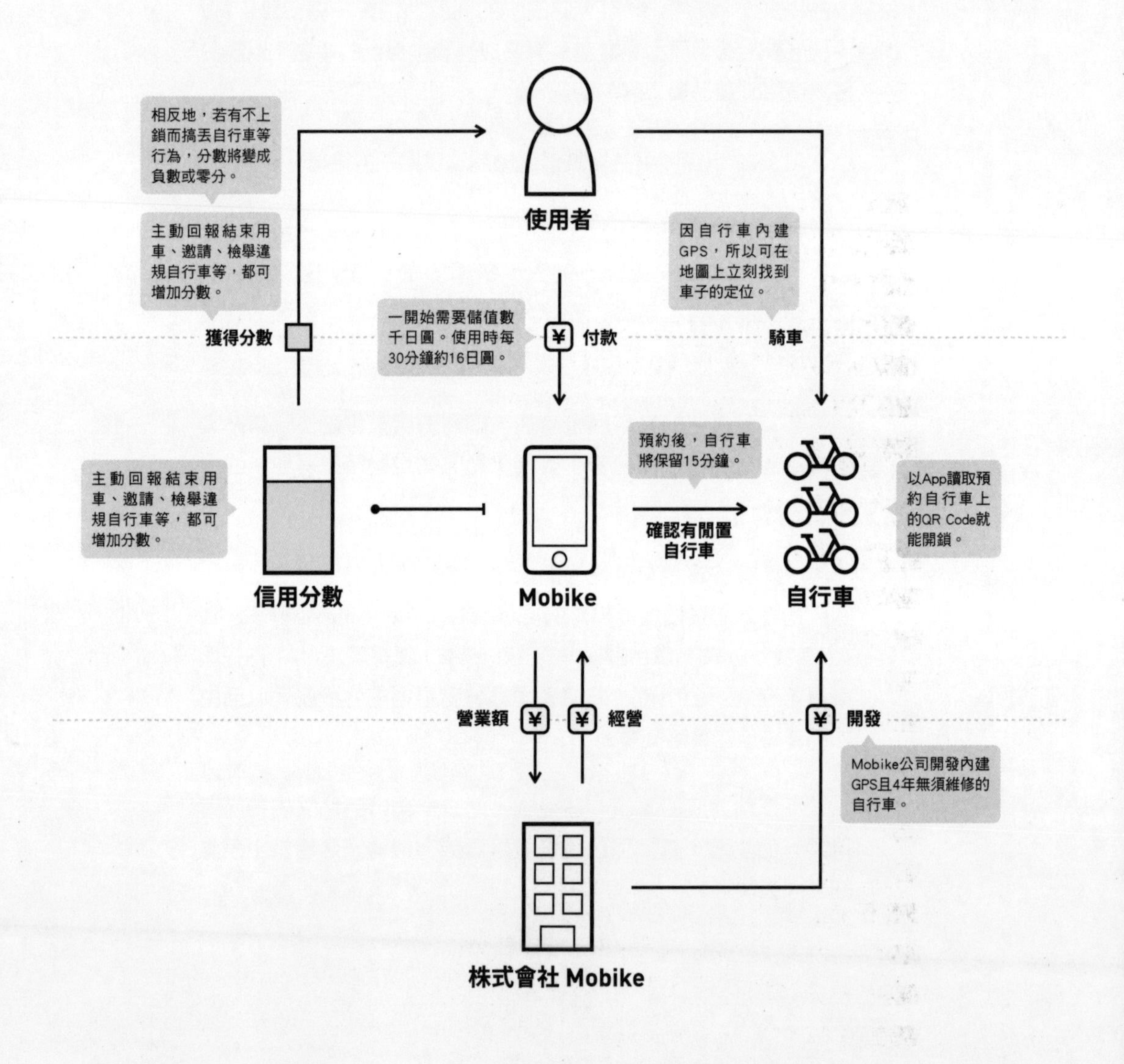


共享單車 起點 — 定論 與使用方法無關，收費固定

反論 依使用方法收取不同費用

## 能夠度過共享單車的戰國時代嗎？

眾人談論話題的共享單車服務「Mobike」於2016年4月在上海啓用。截至2018年為止，全球有超過200個城市，2億多人註冊，有800萬輛自行車投入共享單車行列，多的時候1天有3000萬的使用次數。據說到目前為止已經減少了124萬輛汽車所產生的二氧化碳，對保護環境有很大的幫助。

這項服務機制值得稱許的一點，就是如果使用者做了好的行為，就可以獲得一定的評分，如果做了不好的行為，分數就會下降，下次收費也會變高。以前也有單車出租服務，不過經常發生沒有還車、被偷或是被破壞等問題，所以使用者必須具備良好的道德觀念，只是這方面總是很難約束。該公司利用信用分數給予獎賞或懲罰，解決單車共享經濟特有的問題。

公司也利用分數增加會員數量，如果使用者邀請朋友使用Mobike，就可以獲得信用分數。

Mobike可以透過WeChat（中國版的LINE）註冊使用，也可利用WeChat Pay的手機支付系統付費。使用Mobike的門檻極低，是該服務的一大特色。

使用費以外的收入還有押金的運用收益。累積有1000萬人每人繳4800日圓（299人民幣）的押金，光是拿其中的數%利息進行投資，就可獲得以億為單位的收益。

Mobike已經進軍日本。從札幌起步，感覺將會拓展到日本全國各地。2017年12月，Mobike Japan與Line已經開始進行業務合作。

DOCOMO BIKE SHARE、日本二手拍賣平台mercari以及各便利商店也都開始投入單車共享事業，這個市場已經慢慢變成紅海市場。每個國家的做法、文化、設置場地的多樣性、App與單車的使用方便性以及結帳的順暢度等等，都是影響事業擴大的關鍵因素。

038

# Fundbox

**利用金融科技解決「資金周轉困難的問題」**

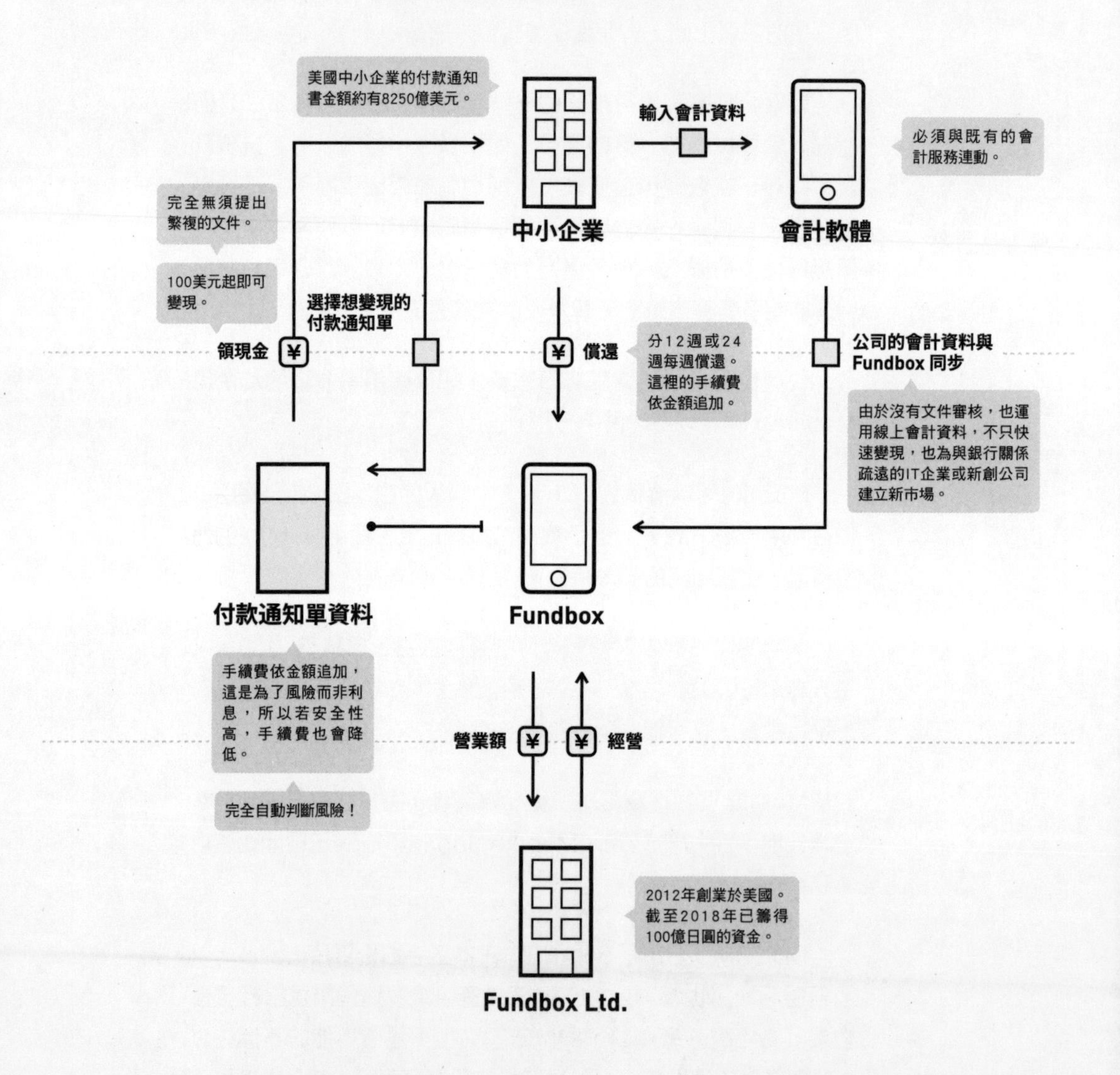


應收帳款服務
（應收帳款變現金）

| 起點 | 定論 | 文件審查繁瑣 |
|---|---|---|
| | 反論 | 無須文件審查 |

## 無須文件審查，應收帳款立刻變現金

買斷他家公司的應收帳款並收回應收帳款的金融服務，通常稱為「應收帳款承購」（Factoring）。美國企業「Fundbox」現在已經以龐大氣勢拓展該領域的業務。

該公司已經籌措到超過1億美元的資金。這是商場上原本就有需求的領域，並非什麼特別嶄新的業務。即便如此，為何該公司卻能夠獲得極大的成長並獲得巨額的資金投入呢？

一般來說，應收帳款承購需要文件審核。因為承購應收帳款時，承購單位希望能夠盡量做出正確判斷。但其實審核是非常麻煩的，而且提出文件等手續也非常費事。不過，Fundbox免除了一切的文件審核。因為企業必須透過線上的會計軟體與Fundbox連動，所以才能夠免去審核的手續。從公司讀取企業的會計資料，自動算出風險，再加上手續費作為風險管理費用。

中小企業等小型公司本來就難以向銀行融資，所以周轉資金時經常無計可施。像這種時候，只要向Fundbox提出申請書，就能夠立即把應收帳款變成現金。而且申請時不用繳交各種繁瑣的文件，只要同步上傳手上的會計資料就能夠立即領出現金。

以往新創公司就算為了周轉資金而焦頭爛額，也沒有機會使用應收帳款承購機制，現在也開始陸續申請，目前已經有超過10萬家公司使用這項服務。

Fundbox是目前流行的應收帳款承購企業，不過其強項在於技術實力與市場著力點。該公司開拓新市場的實力獲得好評。目前雖然也出現許多類似的服務，不過企業籌措資金時，當然希望選項越多越好。期待日本也陸續出現這麼方便的服務。

039

# Cansell

**能夠買賣住宿飯店的權利**

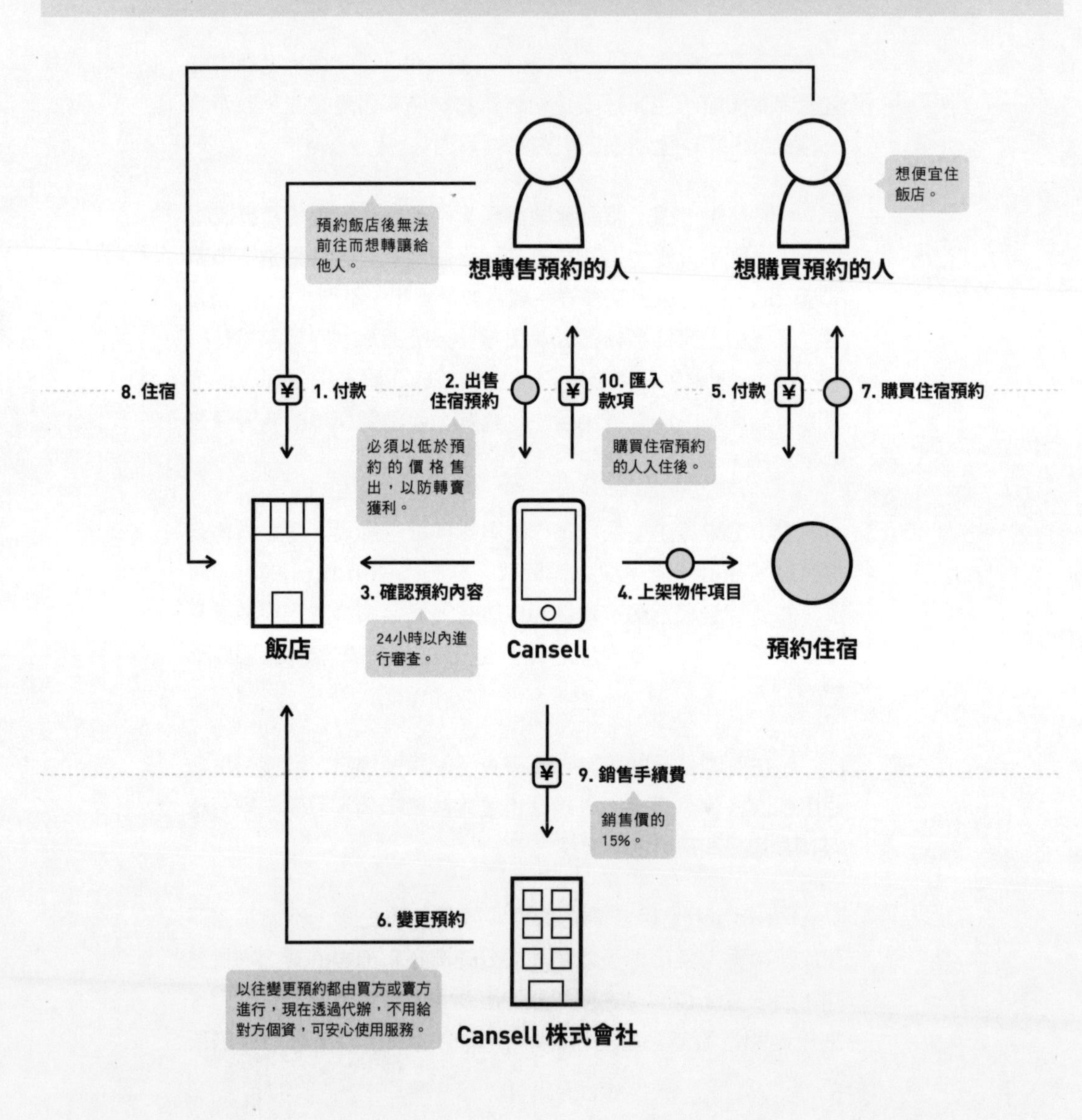


不得不取消已預約的住宿 **起點** — **定論** 支付取消費用

**反論** 把住宿權利賣給他人

## 購買住宿權利的人能夠以優惠價格投宿

已經預約飯店了，卻因為臨時有急事而無法前往住宿……像這種時候，取消住宿通常就會被收取部分費用。

不過，如果使用2016年9月開放的網路服務「Cansell」，就可以轉售自己預約的住宿房間。也就是說，該服務的一大特色就是能夠買賣預約住宿的「權利」。

反過來說，想投宿飯店的人能夠透過Cansell便宜買到預約住宿的權利。其中也有折扣達70%的物件，真的非常划算。購買預約住宿權利的人在登記入住之後，再匯款給出售預約住宿權利的人。

如果是這類的服務，可能會發生為了賺錢而高價轉讓的問題。為了預防這樣的情況發生，服務機制設定交易價格必須低於預約價格才能夠成交。

2018年3月，針對法人提供的系統開始啓動，當使用者擅自取消預約時，飯店也能夠確實收到取消費。以前Cansell無須與飯店直接連絡，由於這個系統的出現，對飯店的好處增加，與飯店的結合更緊密，更加強了事業穩固的基礎。這麼一來，Cansell不單單是一個買賣住宿權利的線上交易市場，也進化成為飯店解決問題的事業體。

順帶一提，「can＋sell」與「cancel」結合而成的公司名稱，也讓消費者容易聯想服務的內容。2018年7月，公司更新服務內容，也重新更換設計，加強了飯店的比較搜尋功能。

040

# Unipos

**共事的同事之間互贈工作成果獎勵**

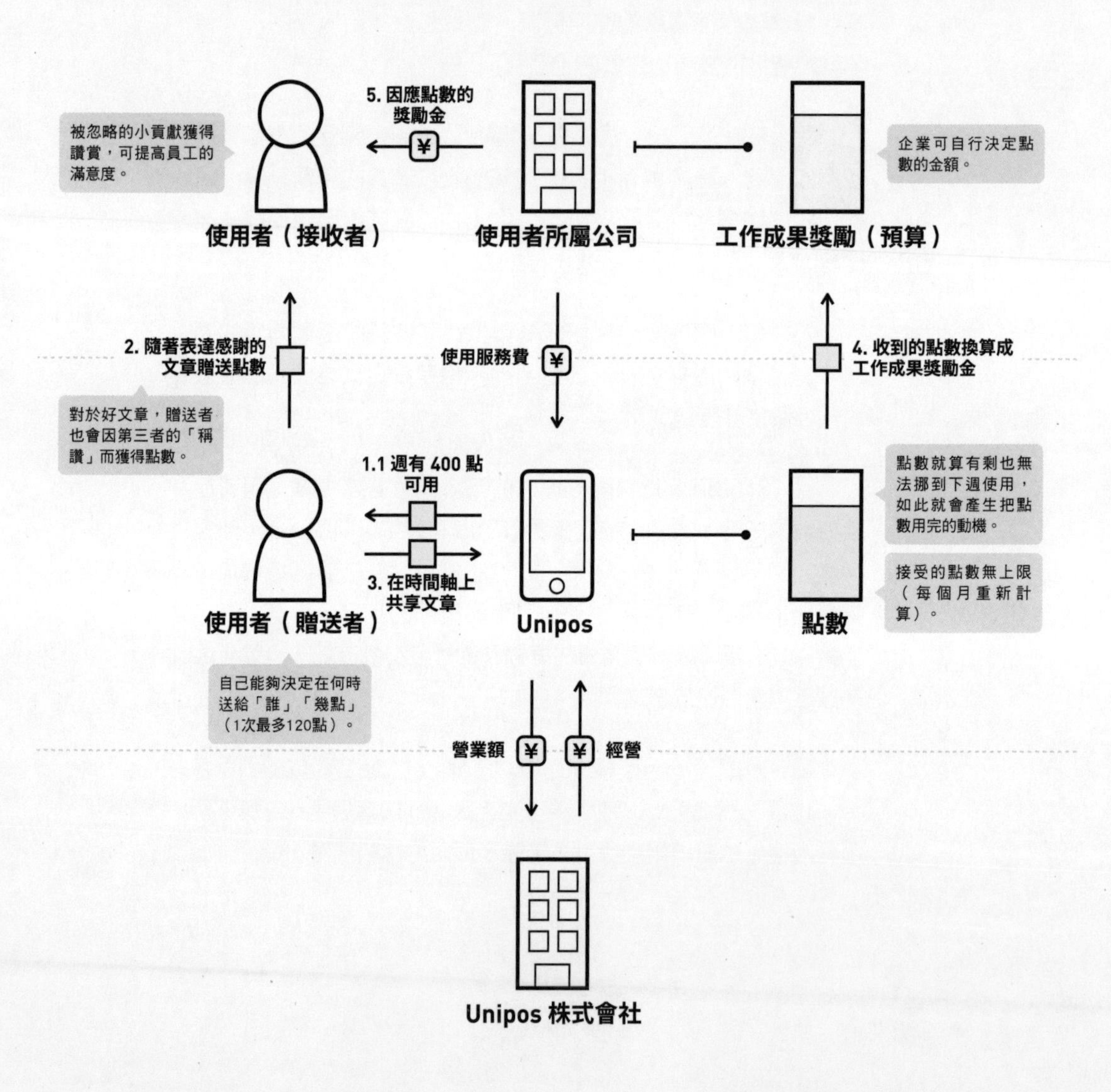


| 工作成果獎勵 | 起點 | | |
|---|---|---|---|
| | | 定論 | 對於優秀的工作成果，單向獲得獎勵 |
| | | 反論 | 對於各種工作成果，互相贈與成果獎勵 |

## mercari也引進的「新的工作成果獎勵」制度

如何恰當評量員工眼中難以看到的工作成果？對於多數企業而言，這是個重要的課題。以員工之間相互贈送工作成果獎勵（紅利）的機制來嘗試解決這個課題，這就是「Unipos」的工作成果獎勵機制。知名的日本二手拍賣平台mercari也引進了這項誕生於日本的服務。

Unipos的特色是由員工之間，而非主管對部下評量眼睛難以見到的各種貢獻或工作成果。不同於以往只重視業績或利益等優越的成果表現。舉例來說，「處理辦公室的垃圾」這種行為很容易被忽略，所以也難以列為工作成果的評量項目。在Unipos制度之下，若看到這種對公司做出小貢獻的員工，就可以贈送可換成工作紅利的點數給對方。透過這樣的做法，把對公司付出的各種微小貢獻具體化。

我想此機制的祕訣是不會過度強化金錢獎勵。一旦成果獎勵的金額過大，就會過度要求回報。總之，就是會變成「如果沒有得到獎賞就不做」的心態。Unipos的制度由企業自行決定點數的金額，不過建議設定在1～5日圓的區間之內。每次贈與的點數不超過120點，所以上限頂多就是600日圓而已。這是從一瓶罐裝飲料到一頓午餐的金額，真是巧妙的設定。另外，贈與點數若有剩餘，也無法挪用到下週，這樣的設計也非常聰明。若是這樣的話，員工就會產生「反正下週點數就無法使用了，那就盡量用掉」的獎勵動機。

傳統的獎勵制度很容易以業績或利益等定量成果為優先考量，在這樣的狀況下，不容易被注意到的貼心行為等定性指標就容易遭到忽略。同為公司員工互相評量的全方位評量制度通常以一季一次的頻率舉行，不過由於Unipos能夠即時評量並回饋，所以也成為員工每天做出正向行為的動機。在企業的社會性受到重視的風氣下，Unipos這種「Peer Bonus」（同儕推薦獎金制度）的機制未來應該會越來越受到廣泛運用。

# SHOWROOM

**能夠「直接」為 AKB48 等偶像加油的直播服務**

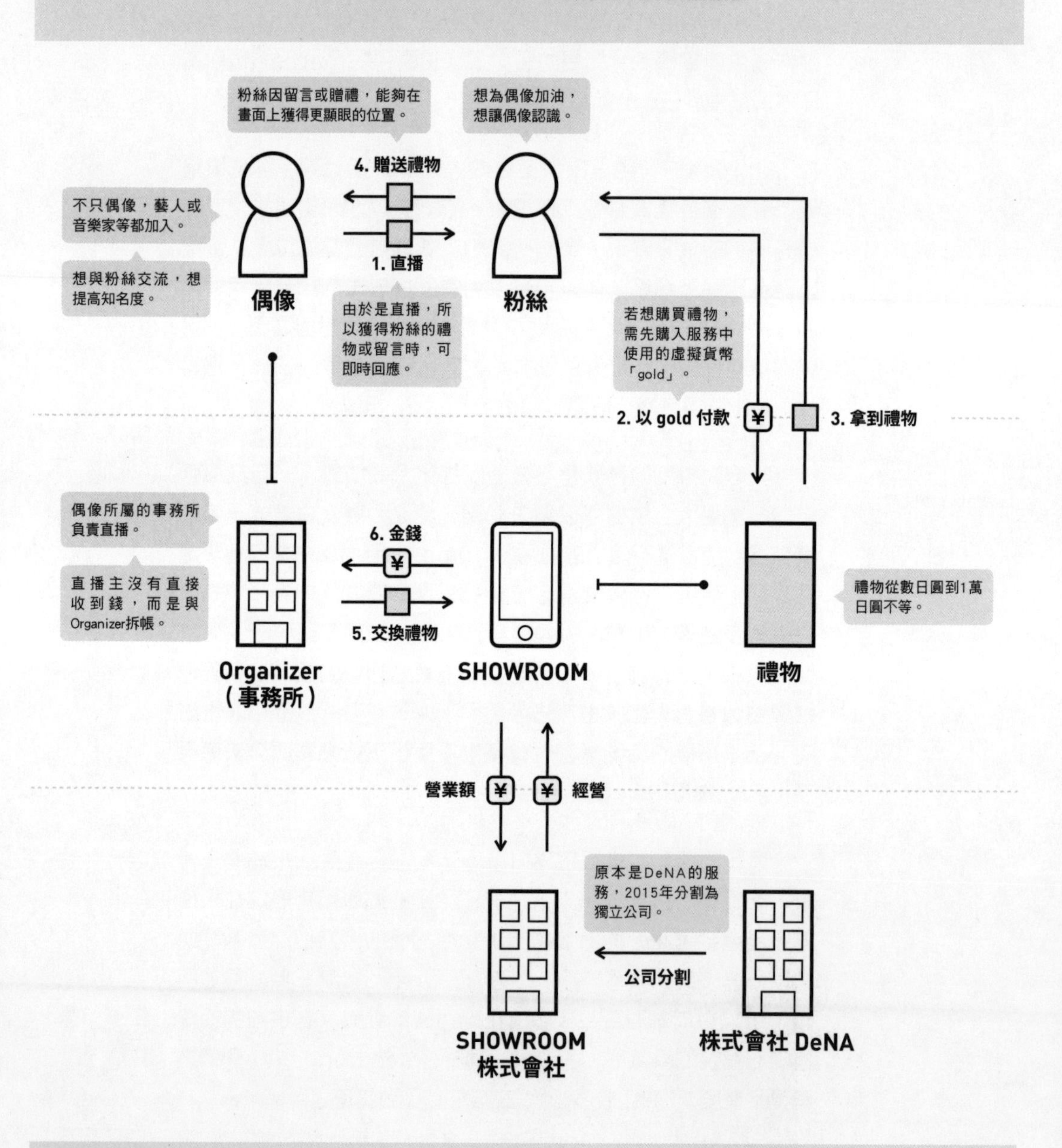


為偶像加油　起點 — 定論　購買商品・在現場演唱會上加油

反論　能夠直接贈送禮物

## 透過網路贈送「禮物」的粉絲們

「SHOWROOM」是任何人都能夠透過網路傳送或收看現場直播的服務。由於能夠免費看到藝術家、偶像或藝人們傳送的內容，所以非常受到歡迎。特別是能夠收看AKB48或乃木坂46等人氣偶像團體或藝人們透過現場直播聊天或唱歌的影像，對於支持她們的粉絲們而言，這樣的服務極具吸引力。

SHOWROOM的最大特色就是系統上顯示的「禮物」。偶像或藝人的粉絲可以購買禮物，並在直播過程中贈送。禮物的金額從數日圓到1萬日圓不等，種類各有不同（收益分配制而非直接送錢）。

有趣的是，畫面本身就設計得像是演唱會現場一樣，粉絲贈送禮物後，畫面就能夠被調整到看得更清楚的位置。由於位置非常顯眼，有更大的機會獲得偶像注意，所以對於粉絲而言，贈送禮物是有價值的。

對於自己喜愛的偶像，粉絲可透過直播即時且直接地利用贈禮表達支持的心情，甚至有更大的機會讓偶像認識自己。實際上也能夠聽到偶像在直播中親口致謝，這樣粉絲就會非常開心。以往說到為偶像加油，主要就是購買商品或是前往表演現場加油。而SHOWROOM則做到了能夠直接透過禮物加油、交流，這點真的很厲害。

現在有許多偶像會進行直播，該公司設計的機制好像也可以做各種不同的應用。只是，如果煽動過度的期待心理也會帶來風險。期待看到該公司利用機制解決這樣的問題。

042

# paymo

**能夠輕鬆無現金「分攤付款」的 App**

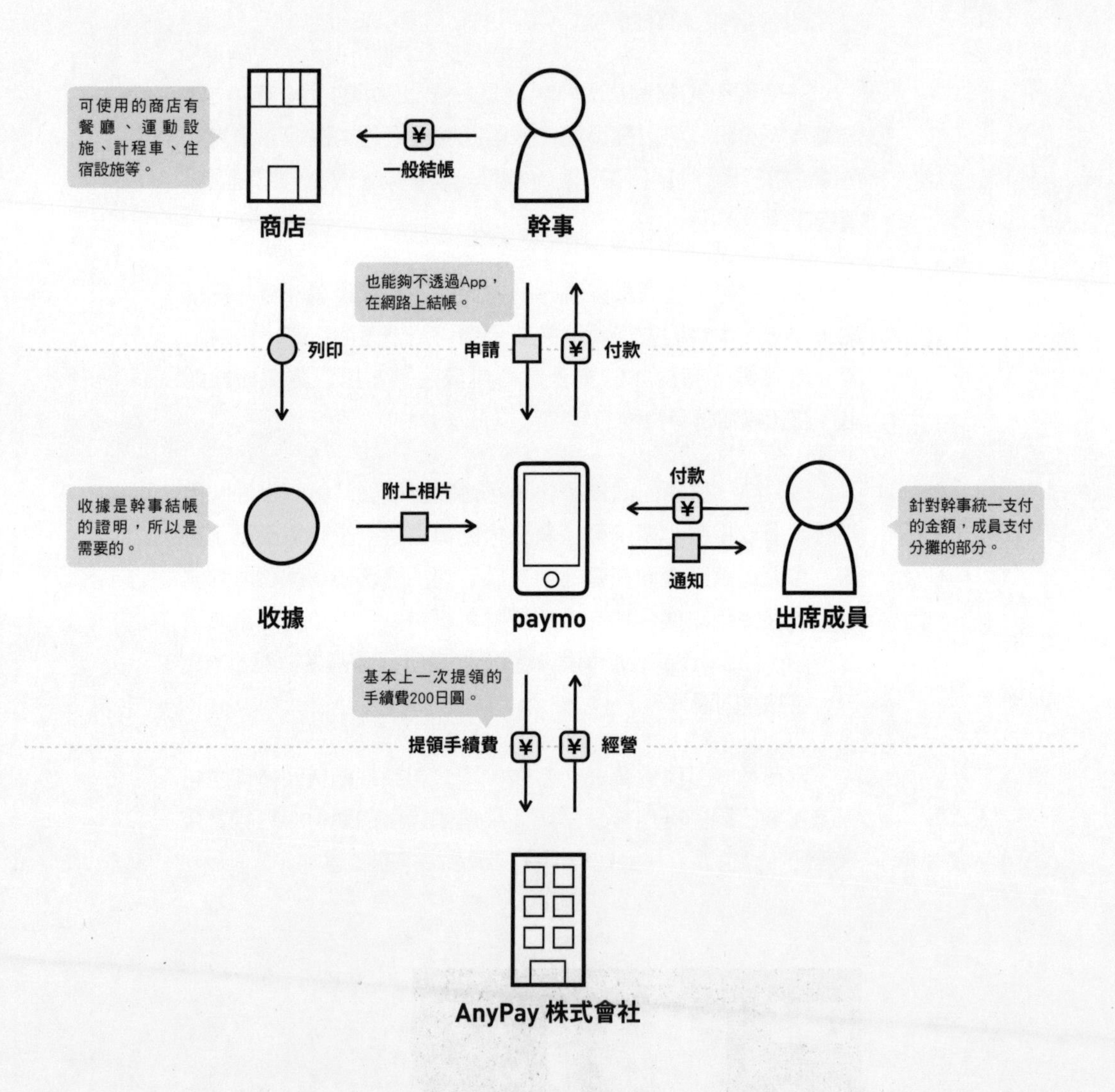


分攤付款　起點　定論　以現金或銀行匯款為主

反論　能夠利用App簡單完成

## 鎖定「分攤付款」的付款機制

「paymo」是使用智慧型手機就能夠輕鬆無現金「分攤付款」的App。在餐廳等場所分攤帳款時，到現在都還是以現金或匯款為主。不過，App已經能夠做到分攤付款的功能，不用在店裡仔細計算金額，非常方便。

使用paymo時，餐會負責人跟餐廳結帳，這部分與一般的會計做法一樣。不過，後面就由負責人透過App向出席餐會的成員要求均分餐費，成員則以事先綁定的信用卡支付。使用App與結帳都無須手續費。餐會負責人從paymo收到的錢，可以領出使用或轉移支付其他款項。

2010年日本開始實施《資金結算法（資金決済法）》。除了銀行之外，個人之間也能夠互相匯款。也就是說，只要事先註冊，隨著個人之間匯款而興起的事業也能夠進行。只是在實務上、匯款必須由本人親自確認，這是個嚴重的問題。「LINE Pay」、「Yahoo！錢包」等行動匯款・結帳服務也都需要本人確認。如果是「分攤付款」的情況，就要特地與本人逐一確認，這樣就變得很麻煩，也提高使用門檻。

為了解決這個課題，paymo採取「代收付」的機制，在電子支付業註冊以合法避開這個問題。代支付就是「代理支付款項」，就跟在便利商店繳納公用事業費用一樣，只是必須留下付款證據的收據。現在，paymo設計了出席餐會的人就算不下載App，也能夠在網站上付款給餐會負責人的功能。透過這樣的設計讓更多參加者可以使用paymo。

另外，雖然這個App的使用僅限於餐飲業或計程車等，不過鎖定「分攤付款」的商業模式非常高明，是學習如何應對現行法律的良好範例。

043

# Medicalchain

**患者管理自己的醫療資料的醫療平台**

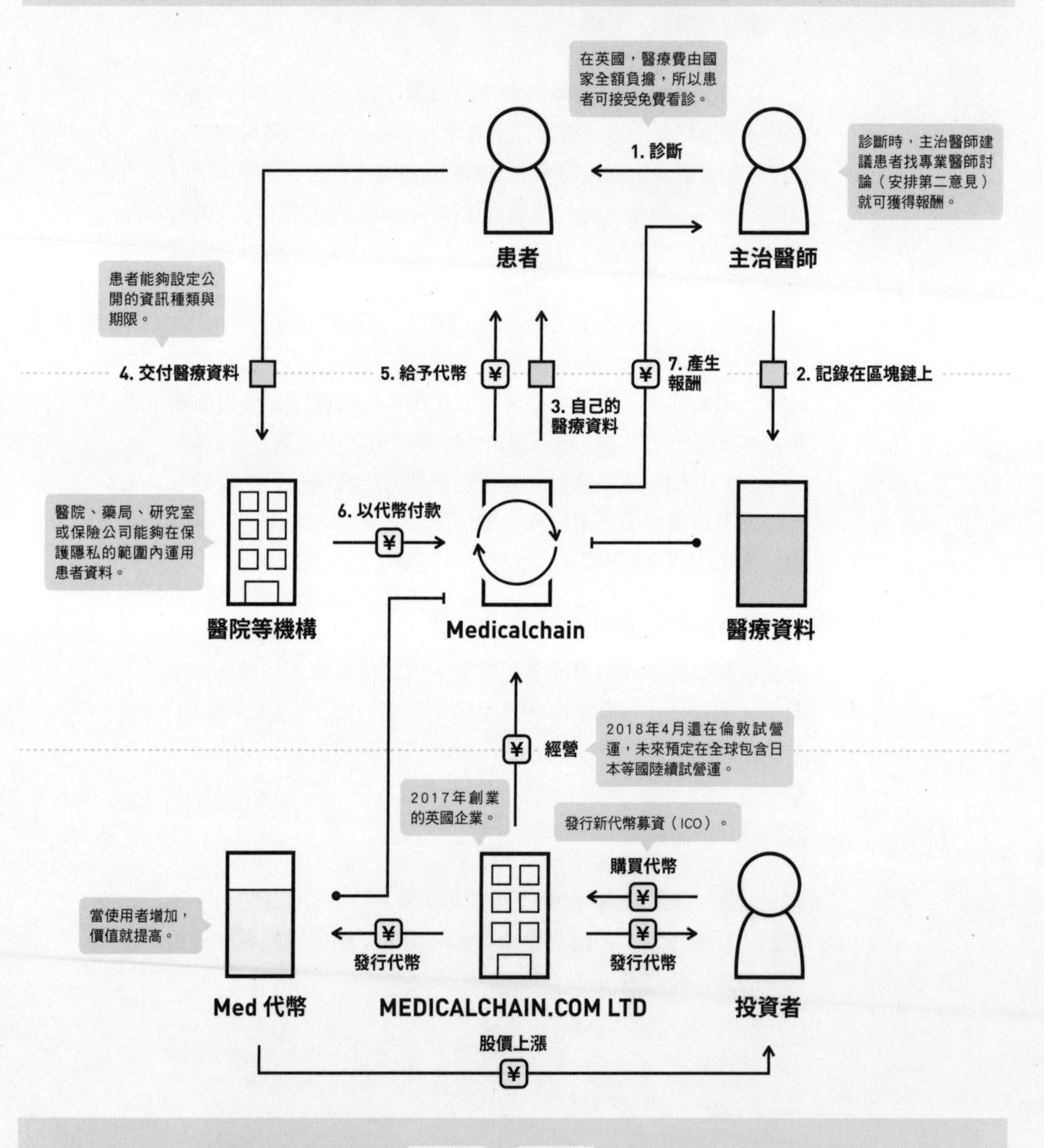


| | | | |
|---|---|---|---|
| 病歷表內的醫療資料 | 起點 | 定論 | 由醫療機關管理而非患者 |
| | | 反論 | 醫療機關與患者都可管理 |

### 如果患者提供自己的醫療資料就可獲得報酬

Medicalchain是患者能夠管理自己的醫療資料，誕生於英國的服務。說起來，在醫療現場中常遇到的問題是患者的資訊很容易變得片斷，這使得醫師很難做綜合性的判斷。舉例來說，如果患者到非平常就診的醫院看病，醫生就無法參照過往的醫療紀錄診斷，勢必得從零開始檢查。醫療資訊沒有統一管理就會導致這樣的狀況發生。

在Medicalchain服務上，患者的醫療資料會安全地記錄在區塊鏈上，醫院、藥局、保險公司等與醫療資料有關的各種機構，都能夠讀取患者的資料。當然，讀取資料並非無上限，患者可以按照自己的意願有期限開放讀取權利。總之，病歷表等醫療資料是由患者自己管理，而非由醫院管理。

該服務的特色是，一旦患者釋出讀取權利，服務就會以代幣的方式回饋患者。所謂代幣，簡單說就類似點數的機制。該公司還發行「Med代幣」這種公司特有的代幣，讓認同該事業的投資者購買代幣。公司也透過這樣的方法籌措到2400萬美元的資金（也就是所謂ICO：透過虛擬貨幣籌措資金）。

特別的是，此服務會促使主治醫師進行診斷時，會鼓勵患者找其他專科醫師諮詢，也就是該服務的設計會鼓勵尋求第二意見。以往的第二意見都必須由患者主動表示，才能夠接受第三者的診斷。不過如果是這套機制的話，大部分的人就有機會接受更客觀的診斷。

目前只有英國倫敦的部分醫院採用該服務，包括日本等國也預定陸續啓動，不過現實中能夠運用到什麼程度，目前還無法斷定。如果真能實現的話，是極具發展可能性的服務，因此我抱著期待介紹給大家。

044

# TransferWise

**消除「看不見的匯兌手續費」的海外匯款服務**

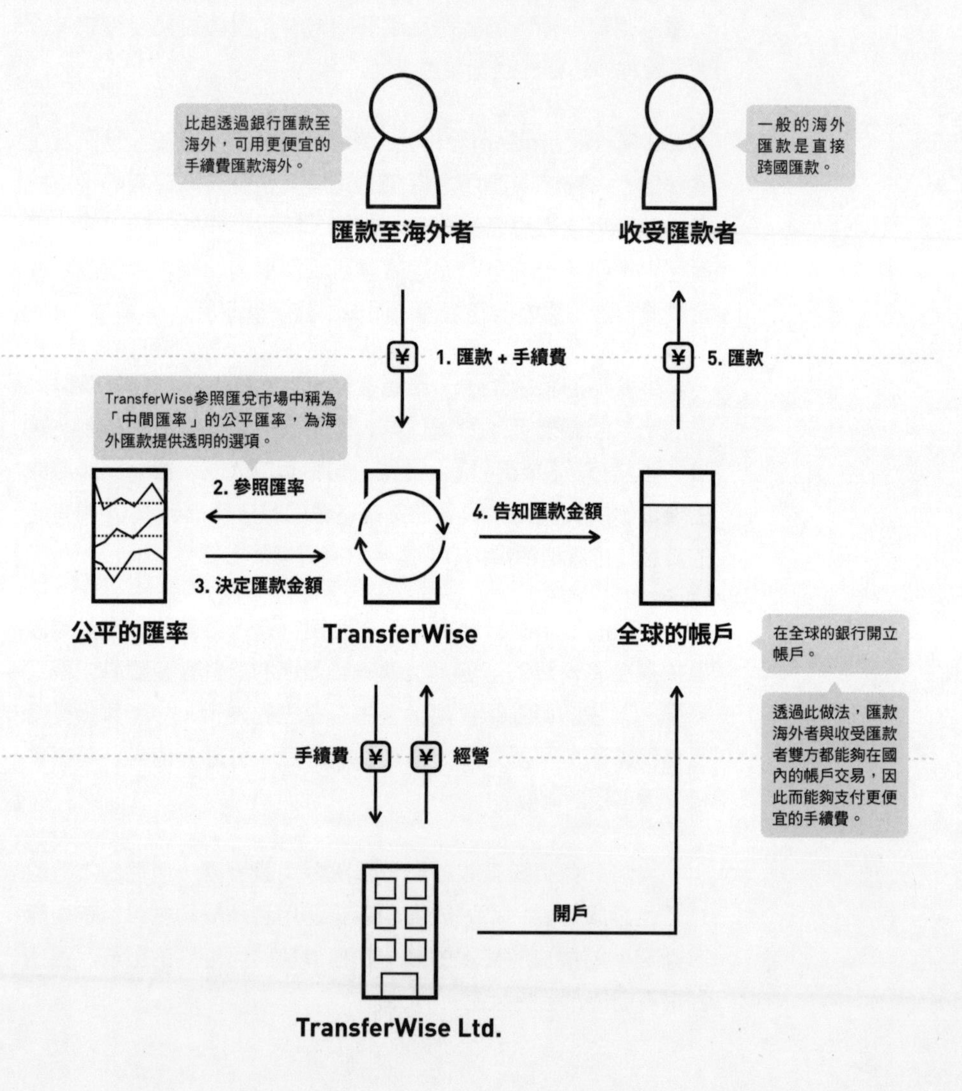


| 海外匯款 | 起點 | 定論 | 匯款到對方的外國帳戶 |
|---|---|---|---|
| | | 反論 | 透過同一國家的第三者帳戶匯款 |

## 「特意增加匯款的複雜程序」以降低手續費

「TransferWise」提供的服務是消除海外匯款時看不見的匯兌手續費。所謂匯兌手續費就是把日圓換成外幣（美元等）時，被收取的手續費。

一般的銀行多半宣稱「海外匯款免費！」但其實客戶都在看不見的情況下被收取手續費。因為客戶用日圓換外幣時，銀行就會使用稍高的匯率賣出外幣。舉例來說，就算現在1美元等於100日圓，實際的匯率卻是1美元100日圓50錢，這50錢就是業者的手續費（去海外旅行的人應該就很清楚這點）。

TransferWise利用兩次的國內匯款轉換成一次的海外匯款，利用這樣的做法解決上述的問題。例如，如果想從日本匯款到美國，匯款者先把日圓轉入日本的TransferWise帳戶，收到的款項以中間匯率（沒有加上業者手續費的匯率）換算。接著該資訊將會傳送到美國的TransferWise，美國的TransferWise帳號就會將美元轉入收款人的帳戶。

或許有人覺得看起來只是增加匯款程序而已，不過官網宣稱最多可省下高達8倍的手續費。而且90%的匯款會在24小時之內完成，速度之快令人有感。此外，該公司在日本已經獲得關東財務局核發的資金移動業者的資格證明，信賴程度提高對使用者來說更具吸引力。

也有人透過這項服務從海外匯款至母國。每個月的匯款金額超過20億英鎊。該服務的厲害之處是特意增加匯款程序以降低手續費的創意，以及為了執行該創意，在全球銀行開設帳戶的執行力。此服務的創辦人之一因為必須把在英國賺到的英鎊匯回愛沙尼亞還貸款，所以想出這樣的做法。這樣的故事著實有趣。

045

# Global Mobility Service

**實現「低所得者也擁有車子」的遠距操作服務**

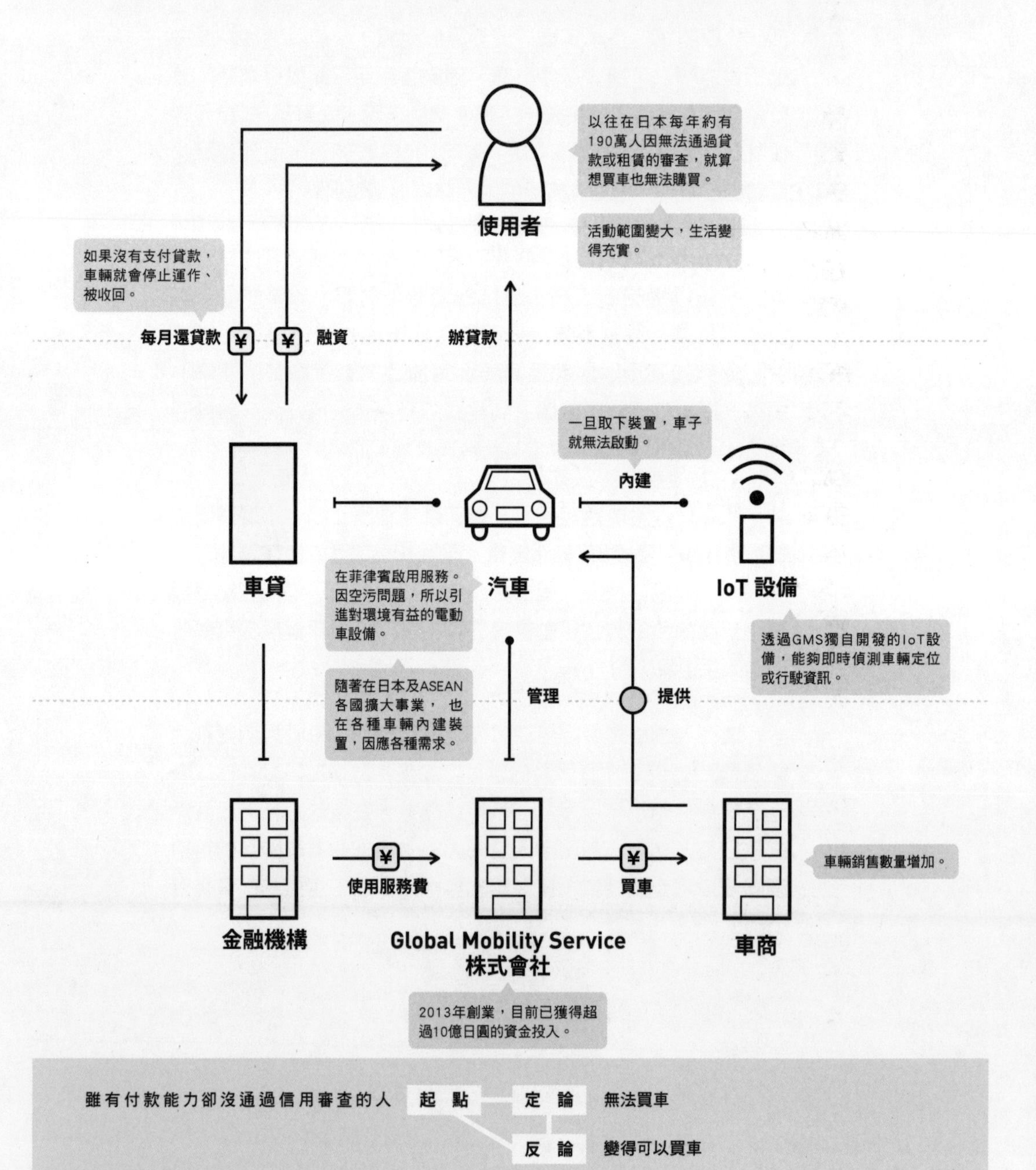


雖有付款能力卻沒通過信用審查的人 **起 點** — **定 論** 無法買車

**反 論** 變得可以買車

## 如果拖欠貸款，就透過遠距操作停止汽車運作

Global Mobility Service是汽車銷售系統。這套系統與一般車商的行銷方式之決定性差異點在於公司先借車給客戶，如果客戶拖欠車款，就利用遠距離操控的方式停止汽車運作。這是非常具有衝擊性的銷售手段。消費者買車時，通常要接受信用調查，低所得者或是雖有支付能力但信用差的人，就不容易通過審查。不過，這項服務在車上內建可遠距離管理的IoT機器，透過這樣的做法，也能賣車給以往無法擁有車子的人。如果車主拖欠貸款，系統就會利用遠距離操作停止車子的運作。

在亞洲圈，環保汽車可以取代發出噪音或製造空污的車輛。不僅有助於解決環境問題，也大幅降低授信速度與作業量。另外，從汽車獲得的資訊還可以提供作為二次運用的資訊服務，有助於提高地區性的價值。

IoT機器（MCCS）的金額一個月數千日圓，大小約如iPhone手機，從日本也能夠即時操控。就算MCCS被拆除，車子也不會啓動運作。一輛環保車（電動三輪車）約60萬日幣，不過電費比汽油費便宜，如果開5年，環保車所耗費的成本就比汽油車還低。

該公司從菲律賓開始啓動這項事業，理由是菲律賓的經濟成長率約有7%之高，低所得者薪資水準提高，更可預期經濟成長，另外菲律賓發生災害時，該公司社長也曾經前往當地擔任志工。2018年正處於與各利害關係人協調，建立平台基礎的階段，也是市場尚未成熟，沒有競爭對手的黎明期。

Global Mobility Service公司的努力目標是成為菲律賓IoT產業中的龍頭企業，透過只能在大型超市進行的活動協助經濟發展，並在ASEAN（東南亞國家協會）與日本等國開拓市場。具有社會性・經濟合理性・創造性等所有條件。是非常完美的商業模式。

046

# Crowdcredit

**結合日本剩餘資金與海外的資金需求的群眾資金**

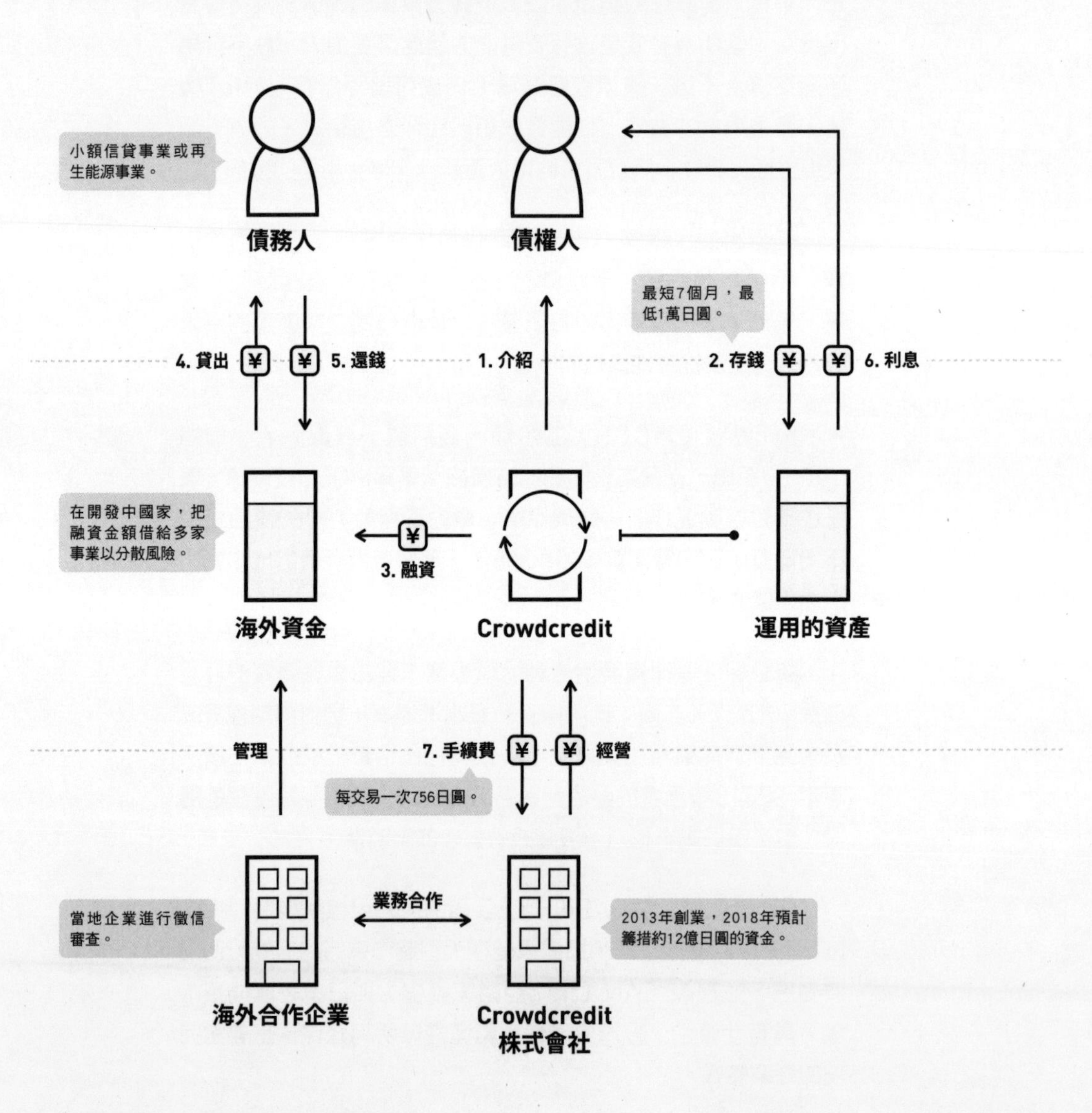


| | | | |
|---|---|---|---|
| 融資給開發中國家 | 起點 | 定論 | 以法人為投資對象 |
| | | 反論 | 個人透過線上投資 |

## 個人也能融資給開發中國家

「Crowdcredit」是一個群衆借貸平台，結合在日本獲得的投資利益等剩餘資金與海外的資金需求。透過融資型群衆募資，鎖定開發中國家融資這點真的很厲害。

在日本，媒合家用的剩餘資金與資金需求的融資仲介服務，通常都是個人投資不動產。如果是這樣的話，那在日本就玩完了。還有，日本到目前為止，如果不是擁有100億日圓規模的銀行是無法做海外融資的。

因此，Crowdcredit在不會對投資收益課稅的愛沙尼亞等避稅天堂成立子公司，針對開發中國家的基金成立融資部門並發行債券。日本總公司買下所有債權，透過群衆募資籌措資金，這樣就算沒有透過銀行，也能夠投資獲利。此外，該服務也為海外投資一定會產生的匯率變動設計避險措施，所以也解決了匯率變動的風險問題。

個人投資者從電腦畫面選擇想投資的基金，出資借給小額信貸事業或再生能源事業等。最低投資金額是1萬日圓，最短的投資時間是7個月。以前只有格萊閩銀行（註：Grameen Bank，又稱鄉村銀行。由經濟學者穆罕默德・尤努斯（Muhammad Yunus）成立，提供窮人無須抵押品的小額貸款。2006年，該銀行及尤努斯共同獲頒諾貝爾和平獎）融資給開發中國家，現在個人也能夠透過資產運用獲得利益，同時提供融資給開發中國家。這樣的機制將能夠對開發中國家的事業活動與創造工作機會做出貢獻。

創業時，想要「開一家銀行」的CEO杉山智行看到日本國民手上的多餘資金買了國債就會虧本而無法充分運用，所以成立Crowdcredit。此舉解決了民衆把錢存在銀行，卻只能放著而無法增值的問題。該公司預測未來存錢已經不是只有銀行存款一種方式而已，未來的社會「就算投資股票，資產變為零的可能性也極低」、「就算證券公司破產，也守得住受到投資信託保護的財產」。

047

# 鎌倉投信

重視「做好事的公司」的投資信託公司

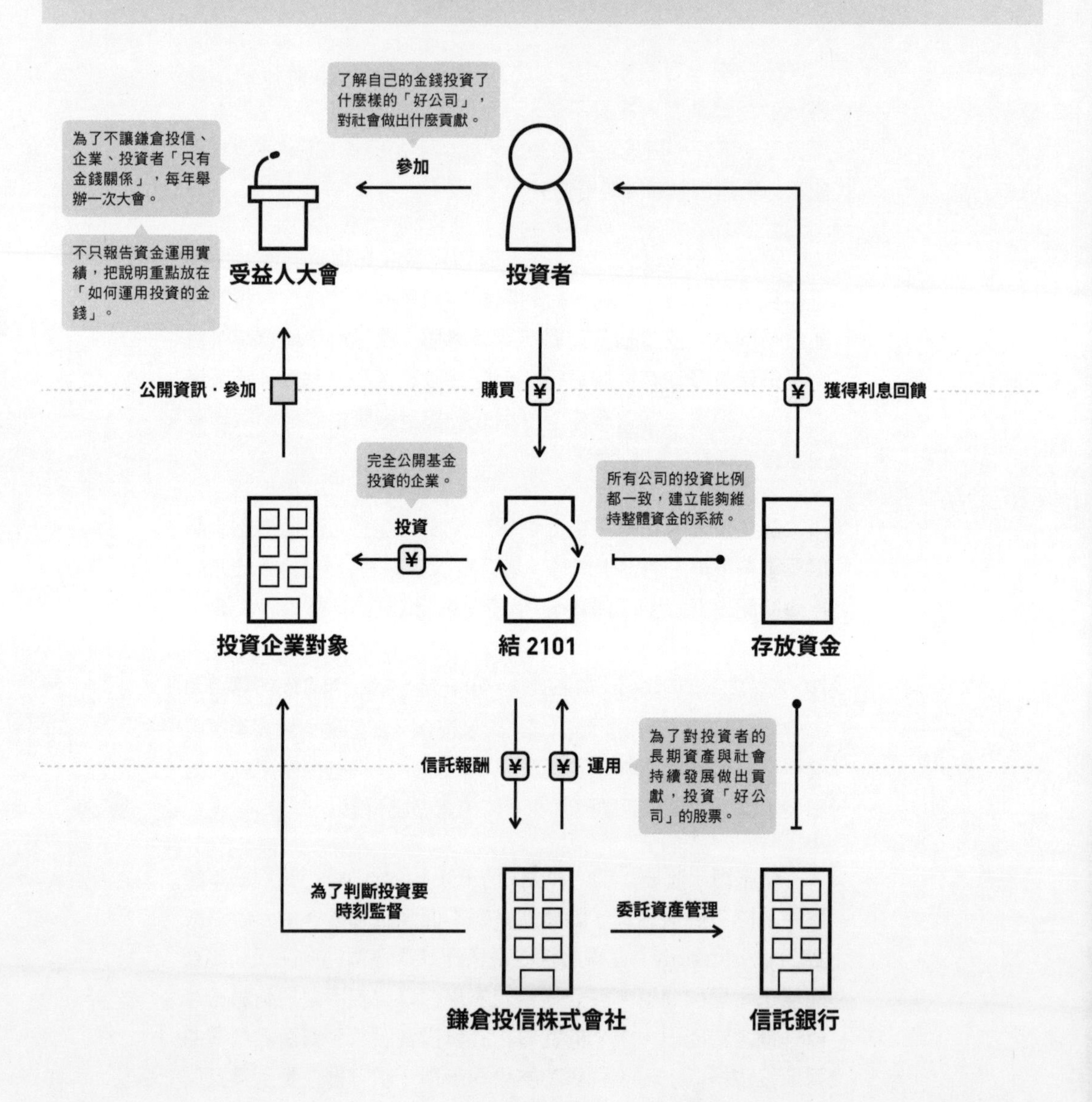


投資信託 起點 — 定論 投資資本的累積

反論 投資社會的進步

## 「社會性」與「經濟性」並存

個人投資者向來投資的第一目的就是累積資產。金融業者為了協助客戶達到這個目的，從可獲得多少收益的角度來分析企業並判斷投資標的。不過，鎌倉投信以社會進步為首要目的，表示「只投資透過事業『做好事的公司』」、「觀察沒有顯示在數字上的地方」，以異於傳統金融業的眼光決定投資對象。最後的操盤成績獲得R&I（Rating and Investment Information）「投資信託／國內股票部門」的最佳基金獎。

鎌倉投信提倡以「八方都好」的思考方式判斷值得投資的「好公司」。所謂八方都好指對員工及家屬、客戶・債權人、顧客、地區、社會、國家、經營者、股東等利害關係人傳送共同價值。這個想法是從日本近江商人「三方都好」的想法擴大而來。「三方都好」指賣方好、買方好、社會好等三方面，不過現代的企業經營更加複雜，光是三方無法涵蓋全部。因此，鎌倉銀行會頻繁造訪投資企業的第一線，實際傾聽工作人員的聲音，再據此做投資判斷。

為什麼鎌倉投信能夠投資「好公司」，同時又能夠追求經濟合理性呢？那是因為該公司有一套特殊的規則，其投資企業的比率每家都一樣。透過這樣的做法，就算某企業的股價下跌，也能夠靠其他企業的股價填補，建立一套維持整體資產的投資系統。

鎌倉投信希望認同鎌倉投信想法的人來買基金，所以會公開所有投資標的。另外，該公司的特色是沒有委託其他金融機構，而是以直接面對顧客的方式銷售基金。甚至，鎌倉投信每年會舉辦一次「受益人大會」。這個活動是由受益人（投資者）以志工的方式經營，重點放在「投資的金錢如何被使用」，而不是只在意資金運用的實際數字。此大會的成立是源自於受益人擁有「光有錢不會幸福」的想法。

048

# &Biz

**併購中小企業的仲介服務**

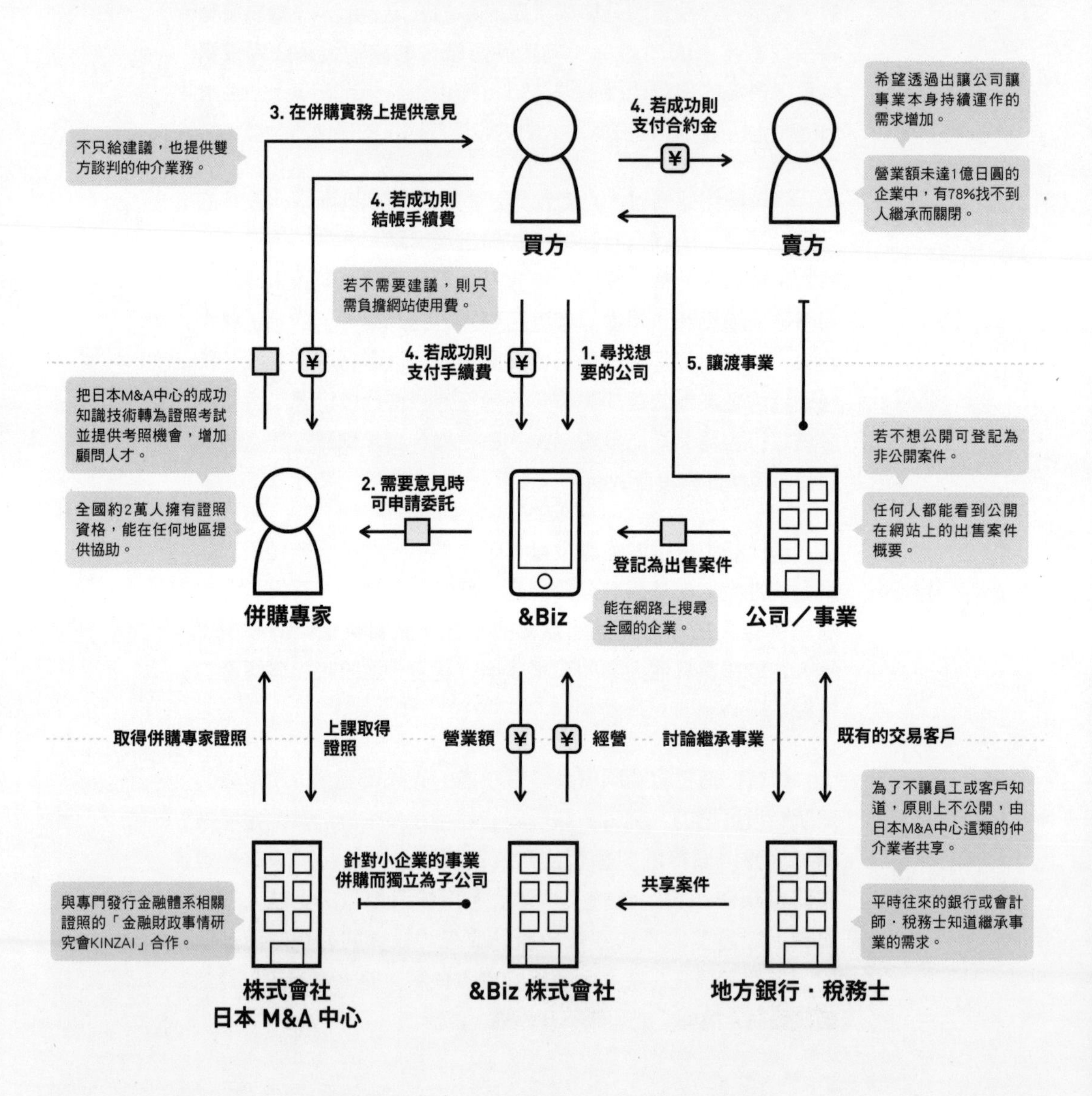


小規模併購　**起點** — **定論**　仲介手續費不划算

　　　　　　　　　└ **反論**　仲介手續費划算

## 便宜的手續費促使中小企業的事業有機會延續

根據日本帝國徵信（Teikoku Databank）的調查顯示，日本國內企業有66.1%沒有繼承人，營業額低於1億日圓的企業約有78%找不到人繼承，因此越來越多中小企業選擇停業。解決這個課題的對策就是增加「延續事業的併購」機會。把事業轉讓或變賣給其他公司，如此不僅能夠延續事業的運作，也能夠維持與員工或往來客戶等多方利害關係人之間的關係。

「&Biz」是以「任何人隨時隨地都能併購」的目的而啓動的事業。最早是由日本M&A中心開始提供業務，2018年4月獨立為子公司。只要上&Biz網站註冊，就能夠搜尋日本國內想出售的公司。總之，就是媒合考慮買公司的人與想賣公司的人之線上平台。

通常，併購的交易是由買家委託日本M&A中心這類的仲介公司尋找出售物件，並請顧問在實務面或談判上提供協助。只是，在這過程中會出現兩個大問題。第一，對於中小企業而言，顧問的手續費太高難以負荷，所以就算有潛在需求，小規模的併購也難以成立。第二，除了&Biz以外，市場上也有其他透過網路提供仲介併購的服務，但由於缺乏仲介後實務面的協助，或是介入買賣雙方進行談判，所以大部分的併購案都無法成功。

日本的事業延續瓶頸在於缺乏顧問的協助，以及顧問的手續費昂貴。日本M&A中心有感於此，建立了「併購專家」的證照資格系統。提供日本M&A中心的知識技術、增加顧問數量並提供完整的後勤支援系統，當中小企業在線上獲得撮合而需要事業建議時，就容易找到專家提供協助。線下的手續費高，線上的支援不充足等問題，利用併購專家資格制度補足，該公司則是收取中小企業能負擔的手續費，也為促進事業延續做出貢獻。

049

# JUMP Rookie!

**《週刊少年 JUMP》推出培育漫畫家的機制**

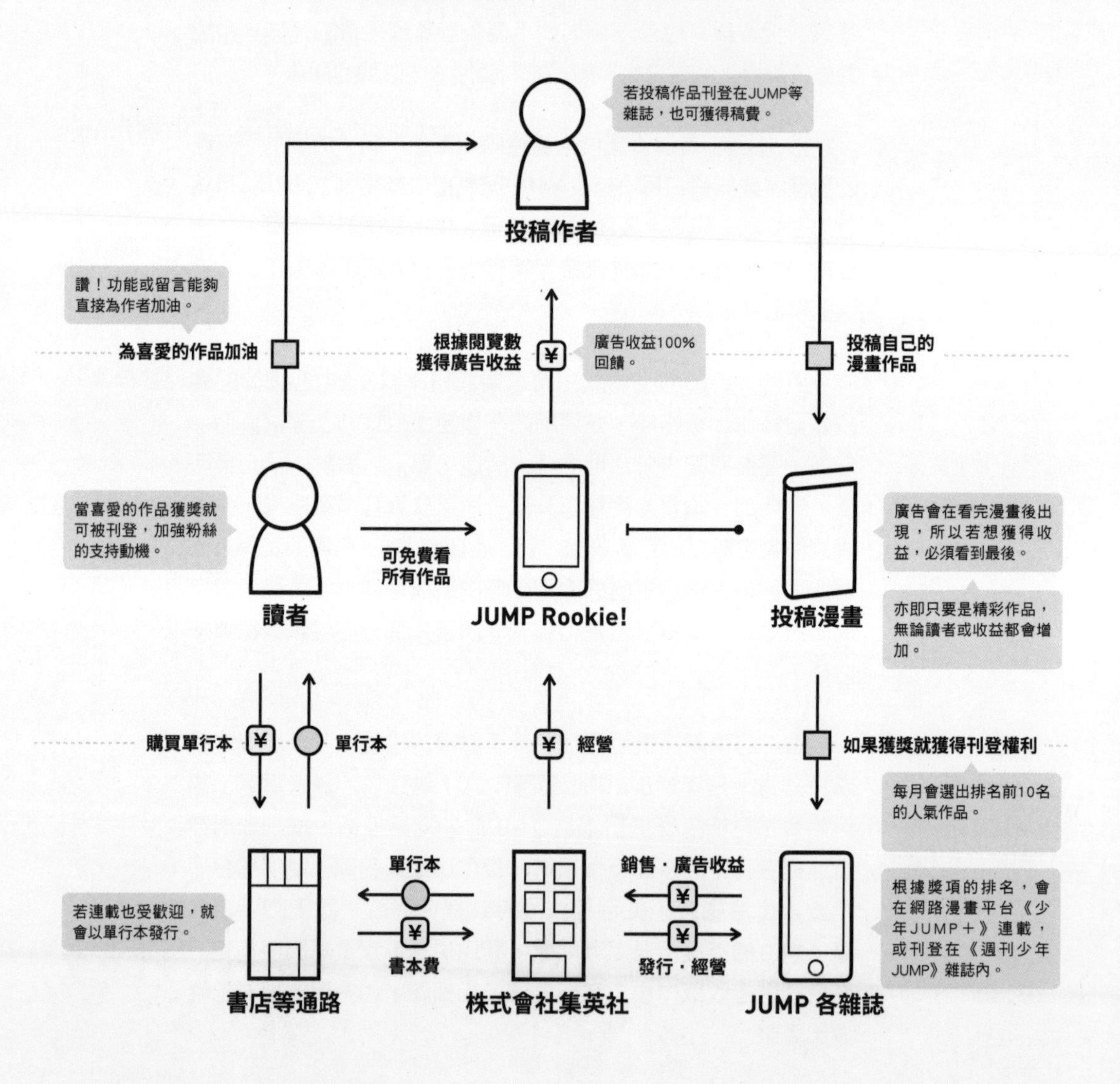


提供素人漫畫家投稿作品的App

起點 — 定論：廣告收益屬於經營者

反論：廣告收益屬於投稿者

## 廣告收益100%回饋給漫畫家

JUMP Rookie！是集英社經營的培養素人漫畫家的App。對這些素人漫畫家而言，賺錢最常見的模式就是獲得一個大獎，然後在知名雜誌上連載自己的漫畫。這樣的途徑聽起來非常合理，然而在漫畫賣座之前，這些素人漫畫家們都過著苦哈哈的日子，JUMP Rookie！則提供那些不知名漫畫家們獲得收益的方法。另外，輕鬆獲得少少收益的服務「讓那些沒打算成為漫畫家，只是因為喜歡漫畫而想畫的人」更容易持續創作活動。

這項服務的機制很簡單，過程就是「漫畫家在App上投稿漫畫→讀者可免費看到所有作品→看完作品後，程式會出現廣告→廣告收入支付給漫畫家」。最大的特色是廣告收益全都分配給漫畫家這點。具體來說，就是按照「廣告的閱覽數＝自己的漫畫被翻閱完畢的數量」規則，漫畫家就可獲得廣告收益。由於廣告是看完漫畫後才會出現，這樣就會促使漫畫家想盡辦法畫出真正有趣的漫畫，讓讀者願意看到最後。

還有一個特點，那就是拉近漫畫家與讀者的距離。讀者能夠透過「讚！」功能或留言直接為漫畫家加油，所以尚未成功的漫畫家也有機會獲得讀者的實際回饋。另一方面，讀者發掘並支援尚未成大師的漫畫家，這也是一種樂趣。

那麼，把廣告收益100%回饋給作者的集英社，要從哪裡獲得收益呢？在JUMP Rookie！中最有人氣的作品會在每個月實施的漫畫賞中獲得提名，作品如果得獎就會刊登在《週刊少年JUMP》以及網路平台的《少年JUMP＋》等雜誌，透過這些管道獲得收益。刊登的作品如果獲得連載，單行本的銷售額就是集英社的利益。最重要的是，對於集英社而言，由於能夠集結許多從年輕就入行的漫畫家，也有助於發掘未來承擔起《週刊少年JUMP》的人氣漫畫家。

050

# Funderbeam

**任何人都能夠輕鬆投資「未上市企業」**

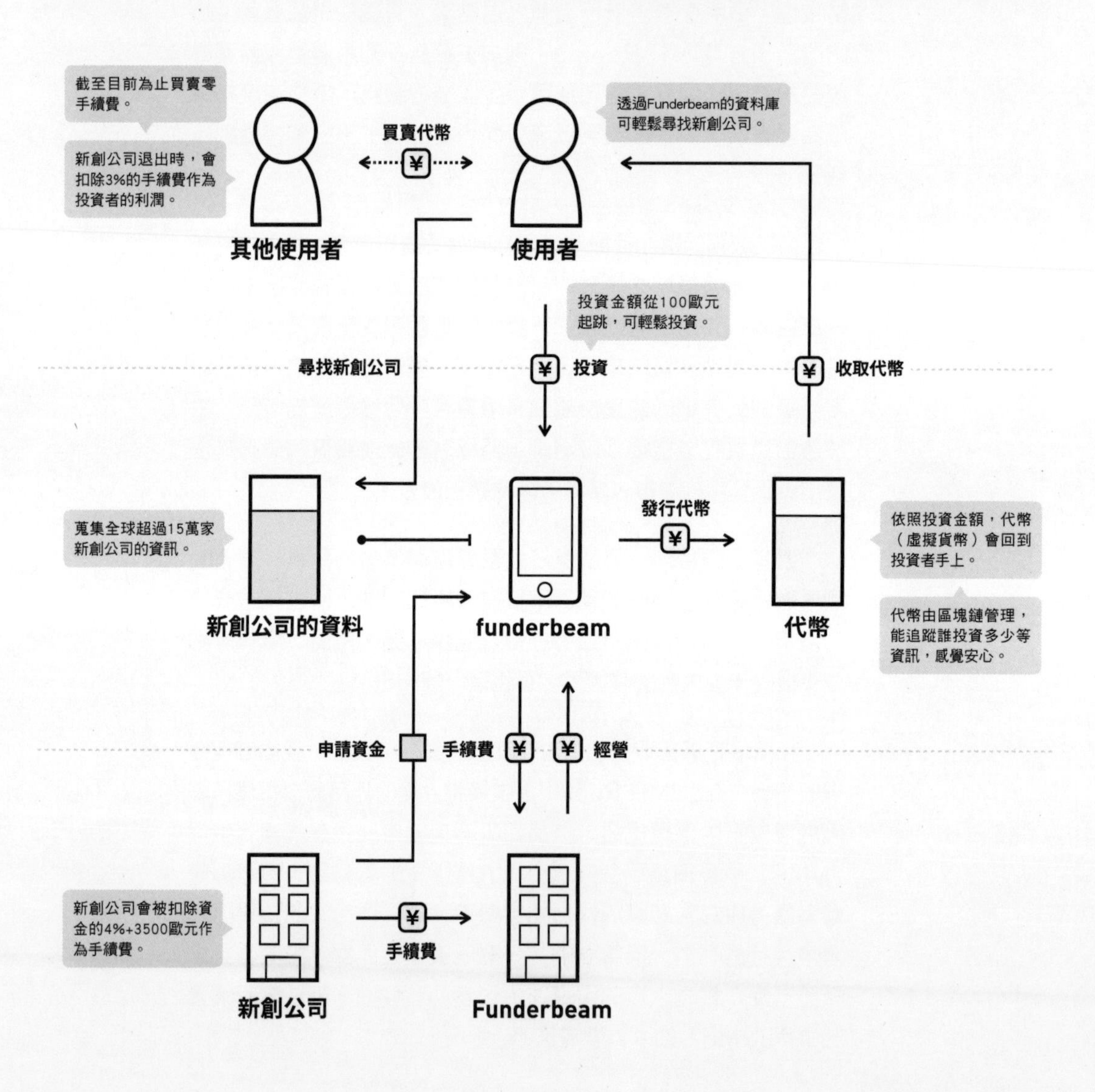


投資新創公司 **起點** — **定論** 由需要根據資訊與資金做判斷的「專家」進行投資

**反論** 資訊或資金都不多的「任何人」都能投資

## 投資對象多達15萬家公司，投資金額約1萬日圓起

首次看到這項服務的人或許會覺得這是「現在流行的區塊鏈服務吧」。不過「Funderbeam」的強項並不是區塊鏈，而是其經營的內容。這項服務雖然是買賣股票與債券的平台，不過竟然能夠交易「未上市」企業的股票或債券。

投資本來就很容易讓人覺得困難，而且如果是投資未上市企業，則更難輕易出手。首先是資訊的問題，雖然市場上有許多新創公司，但就算想尋找有前景的公司，也不知該從何著手；其次是資金量的問題，投資新創公司有時候可能需要數千萬日圓的龐大資金；最後是資金流通問題，一旦投資新創公司，通常短則數年是無法動用資金的。

此服務解決了上述的所有問題。首先，民眾只要連結到資料庫，就可以輕鬆知道世界上有趣的新創公司。而且數量竟然多達15萬家以上。再來是投資金額從100歐元（約12700日圓）起跳，能夠以較少的資金投資。

最大的重點是，透過投資所獲得的權利能夠與其他投資者互相交易。投資後的權利透過區塊鏈轉換成代幣，誰花了多少錢投資哪家企業？這些資訊都受到嚴加控管。更重要的是，民眾能夠放心地輕鬆交易。新創公司也可以在Funderbeam上註冊，無須透過創投基金就可以輕鬆籌措資金。

新創投資給人的印象是某些特定專業人士所做的投資，而這項服務了不起的地方是任何人都能夠投資。2017年企業家孫泰藏領導的基金投入此服務200萬歐元（約2.4億日圓）蔚為話題。目前已經成功獲得1050萬美元（超過110億日圓）的資金挹注。

051

# Spotify

**可以「免費」欣賞 4000 萬首歌的音樂串流平台**

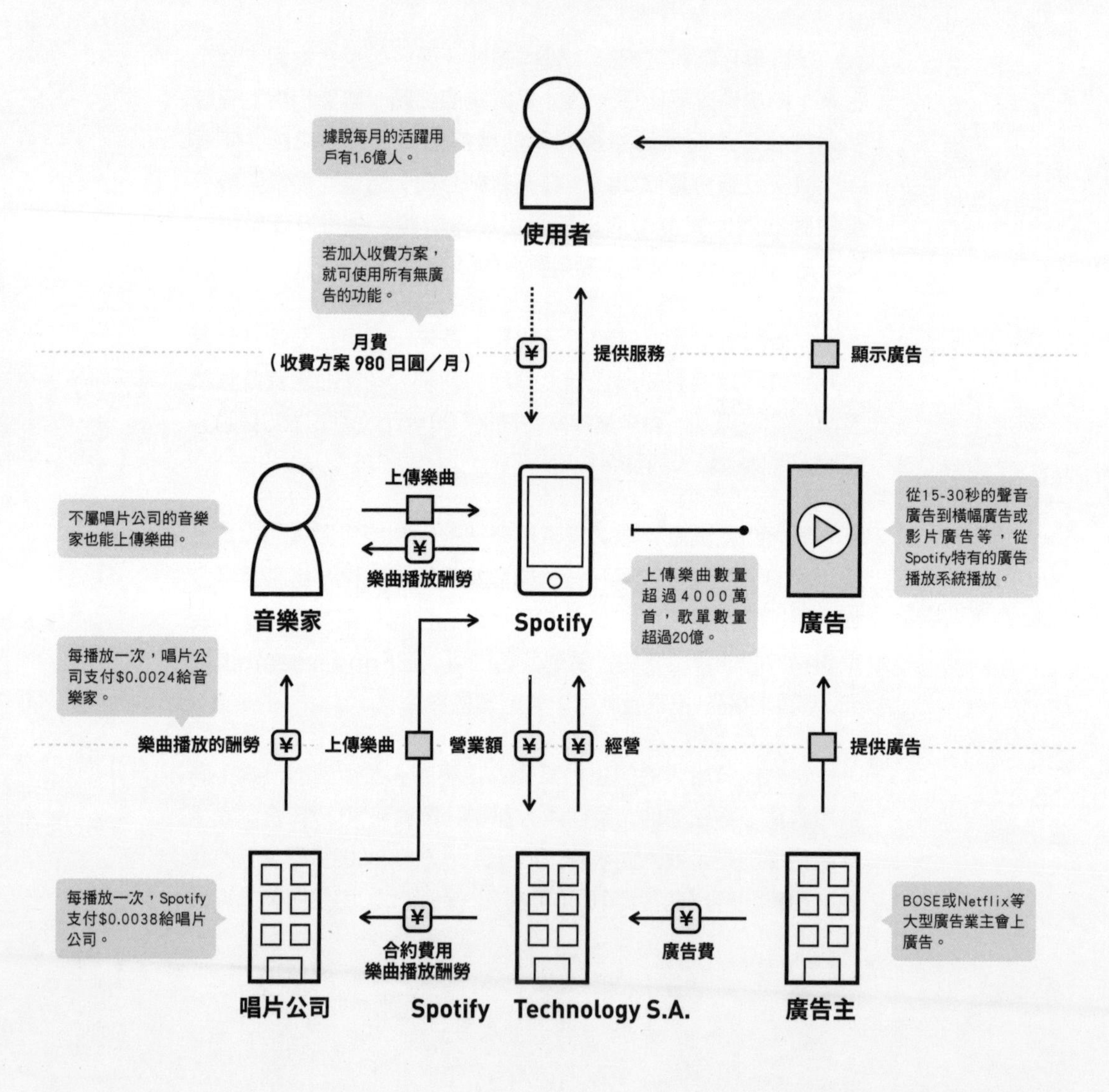


| 音樂串流服務 | 起點 | 定論 | 如果免費則選擇樂曲與播放時間都有限制 |
|---|---|---|---|
| | | 反論 | 就算免費，選擇樂曲與播放時間也都沒有限制 |

## 音樂家、唱片公司、使用者都開心

來自瑞典的「Spotify」每個月有超過1億6000萬的使用者使用，是全球最大的音樂串流平台。Spotify的出現有其背景故事。2006年創業之初，瑞典的非法下載音樂與盜版成為社會的嚴重問題，而最大的問題就是市場收益都沒有回饋到音樂家的身上。共同創辦人之一的丹尼爾・艾克（Daniel Ek）針對這個問題，設計一個機制讓音樂家或唱片公司都可以收到應有的報酬。

實際上Spotify創業後的2008年到2011年的3年之間，瑞典國內的音樂著作權問題減少了25%。這項事業成功的主要因素之一在於Spotify的商業模式。收益來源主要是使用者繳交的月費以及廣告主等兩方面，不過較特別的是廣告的模式。Spotify擁有一套特別的廣告播放系統與廣告清單，到目前為止，已有Netflix或BOSE等大型廣告主在此平台上播放廣告。除了每個月收的月費之外，再加上透過廣告獲得的營業額，就算使用免費，也能夠確實支付報酬給音樂家與唱片公司。Apple Music以及LINE Music等競爭公司以收月費為前提，設定免費試聽期限；Spotify的部分功能雖有限制，不過能夠無限期且免費聆聽全曲播放並選擇歌曲（電腦／平板）。Spotify建立這套音樂家、唱片公司、使用者三贏的機制令人讚嘆。

除了廣告模式之外，收費營業額的部分也是Spotify的強項。每個月980日圓的月費也有加價方案，使用者選擇加價方案可聽到更高音質的歌曲，沒有廣告干擾，也可以離線播放等。44%的使用者都選擇加價方案，營業額的九成就是來自加價方案的收入。

媒體大肆報導樂曲的著作權問題以及唱片公司・音樂人等的批判而引人注目。為此，Spotify積極且加速併購科技公司，並在2018年公開募股。看來該公司為了提升更進一步的音樂體驗，不斷祭出各種對策，非常令人期待。

052

# WASSHA

**在非洲「賣電」的服務**

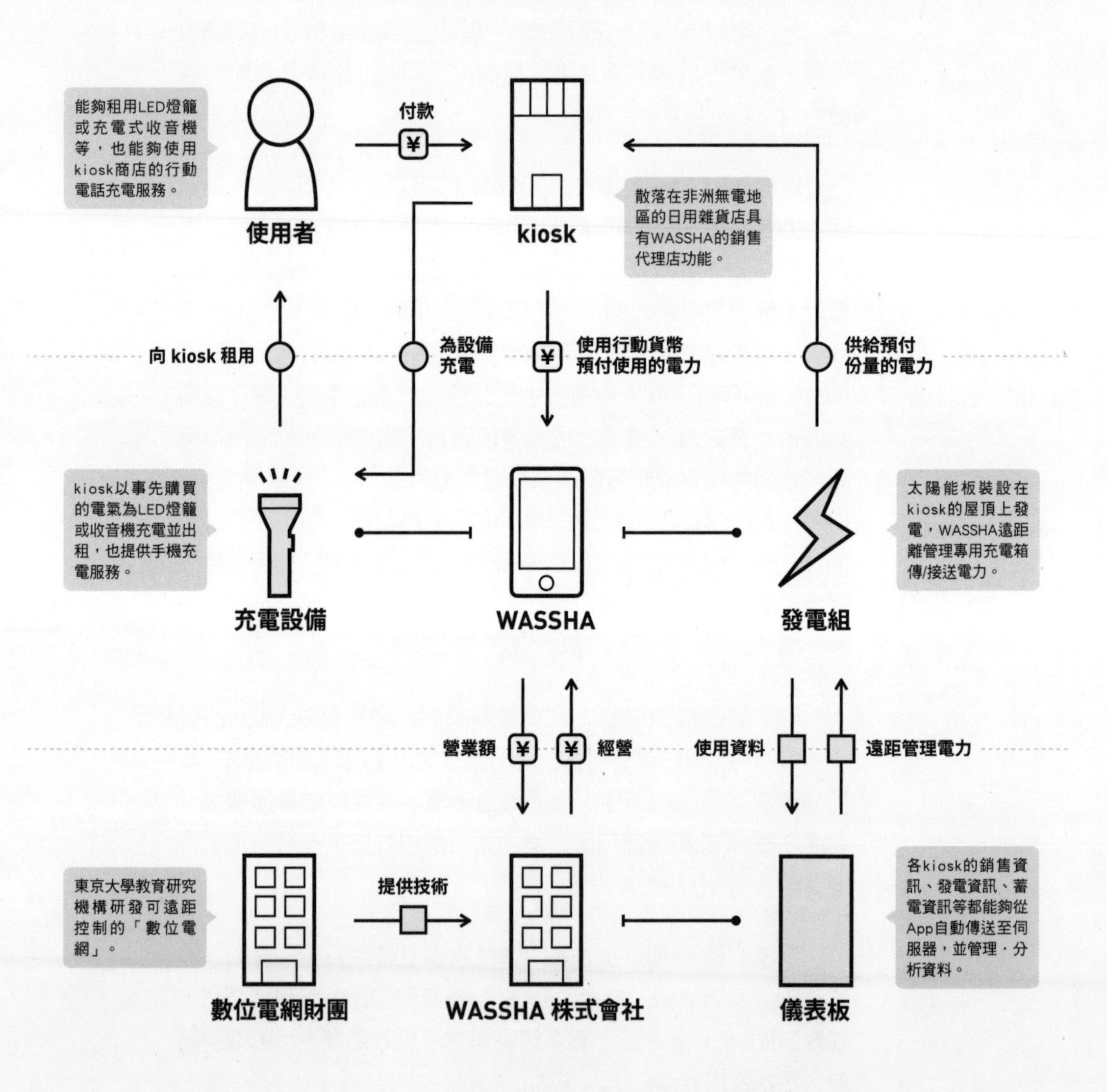


| 使用電力 | 起點 | 定論 | 簽約後依使用量收費 |
| --- | --- | --- | --- |
| | | 反論 | 以預付的方式，可以使用已付費電量 |

## 為居住在無電地區的10億人提供電氣化的豐富生活

「WASSHA」這種服務是運用數位電網（Digital Grid）這種新的電力控制技術「賣電」，以划算的價格把電力傳送給任何需要用電的人。WASSHA目前在非洲這個電力不普及的地區發展，已經有超過1000家店鋪引進這項服務。順帶一提，非洲語言中使用人數最多的語言之一，斯瓦希里語的「點火」是Washa，據說WASSHA這個字就是來自於Washa。

這項事業形態的厲害之處就是建立一套機制，提供電力給開發中國家電力不普及的地區。在已開發國家中，通常都是與電力公司簽約後使用電力，電力公司則依使用量收費。不過如果使用這樣的做法，在無電地區受惠的人就非常有限。因此該服務採用預付的方式「以量計價」，如此居住在無電地區的低所得居民都能夠輕鬆獲得電力所帶來的各種便利。

「以量計費」的賣電機制說明如下。WASSHA以散布在無電地區，稱為「kiosk」的小雜貨店為代理店，並免費提供經營賣電事業所需的工具（太陽能板等）。太陽能板產生電力，Kiosk則使用行動貨幣並透過專用的手機App上購買想使用的電力份量，為LED燈籠或收音機等物品充電，再租售給當地區民，藉此獲得利潤。另外，去店舖購買日用品的客人也能夠順便為手機充電。由於發電狀況或電力的使用狀況會自動傳送到被稱為「儀表板」的WASSHA系統，透過管理・分析這些資料，公司就算在遠方也能夠確認商業經營的狀況或給予協助。

WASSHA不僅提供電氣化的豐富生活，成立BOP經濟（Bottom of Pyramid，金字塔底層。以開發中國家的低所得階層為對象，消除貧困的同時也產生利益的經濟產業）這點也非常了不起。Kiosk的店老闆可期待透過WASSHA事業增加收入，使用電力的當地居民有了電，就算晚上也能開店做生意，這樣也有助於提高收入。WASSHA開發代理店・管理團隊有部分員工是雇用當地居民，有助於創造工作機會。WASSHA目前以坦尚尼亞為中心發展事業，未來預定拓展到全非洲地區。期待誕生於日本的創投企業可在非洲無電地區廣為發展。

# Doreming Pay

**能夠以一日為單位預領薪資的服務**

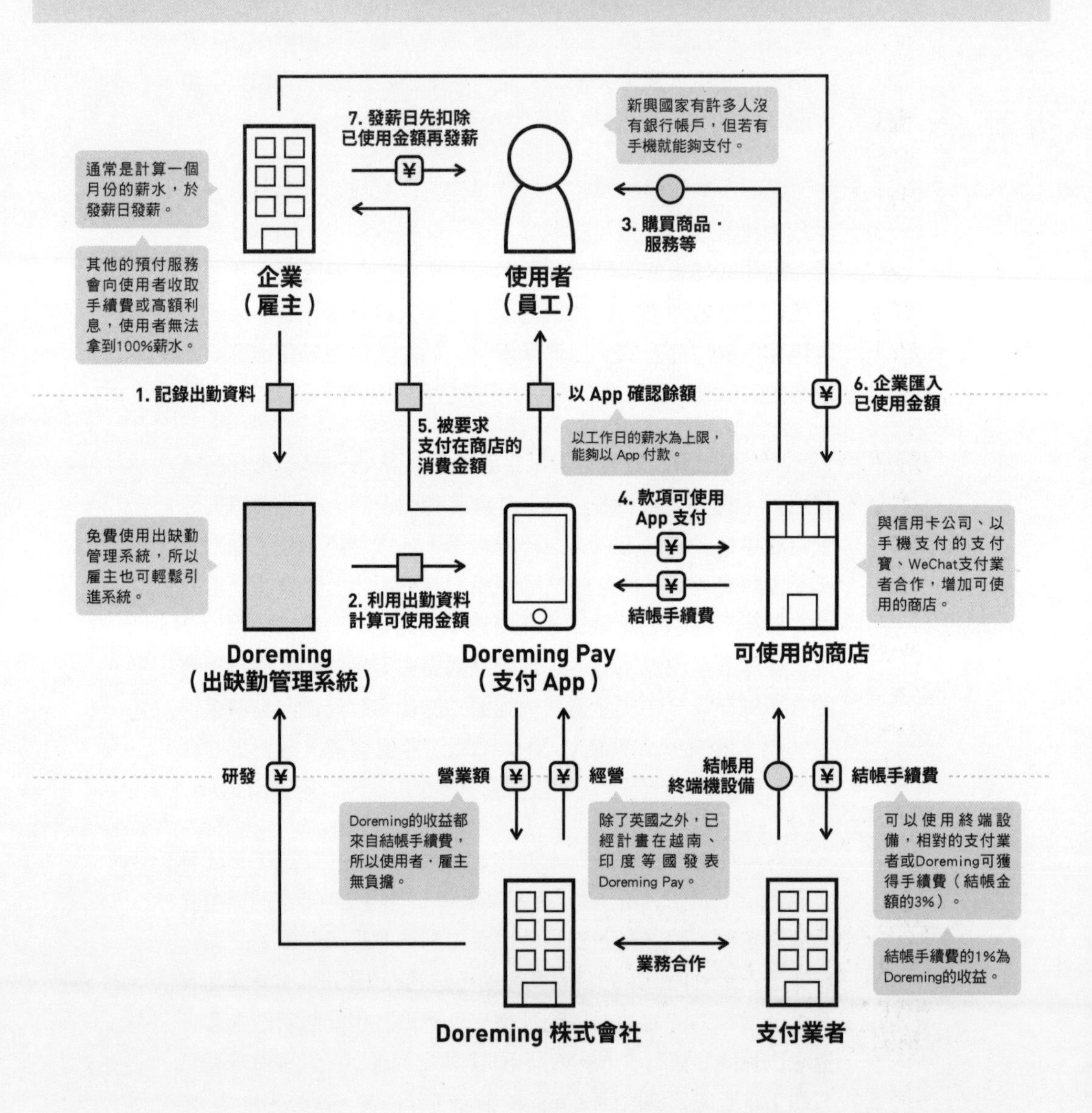


預付薪資服務 **起點** — **定論** 使用者負擔手續費

**反論** 使用者不用負擔手續費

## 拯救無法獲得金融服務的20億人

日本唯一入選代表全球金融科技的「FinTech100」的創投企業就是以福岡為據點的Doreming株式會社。該公司於2015年由高崎將紘成立，提供計算薪資與出缺勤管理系統等服務。創辦人運用其父義一先生開發的可即時管理出缺勤與計算薪資的系統，研發出Doreming出缺勤管理系統。

該公司組合Doreming與電子錢包等支付系統開發出來的「Doreming Pay」獲得英國、越南、印度、沙烏地阿拉伯等世界各國極高的評價，也被選為前面提到的「FinTech100」之列。Doreming Pay已經計畫在上述各國上市，這項服務是能夠以一天為單位使用已工作的薪資報酬，機制就是透過Doreming的出缺勤管理系統計算每天的酬勞，並在員工的App上顯示可使用的上限額度。員工能夠以此金額上限到商店購物，並能夠使用手機的App結帳。因此，就算沒有現金或銀行戶頭，只要有智慧型手機，不用等到發薪日就有錢可購物。

令人感覺耳目一新之處在於這項服務不收使用者（員工）任何手續費，與信用卡一樣，根據結帳金額計算手續費並由店家負擔。公司也會配合當地的狀況調整收益結構，不過將紘先生在《Mugendai（無限大）》網站的訪談中提到，「至少我們公司的政策絕對不會向員工收取手續費」。

據說在新興國家沒有銀行戶頭、無法接受金融服務的金融難民約有20億人。由於他們無法貸款或借錢，所以他們借錢都必須付出不當的高額手續費或利息，直到發薪日才能還錢。討債公司甚至會在發薪日到公司拿錢，薪水幾乎所剩無幾，以至於永遠都無法從貧困狀態翻身。有智慧型手機就可以使用的Doreming Pay拯救了這些人。雖然法規方面還持續與各國當局或政府交涉中，不過如果20億金融難民能夠享受這項服務的話，Doreming對世界帶來的衝擊將不可小覷。

054

# PoliPoli

**促使市民與政治人物溝通的 App**

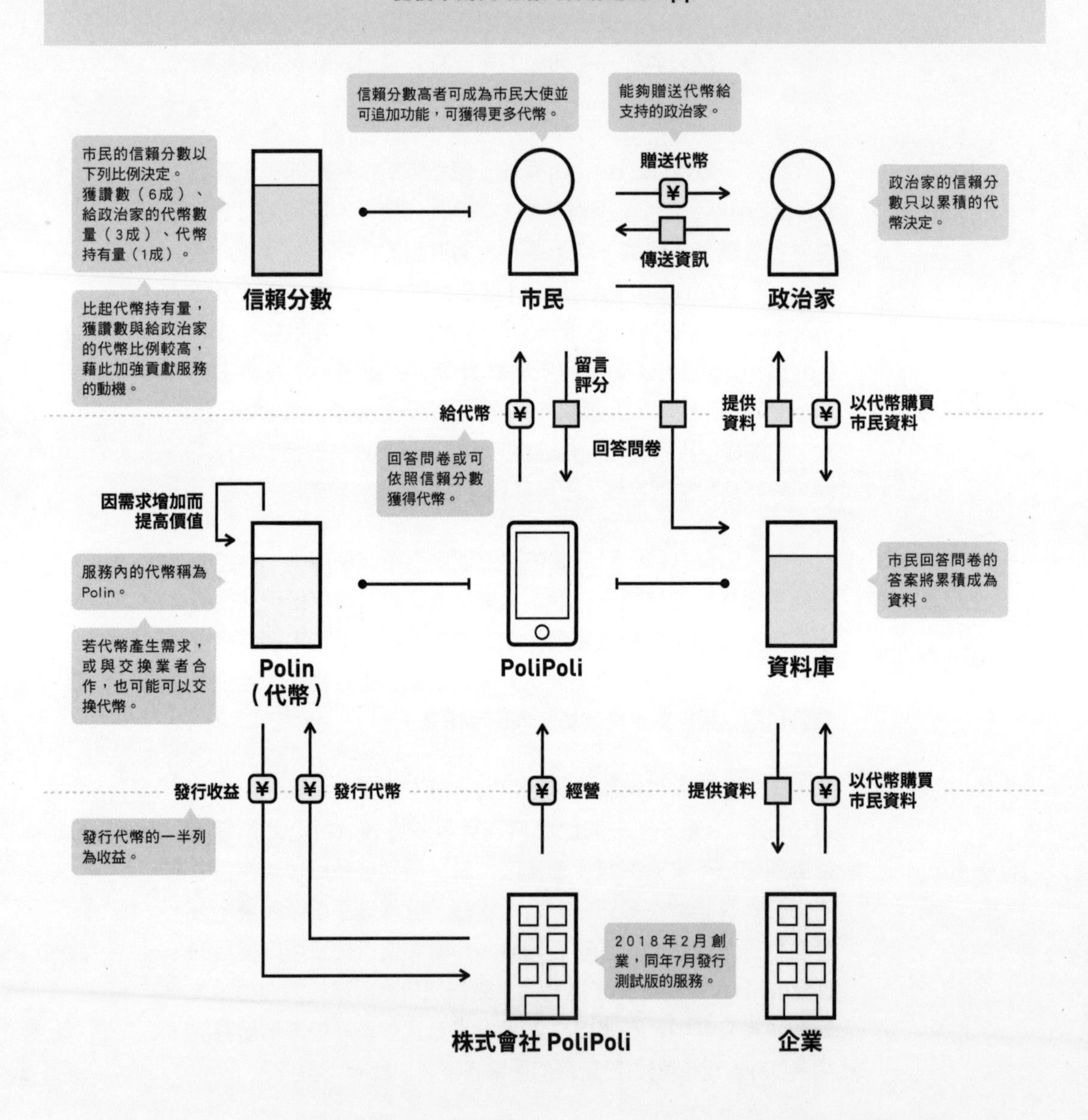


政治 **起點** — **定論** 在網路上難以進行完整的討論

**反論** 就算在網路上也能夠進行完整討論

## 沒有網路公審而能夠在網路上討論

各式各樣的業界因科技而產生變革，在這當中，有一個科技尚未踏入的領域，也就是政治世界。察覺到還沒有產生變革的這個市場之發展的可能性，「PoliPoli」App因而誕生。

「PoliPoli」是促使民眾透過網路與政治人物進行健全溝通的App。透過科技的力量，讓在網路上容易發生公審的政治討論變得健全，在市民以及與政治家之間掀起變革。這項事業的厲害之處有三點。

第一，在容易發生毀謗的政治議題上，建立可健全討論的機制。全體市民能夠對App內的發言評分。就如圖解顯示的那樣，市民之間的發言評分是取得信賴分數的要素之一。因此，這樣的機制就能進行具建設性的討論，而不是批判特定人物。

第二點是市民與政治人物能夠直接溝通。市民可以回答PoliPoli發行的問卷，或是透過詢問政治人物以發表自己的想法；政治人物能夠在App內直接回答市民的提問。年輕市民使用App這種熟悉的工具，對於以往不容易接觸的政治議題就會開始感興趣。

第三點是PoliPoli發行「Polin」這種與貨幣相同功能的代幣，透過市民・政治人物・企業購買、使用，或許可能產生獨自的經濟圈（預定從2018年9月開始分發Polin）。由於PoliPoli內的資訊交換都是透過Polin進行，所以PoliPoli就能夠藉由Polin的發行收益獲得利益。Polin尚未發行時PoliPoli的服務本身沒有獲利；不過，該公司已經於2018年7月獲得NOW公司的資金投入，將全速擴大服務。

## 「金錢」的商業模式
# 總結

**在「金錢」章節中介紹的案例，可以更進一步以「如何用新方法使用金錢？」區分為「轉換系列」、「激勵系列」、「流通系列」等3大類。**

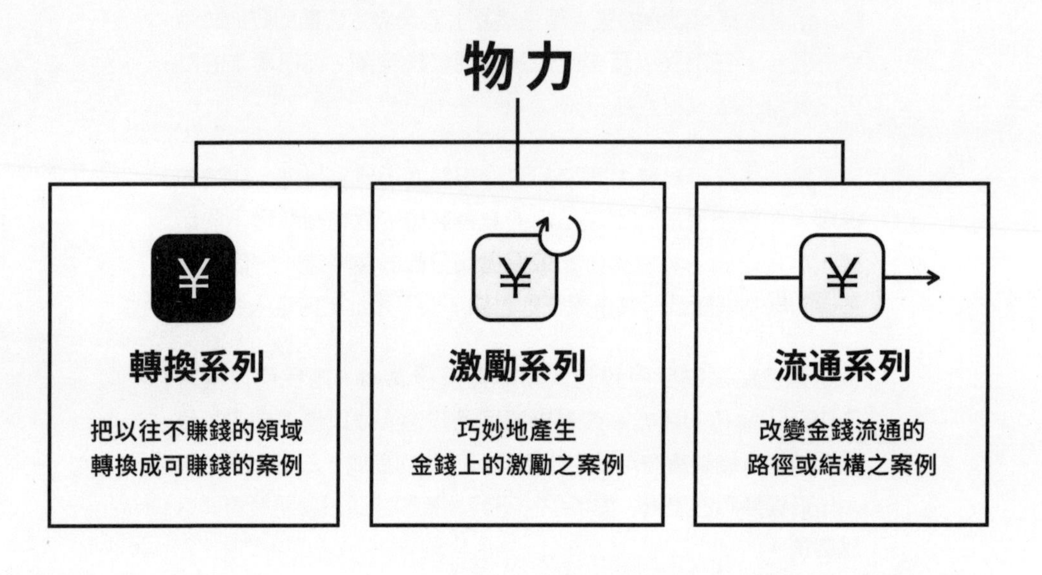

Global Mobility Service對於有支付能力卻沒有通過信用審查的人提供貸款而無須做信用審查，如果貸款者無法支付貸款，公司就可停止汽車運作。Timebank建立一套買賣時間的市場運作系統。

Unipos員工之間互相贈送紅利，讓員工有動機主動做公司內部的非日常工作。ALIS發行代幣ICO獲得投資者的資金投入，同時透過自己的激勵模式而非廣告方式支持此媒體。

TransferWise在全球開立帳戶，以兩次國內匯款的方式取代國外匯款，藉此收取更公平的手續費。WASSHA在非洲無電地區以預付方式銷售電氣。

第3章

# 資訊

使用新

「科技」

AI（人工智慧）、IoT、大數據……等新科技產生劃時代的商機。透過資訊技術或數據的運用，成立新的商業模式打入以往難以實現的領域。

055

# Farmers Business Network

**利用「農家 × 大數據」戲劇性地提高生產效率**

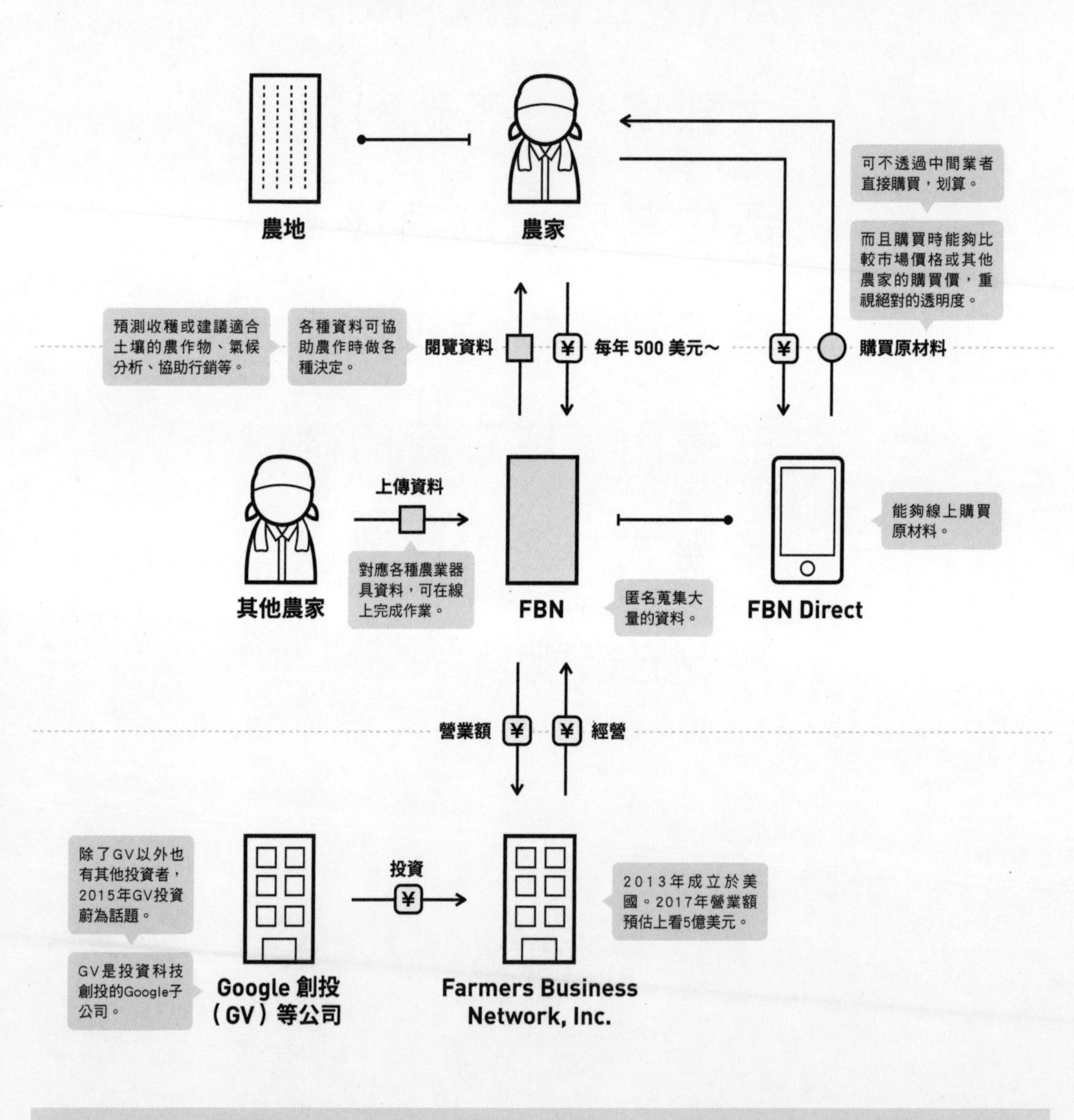


| 農業 | 起點 | 定論 | 以個人的經驗判斷 |
|---|---|---|---|
| | | 反論 | 運用大量的數據資料判斷 |

## 連其他農家用多少錢買肥料也知道

「Farmers Business Network（以下稱FBN）」是為了讓美國農民更有效率經營自己農地的服務。1年支付500美元就能夠讀取農業相關的資料，例如「什麼時候收穫最恰當？」「適合自己土地的農作物是什麼？」等資訊，此外還有氣候分析、行銷支援等資訊也都搜尋得到。

這些大量的農業資料都是從其他農家蒐集而來。FBN嚴密製作儀表板功能（彙總多項資訊並顯示的功能），如果農民上傳自己農地的數據，就可以收到收益預測的資訊，這是農民能獲得的好處。這個機制是以匿名方式收集農民上傳的數據，在不侵犯個人隱私的範圍內，也能夠看到其他農家的數據資料。

一旦蒐集大量的數據資料，農民就知道「其他人用多少價格購買這種肥料」。FBN也提供線上購買原材料的功能，並能夠比較市場上的價格與其他農民實際購買的價格，而且還能夠直接以便宜價格購買，不用透過中間商。重視價格透明這點也是FBN成功的關鍵。

農民每年付500美元就可讀取大量資料，也能夠做出提高收益率的決定，而且還能找到可低價購買肥料的通路。因為這些好處，加入的農民越來越多。

「把科技引進一次產業的農業」，這是業界一直以來面對的問題。FBN運用大數據等科技直接挑戰這項任務。個人經營的農家透過FBN共享知識，藉此提高農業的生產效率，也期待能夠解決未來的糧食危機。

056

# Petit LAWSON

**LAWSON 開始的「辦公室的便利商店」**

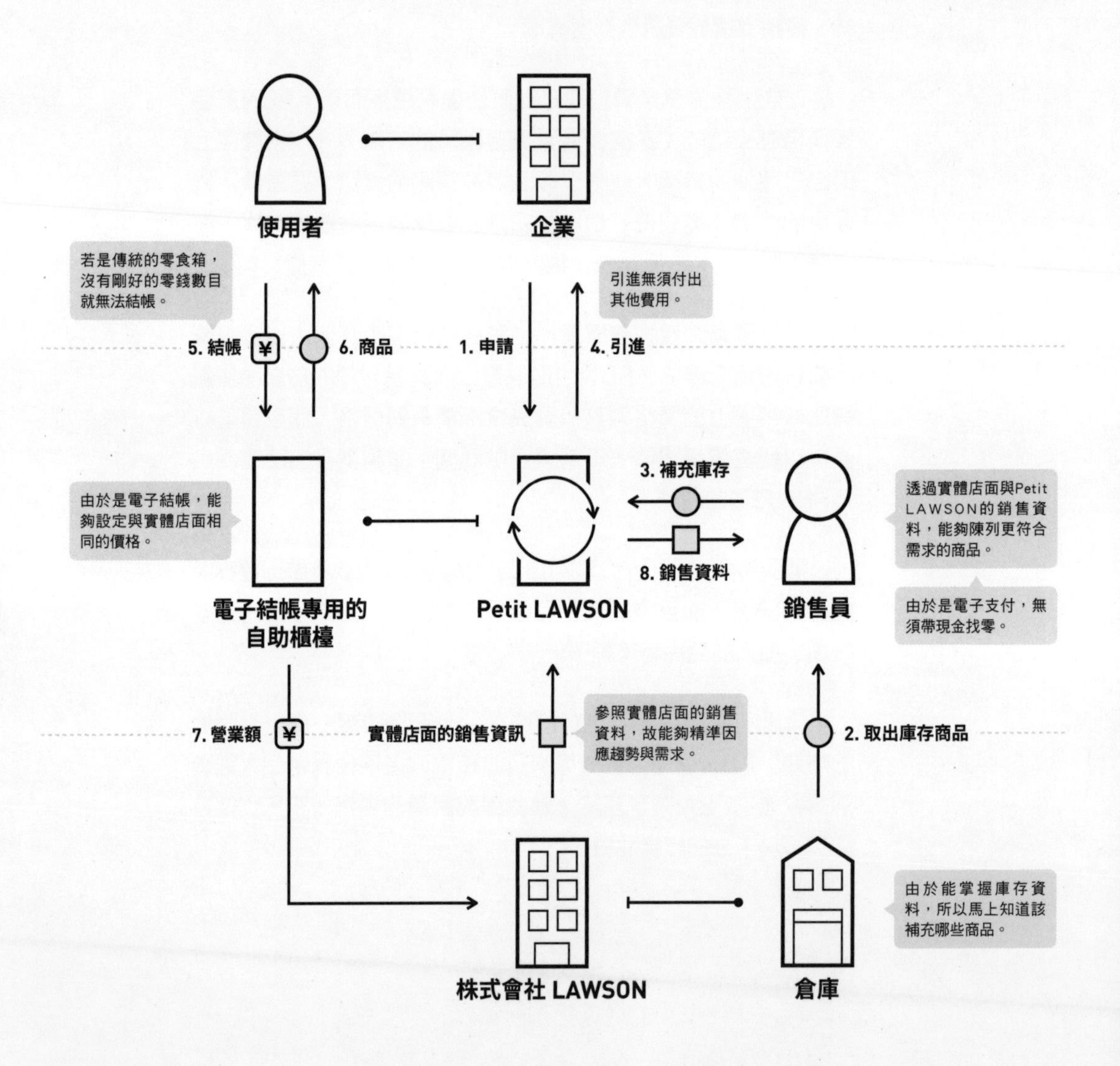


零食箱服務 起點 —— 定論 現金結帳，擺放商品種類少

反論 電子支付，擺放商品種類多

## 零食箱服務的無現金結帳作業

2017年7月，大型連鎖便利商店LAWSON準備妥當，推出「Petit LAWSON」零食箱服務。

固力果公司推出的「Office Glico」等其他辦公室零食箱服務，通常都以現金支付。由於考慮到回收金錢時的方便性等因素，商品金額通常都設定100日圓等固定數字。這麼一來，比100日圓高出很多金額的商品就難以列入商品陣容，上架的商品範圍無論如何就會受到限制。而且也聽說因好意而建立的現金回收制度，也會因為地點的關係而導致回收率低。

Petit LAWSON的特色在於引進業者首見的電子支付系統。由於這樣的做法，就沒有必要固定商品金額，解除了商品的價格區間限制，上架商品變得多樣化。這是這項服務的強項。雖然設點是在辦公室內的空間，不過除了放零食的零食箱之外，也能夠設置放飲料的冰箱、放冰品的冷凍庫或是沖泡咖啡的咖啡機等等。當然，所有交易都以電子支付的方式結帳。

而且，Petit LAWSON也能夠運用LAWSON便利商店的銷售資料，分析消費者購買趨勢以決定架上陳列的商品。由於銷售情況會即時轉化為資料，所以公司也容易針對缺貨進行應變措施，或是增加熱銷商品的庫存。另外，由於事先做了資料分析，所以能夠選擇庫存配送，如此也提高了業務員（業者）的回收效率。

LAWSON的競爭對手FamilyMart雖然早在2013年就已經開始推出類似的服務「Office Famima」，但並未採用電子支付系統。該公司目前也是採取觀望態度且戰且走。零食箱服務的先驅其實是固力果公司推出的「Office Glico」，不過如果大量擁有零食以外的銷售資料的便利商店加快電子支付的腳步，就算起步晚，也有機會擴大市場占有率。最近無現金社會浪潮也將零食箱服務捲入其中。

057

# ZOZOSUIT

**ZOZO 設計的「量尺寸緊身衣」**

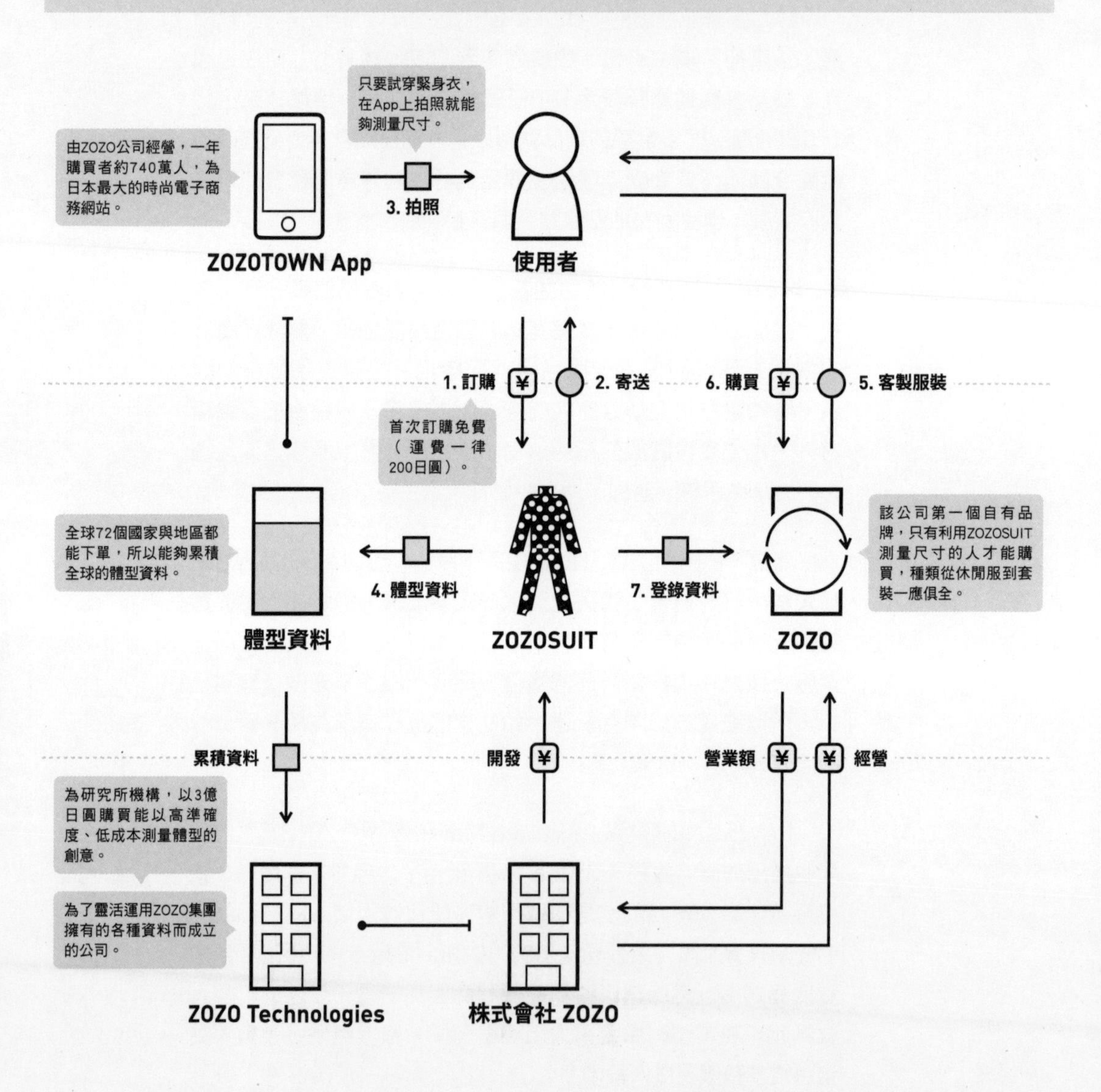


服飾電子商務　起點

定論　如果沒有試穿，就不知道是否合身

反論　就算沒有試穿也知道是否合身

## 可以瞬間測量試穿所需的身體尺寸

「ZOZOSUIT」是一款「量尺寸緊身衣」，2017年11月底開始接受預約時，就成為衆人討論焦點。此服務是由以時尚購物網站「ZOZOTOWN」而知名的株式會社ZOZO（2018年10月1日由舊稱「株式會社Start Today」改名）所經營。

以往在網路上買衣服時，最大的缺點就是無法試穿，也就是消費者難以判定衣服是否合身。ZOZOSUIT這款緊身衣，只要穿上就能夠自動測量自己身體各部位的尺寸，以如此簡單的方式解決，讓世人感到驚訝。而且，免費寄送緊身衣這點，更成為消費者討論焦點（事實上需要付200日圓運費）。

甚至，該服務同時發表的自有品牌「ZOZO」利用ZOZOSUIT測得的體型資料，提供消費者適合「你的尺寸」商品。以往專攻平台業務，但在此時準備萬全地公布自有品牌，自然不容錯過。

ZOZOSUIT能夠接收來自全球72個國家與地區的訂單。不只是日本，如果也能夠蒐集全球的測量資料，對於ZOZO而言就是非常珍貴的資產。因為對於電子商務而言，「知道顧客的尺寸」是極強大的武器。

光是穿上就能夠量尺寸的機制，是利用智慧型手機的相機360度拍攝貼在ZOZOSUIT緊身衣上的300～400個感應點。內建高精密度技術的量尺寸緊身衣把全身24處的尺寸儲存在ZOZOTOWN App中。甚至，消費者能夠透過App，以3D看到自己的體型資料，也能夠比較與自己相同身高・體重者的平均值。該公司的目標是「無論休閒、正式或是基本款，『ZOZO』都買得到」，除了T恤、牛仔褲等，也陸續發表牛津襯衫、商務套裝等新商品。

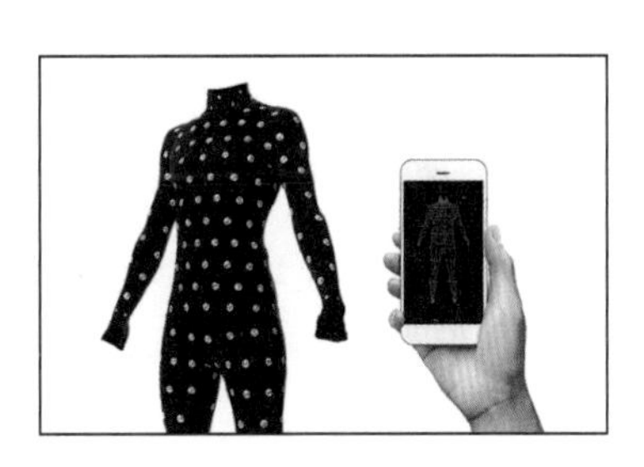

058

# Air收銀台

**免費結帳 App 提高商店魅力與媒合顧客的品質**

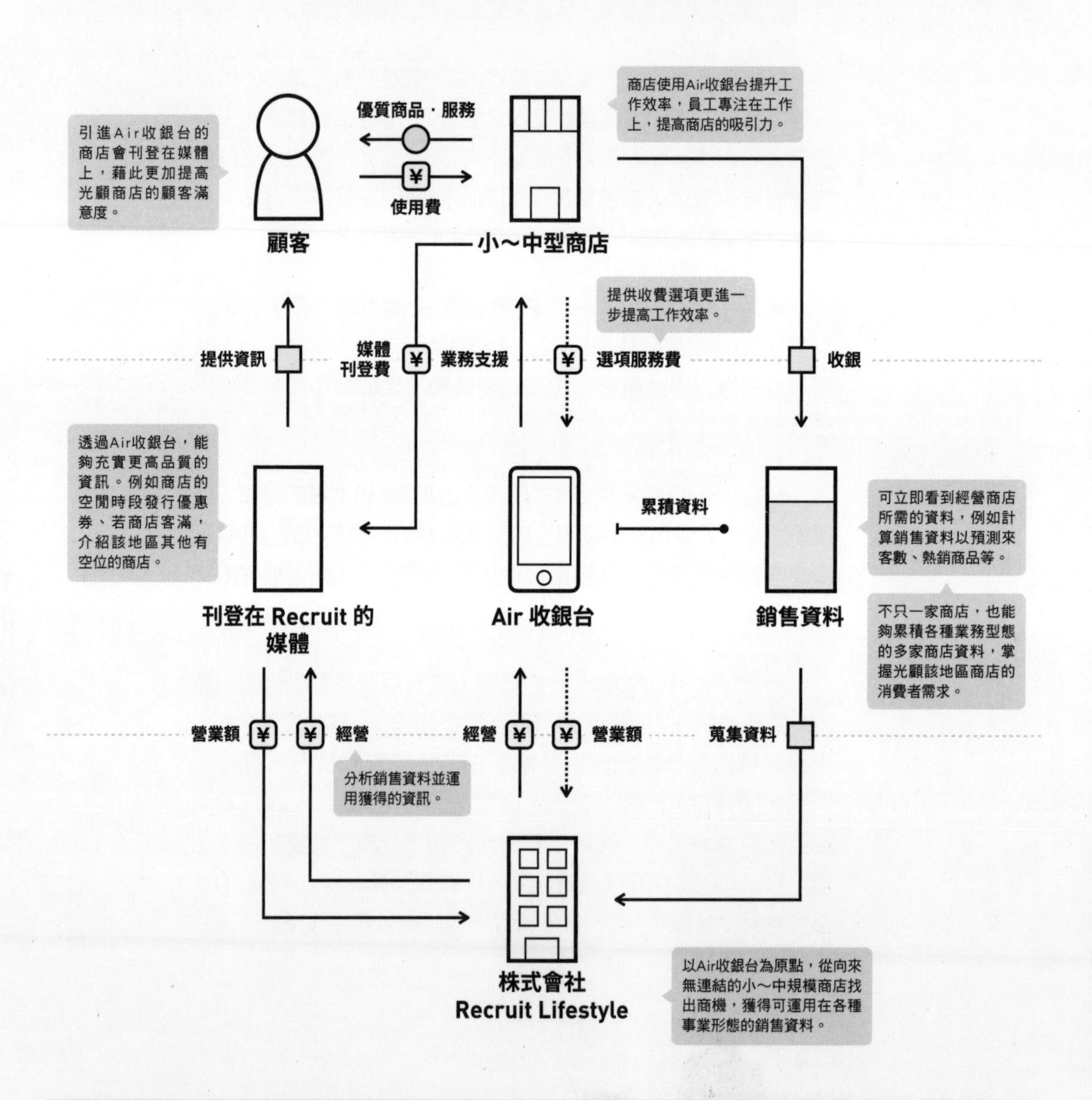


小～中型商店的收銀工作　起點 — 定論　負擔大且難以產生價值的雜務

反論　專心在重要業務上並有效運用銷售資料的工作

### 連中小型商店也引進POS收銀系統，還能夠運用資料

「Air收銀台」是由Recruit Lifestyle推出針對中小型商店使用的免費App。使用商店超過33萬3000家（截至2018年3月），順利地擴大業務範圍。

商店使用Air收銀台的好處是可累積銷售資料，並可確認經營商店的所需資料，如統計銷售資料、預測來客數、找出暢銷商品等。總之，效果就跟引進POS系統（Point of Sale，端點銷售系統）一樣。

傳統來說，商店引進POS收銀系統需要花費數十萬日圓的成本，但是現在只要有iPad就可免費使用。商店引進Air收銀台後，就容易進行業績管理或改變選項等，店員需要處理的雜務變少。總之，Air收銀台把敲打收銀台這種難以產生價值的工作轉變成可產生價值的工作，這點真的很厲害。

目前市面上有數個免費收銀台App服務，不過Air收銀台的服務是以跨越各種地區與事業形態的Recruit Lifestyle為事業主體，所以各商店打進收銀台的龐大銷售資料不斷累積，如此公司便能夠掌握該地區的顧客需求，而不只是蒐集單一一家商店的資料。此優點乃公司擁有的強項。

甚至，Recruit Lifestyle運用自己擁有的媒體，也能夠向使用商店的消費者宣傳。例如在商店客人少的時段發送優惠券，或是店裡客滿時，介紹同地區其他有座位的商店等。

對於Recruit Lifestyle而言，這項事業除了與商店接觸之外，也能夠蒐集商店的資訊，發展公司的其他事業，是一舉兩得的商業模式。

059

# Amazon Go

**開設在西雅圖的亞馬遜「無人商店」**

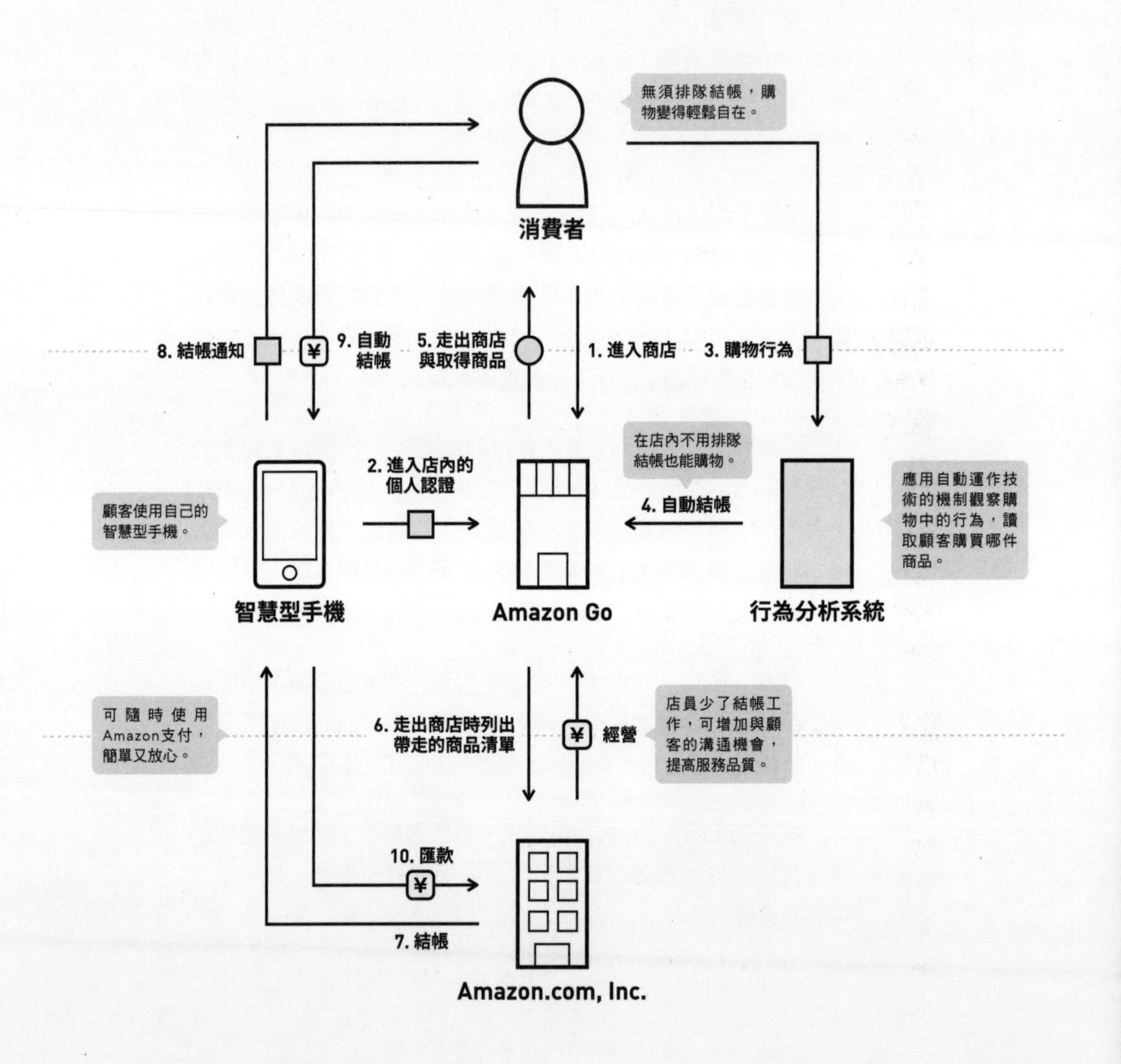


店內結帳 **起 點** — **定 論** 走出店門之前結帳

**反 論** 可以不用在店裡結帳

## 撤走收銀台結帳無壓力

「Amazon Go」是亞馬遜公司發展的無人商店。2016年12月發表這個概念時，引發衆人討論。一號店則在2018年1月成立於西雅圖。

消費者向來容易感覺到壓力的就是「排隊付帳」。把收銀台設置在店門口是傳統，也視為理所當然的做法。不過，亞馬遜利用科技，建立了無收銀台的結帳系統，如此一來，消費者就可以不用在店内結帳，能夠輕鬆享受購物樂趣。進入店裡時，必須先讀取條碼進行身分認證，光是進去再出來，就像是夢一般地自動完成結帳。

Amazon Go的關鍵在於行動分析系統。店裡裝設的感測器能夠追蹤人的行動，觀察購物中的行為也知道消費者買了哪件產品。這些系統也透過AI使用了深度學習（Deep Learning）技術並獲得專利。

在商店經營方面，無人商店解決了與收銀業務相關的經營成本以及人手不足等問題。只是，Amazon Go不僅僅是追求效率的系統，同時也能夠透過結帳工作自動化，讓店員可即時補充庫存並增加與顧客溝通的機會，或是能夠根據訂單提供面對面的服務等，全力提供更高品質的服務。從這個意義來說，Amazon Go不只針對零售業，也期待能夠發展各種面對面的服務項目。

中國也積極開發無人商店，阿里巴巴集團開立了「BingoBox」無人商店。Amazon Go沒有公布將進入日本市場，日本國内各家便利商店要身先士卒嗎？還是讓亞馬遜公司或中國打前鋒？這領域的競爭看來將會越來越激烈。

060

# 芝麻信用

**把人際關係或品行等「個人信用」轉換成點數的機制**

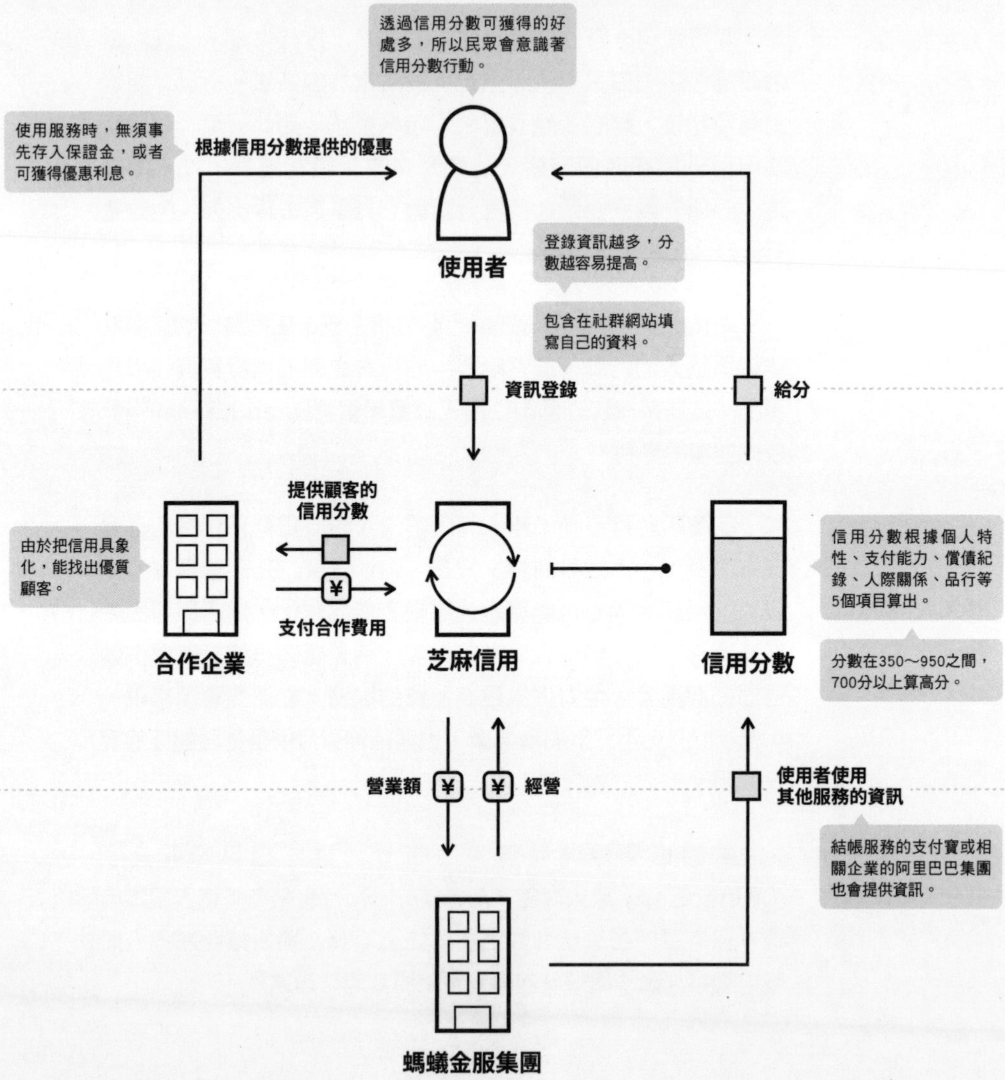

透過信用分數可獲得的好處多，所以民眾會意識著信用分數行動。

使用服務時，無須事先存入保證金，或者可獲得優惠利息。

根據信用分數提供的優惠

使用者

登錄資訊越多，分數越容易提高。

包含在社群網站填寫自己的資料。

資訊登錄

給分

提供顧客的信用分數

由於把信用具象化，能找出優質顧客。

支付合作費用

合作企業

芝麻信用

信用分數

信用分數根據個人特性、支付能力、償債紀錄、人際關係、品行等5個項目算出。

分數在350～950之間，700分以上算高分。

營業額

經營

使用者使用其他服務的資訊

結帳服務的支付寶或相關企業的阿里巴巴集團也會提供資訊。

螞蟻金服集團

| 信用資訊 | 起點 | 定論 | 為了借錢所做的評分 |
|---|---|---|---|
| | | 反論 | 生活全面獲得好處的評分 |

## 信用分數高的人可獲得優惠利率等特別待遇

提到信用資訊，一般人產生的強烈印象可能就是「為了借錢所做的評分」。不過，2015年中國開始啟用的「芝麻信用」則是把信用資訊轉變成「為生活全面帶來好處的分數」，並且大範圍地運用 。還有，該服務「把個人的信用程度轉化為分數，分數高的人能夠獲得各種優惠」。如果是以前，聽起來像是科幻世界的故事，不過在中國卻已經實際採用這樣的服務。

信用分數是從「個人特性」、「支付能力」、「償債紀錄」、「人際關係」、「品行」等5個項目計算而得。另外，根據信用分數所得到的優惠有如，使用服務時不需要預付保證金，或是可得到優惠利率等。由於得到的好處非常大，所以使用者做出任何行動時，自然就會意識著信用分數而有所改變。

這種服務之所以得以成立，其實受到中國的網路支付很大的影響。無論是租金或公共事業費用等都可透過網路支付，也就是說，企業很容易確認使用者平常的金錢流向。

另外，阿里巴巴集團的相關企業「螞蟻金服集團」負責研發系統，所以統計分數時，也可以使用來自阿里巴巴的資料，資料來源豐富為此服務的特色。而且，中國政府在背後撐腰是此服務的最大強項（中國政府在2015年總共發出8張信用系統的證照，其中也包含螞蟻金服集團）。

或許這項服務機制有很強的管控社會與監視社會的目的，還不知在日本是否有機會實現，不過把眼睛看不到的信用具象化，這個機制本身就非常有趣。

061

# MUJI passport

**用來了解「無印良品」的顧客的 App**

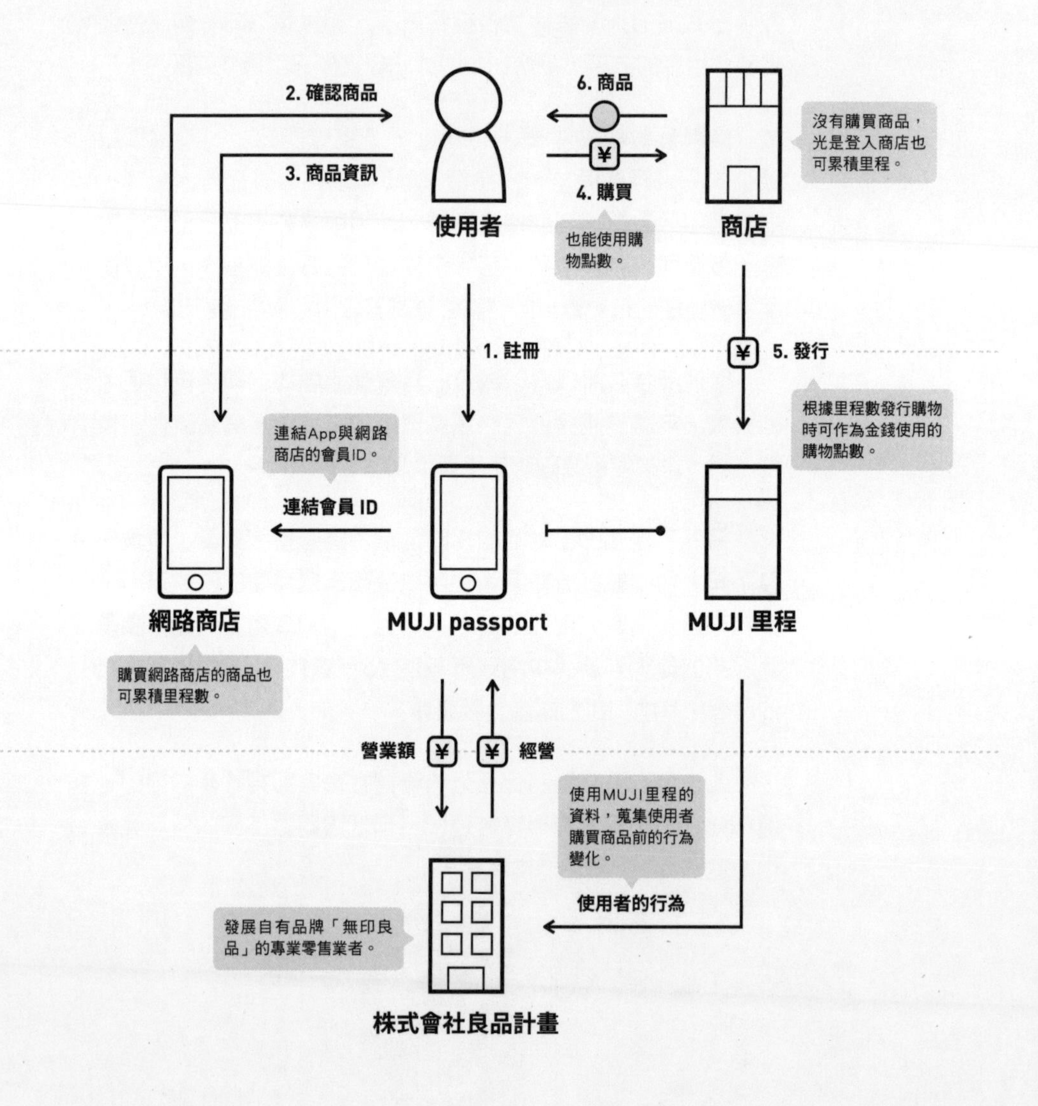


維持會員的機制　起點 — 定論　難以整合顧客資料

反論　能夠整合顧客資料

## 以「MUJI里程」蒐集使用者的行動紀錄

「MUJI passport」是由經營「無印良品」的株式會社良品計畫所開發，整合顧客行動資料的App。2013年推出，目前日本國內的下載量已經超過700萬次，海外也在4個國家推出這項服務。

使用者能夠免費使用App，在無印良品的實體店面或網路購物時使用此App，即可獲得自己的「MUJI 里程數」，里程數可轉為消費點數使用。

零售業為了鼓勵熟客重複消費，傳統的對策是以紙本點數卡為主，結帳資料也一樣，只能獲得「誰在什麼時候在哪家店購物」這種程度的資料，無法知道使用者購買商品前後的行動，如此就難以給予最適當的回饋或擬定行銷對策。

另一方面，這個App可大範圍運用顧客的行動資料，所以也能夠用來思考如何增加使用者，這就是「MUJI 里程數」獨特的機制。購買商品時，當然會在店裡辦理登入，光是連結ID就可獲得里程數；還有，實際購物時，此里程數亦可轉換成可使用的點數。對於企業而言，使用「MUJI 里程數」的資料就可蒐集使用者更廣泛的行動紀錄。

像這樣建立各種機制讓使用者自動自發使用App，MUJI passport做到毫無障礙地結合網路商店與實體店面的顧客行動資料，這點真的很厲害。

062

# kurashiru

**影片數量全球第一！如辭典般豐富的食譜影片 App**

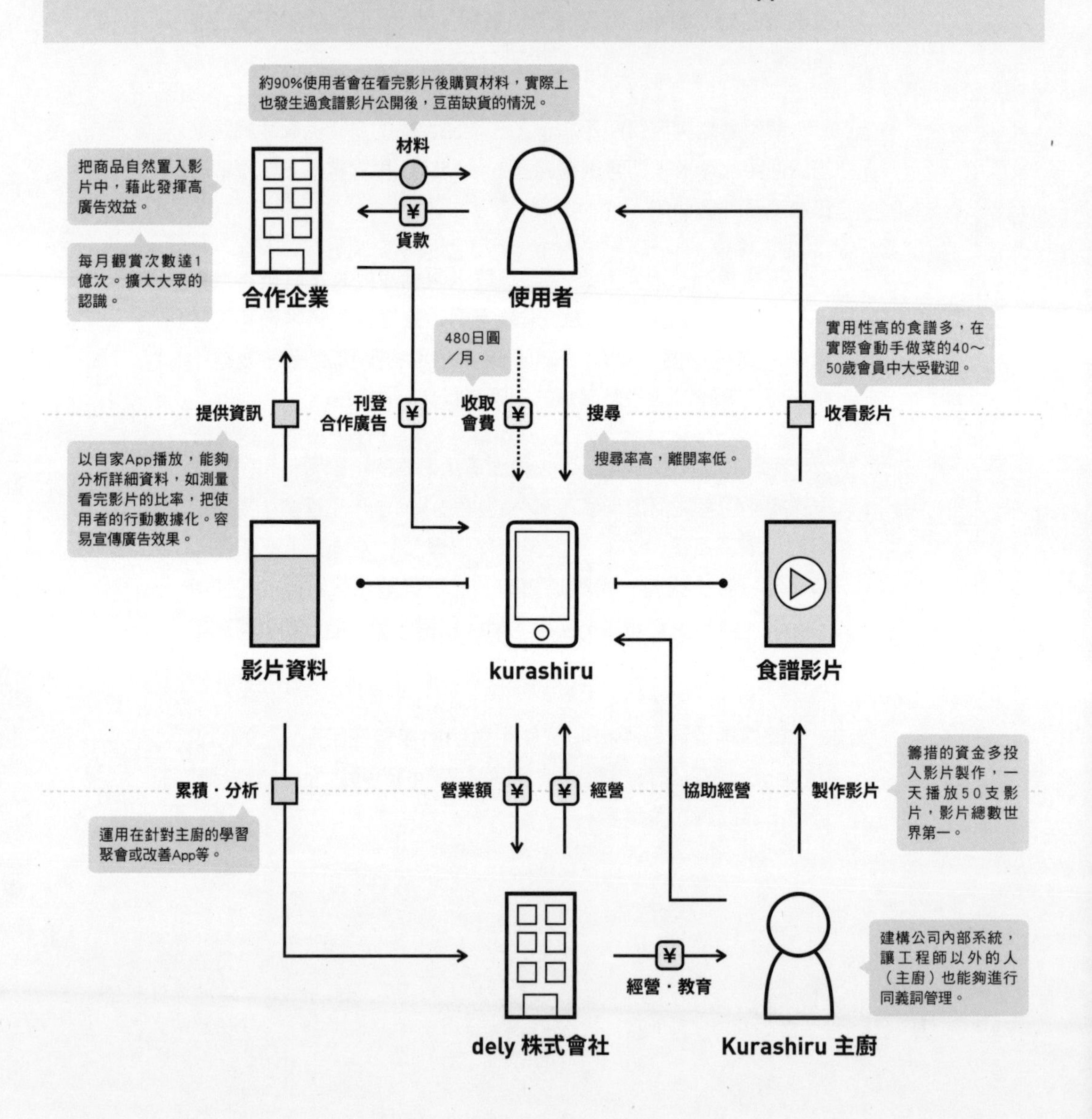


食譜影片 **起點** — **定論** 具話題性的影片

**反論** 具實用性的影片

## 把焦點從「觀賞」轉移到「動手做」

「kurashiru」是2016年5月啓用的食譜影片服務。由被稱為「kurashiru主廚」的專業廚師監製，每天以上傳50支影片的速度製作，2017年8月已經達到「食譜影片數全球第一」的目標。利用App就可以看到豐富的食譜內容，這樣的方便性抓住每天為菜單傷腦筋的人的心。該服務現在已經立於引領食譜影片界的地位。

提到食譜影片，除了BuzzFeed公司經營的「Tasty」之外，日本還有「DELISH KITCHEN」在社群網站等所謂分散型媒體中先行展開。隨著熱潮的傳播，更多看起來精采的影片充實了社群網站。不過，影片雖然看起來精采，但是參考那些影片動手做卻意外地困難。

Kurashiru很早就看到這點，所以把焦點從「觀賞」轉移到「動手做」，以更實用的手法吸引更多使用者。烹飪時，最重要的就是容易找到食譜以及容易做。其他公司利用分散型媒體提高「散播程度」，而kurashiru則重視「搜尋程度」，讓使用者能夠即時找到需要的資訊，因而在蒐集資訊的App上投注心力，與分散型媒體那種追求視覺效果的做法做出區隔。能夠找到容易料理、實用性高的食譜也是該服務的重點。以最後的結果來說，kurashiru的App下載次數、播放次數都達到日本第一。

食譜網站一般都是以收取優惠的月費為主要的收入來源，而kurashiru則有點不同。把彙總使用者收看與購買行動的廣告效果具象化，藉此就能夠吸引來自企業的合作廣告。另外，kurashiru也參與廣告影片製作，以自然的方式在影片內置入企業商品。透過這樣的做法，使用者能夠毫無壓力地收看廣告，也與傳統的食譜網站做出區隔。

2018年1月，該公司獲得軟銀等企業投入33.5億日圓的資金，7月成為Yahoo的合併子公司，這些消息都成為社會的討論話題。公司訂定的宗旨是「為70億人1天送上3次的幸福」，無疑地「食譜影片」正逐漸地融入我們的生活之中。

063

# Flexport

**在一個類比的國際物流世界引進統一的資料管理**

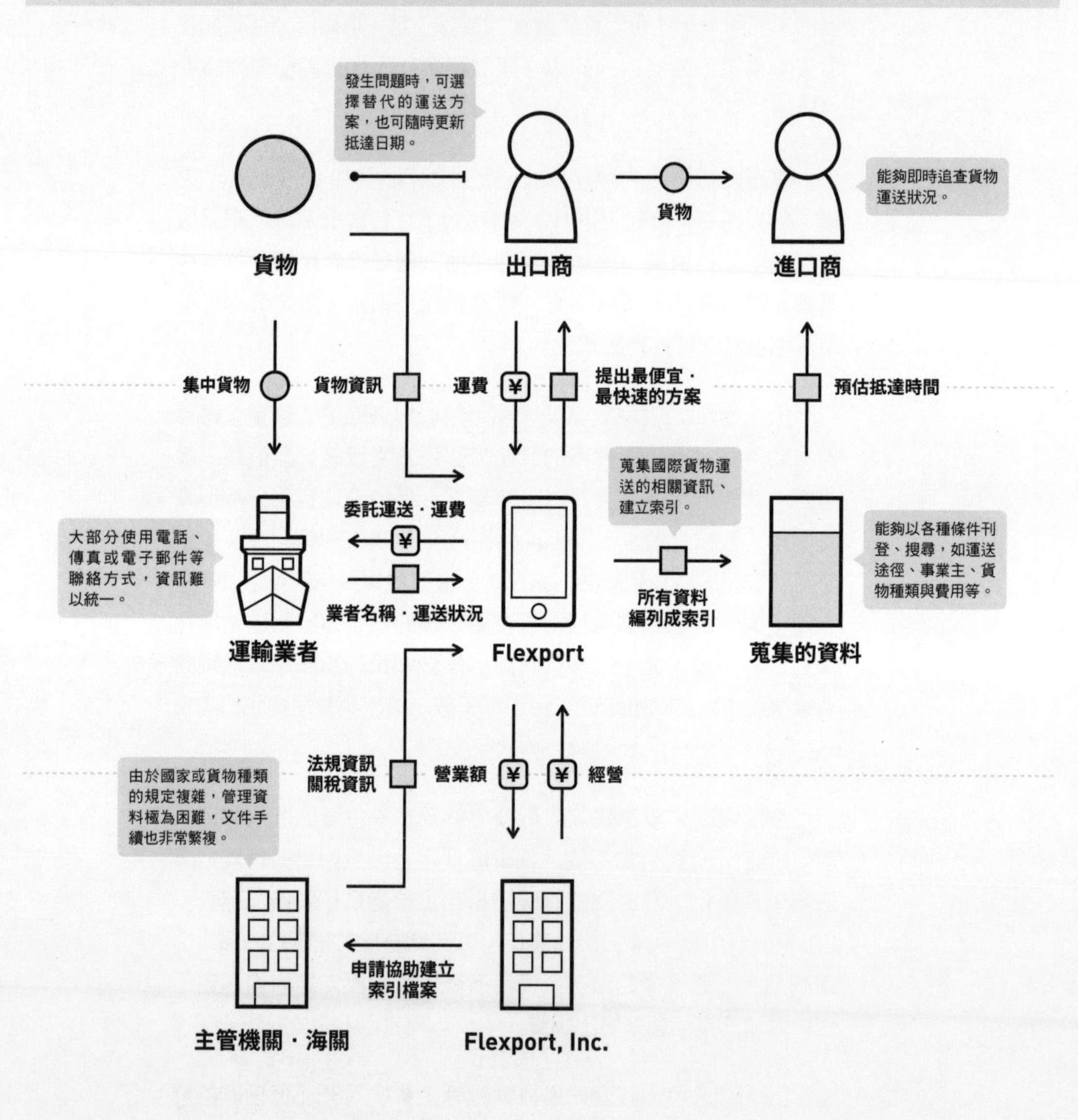


國際貨物運輸 **起點** — **定論** 以類比方式管理，無法追蹤

**反論** 以數位方式管理，方便追蹤

## 「透明度」帶來顧客絕對的滿意度

國際貨物運輸界有兩個大課題。

第一個課題是與運輸相關的人很多，也沒有統一的資訊管理・通信方式。有的企業以Excel管理，也有的企業以大量的手寫文件管理，因此經常發生「無法選擇最適當的運送方式」、「不知道正確的抵達時間」等，不透明程度極高。

第二個問題是進口國的法律規範各不相同，以及因世界情勢的變化，關稅也可能會隨之改變，所以運輸業需要具備高度的應變能力。

「Flexport」建構了物流資訊平台以解決上述國際貨物運輸的兩個課題，並試圖實現新型態的物流樣貌。透過統一的資料管理，擁有透明度的本業獲得更高的顧客滿意度，分數達到70分（運輸公司的平均分數為負30分）。

另外，2016年Flexport公司獲得2690萬美元的投資（Y Combinator創投公司），2017年獲得1億1000萬美元的投資（成熟的商業模式而獲得C輪投資）。物流的市場規模據說達數兆美元，隨著產業發展、全球化的演進，讓市場擁有爆發性擴大的潛力，所以成功吸引許多投資團隊投入。Flexport公司未來預定將使用資金購買倉庫，發展倉庫內的流程動線。在倉庫內甚至要做到貨物的尺寸資料與進出倉庫的資料管理，透過這些方法，可以更進一步因應不同委託者的要求，提高運送效率，或是加強緊急更改運送目的地等應變能力。

不過，這樣還無法解決所有課題，特別是第二項課題。隨著流通網擴大，困難度隨之提高，也可能發展成法令問題。光是遇到敏感內容，如果一不小心處理失敗，就很可能影響公司生存。因此，該公司必須時時保持謹慎的態度面對眼前的作業，以「遵循所有規則的方法」小心前進。

# Tokyo Prime

**配合計程車乘客的特性提供不同的廣告服務**

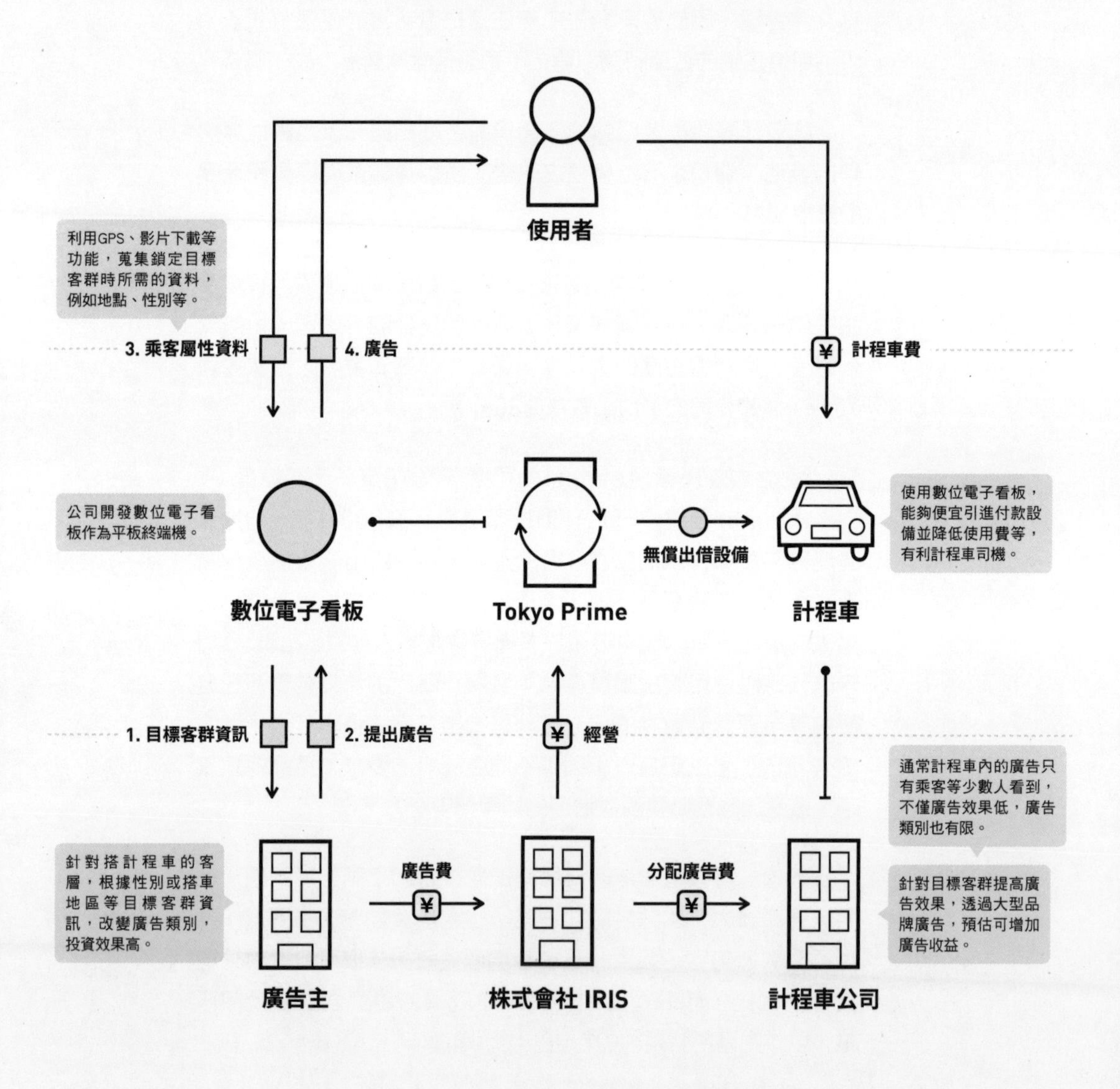


計程車廣告　起點　定論　任何乘客看到的都是相同內容

反論　配合乘客特性提供不同內容

## 成本效益高的極致「針對性廣告」

各位聽過「針對性廣告」嗎？這是利用網路上連結的資訊，鎖定目標客群播放廣告的做法。「Tokyo Prime」就是在計程車上播放「針對性廣告」的廣告傳送服務。

該服務為了鎖定目標客群，引進了數位電子看板。這項裝置適合用來鎖定目標客群，而計程車空間內播放的廣告又成為成本效益高的廣告媒體。

提到計程車廣告，多半是一些減肥、治療禿頭等針對特殊客群的利基廣告，乘客搭計程車時，就會被迫看到這些廣告。然而搭計程車的乘客行動範圍有限，如果刊登適當的廣告，就會提高成本效益。在計程車內部裝設數位電子看板，依照乘客的性別與狀況，播放適合乘客的影片廣告，就能夠更有效率達到廣告訴求。這也是一種消費者接受度高的好的廣告方式。

提供Tokyo Prime的「株式會社IRIS」是日本交通集團「JapanTaxi株式會社」與廣告界知名的「株式會社FreakOut Holdings」合資成立的公司。Tokyo Prime運用與計程車公司的緊密關係，第1年的業績就成長14倍，達到累積盈餘，連續2年做出好成績，現在也更進一步地開始往海外發展。

由於裝置設備等需要費用，所以許多地方或個人車行還無法接受乘客以信用卡付費。針對這點，Tokyo Prime已經擬定計畫，打算免費出租具有支付功能的數位電子看板機器，甚至利用數位電子看板提供各種服務，使消費者搭計程車時更方便。未來預定與各計程車公司合作，期待該公司提供更多樣性的服務。

065

# Times Car PLUS

**專營停車場的大企業「Times24」所經營的共享汽車服務**

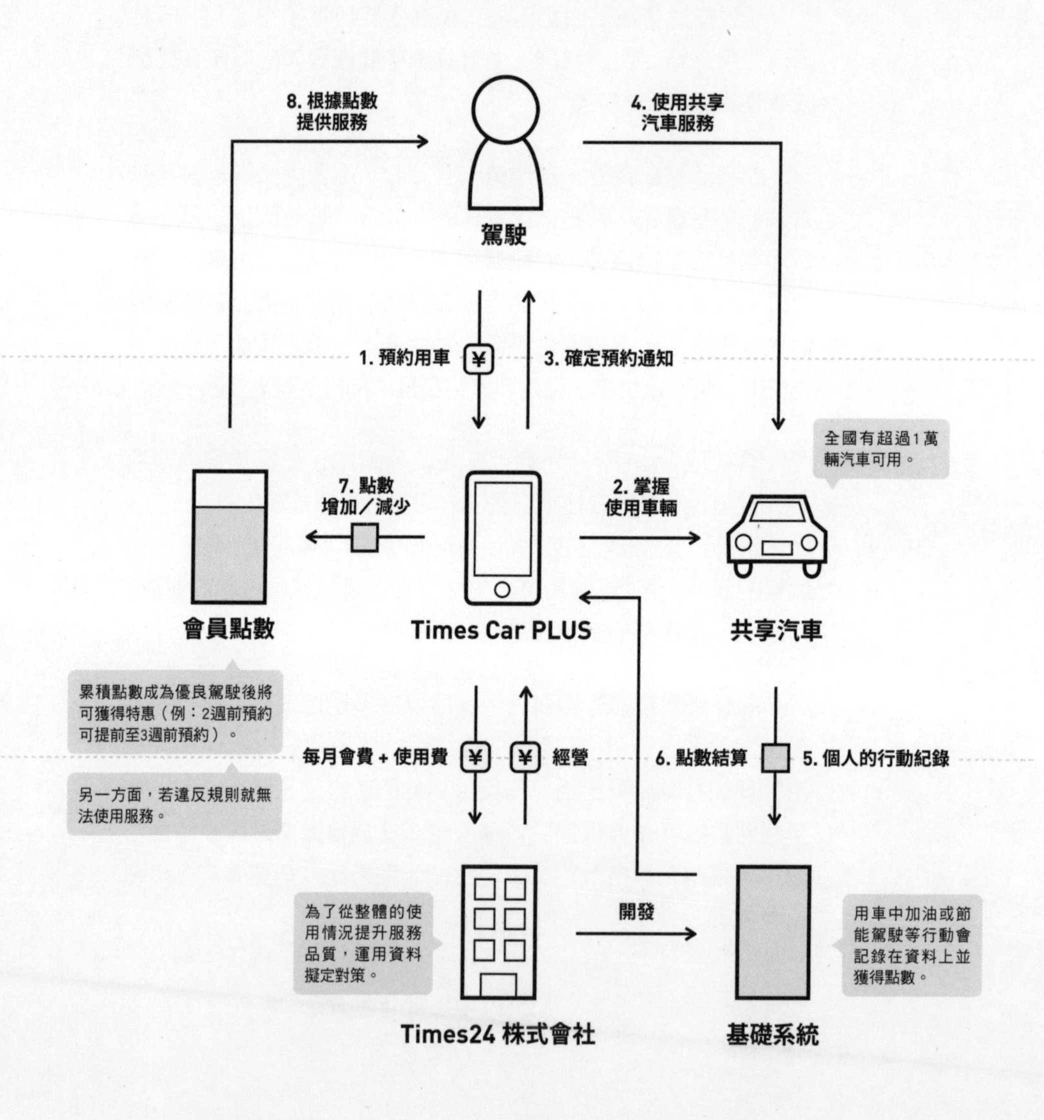


汽車共享 起點 —— 定論 以規定管理服務品質

—— 反論 以駕駛的養成管理品質

## 獲得優良駕駛的機制

在日本，汽車共享制度以都市為中心滲透各角落。近年來，無論是從簡易性到作為取代租車或計程車的手段，共享汽車的魅力吸引個人與法人駕駛，登記註冊的會員數量不斷增加。Times24株式會社經營的「Times Car PLUS」號稱在共享汽車業界擁有高市占率。該公司最早發展的是停車場事業，也是因為這樣的緣故，所以在用車時所需的停車場就具有優勢地位。在2018年的時間點，Times24提供了1萬7000多輛汽車用於服務，與第二名公司的2600輛汽車相比，擁有絕對的高市占率。

共享汽車是不面對面載客的線上服務，所以能夠24小時輕鬆使用。反過來說，由於是不特定的多數人使用同一輛車，所以也很容易發生違反使用時間的規定，或是造成車內髒汙等，難以維持服務品質的問題。不過，該公司運用IoT與GPS等技術，根據車身與使用狀況等資料建立點數制度，讓有良好使用習慣的駕駛可獲得更優惠的使用條件，透過這樣的機制維持高品質的服務以及累積更多的優良駕駛。舉例來說，用車中加油或是做到節能駕駛等，使用者就可加計點數或獲得折扣。另外，當點數達一定程度，可獲得的優惠也會隨之改變，例如2週前預約用車能夠延長到3週前預約。對於駕駛而言，這是很大的差別，所以是一個讓人想累積點數的機制。

緊密連結累計點數與服務的關係這點也深獲人心。例如，如果接受E-Learning學習該服務的使用方法就可以得到點數，這樣做可提高原本不太了解的便利服務之熟悉程度或是學習到安全駕駛等，建立最終培養出優良駕駛的機制，久而久之就間接提高服務的品質。

當然，駕駛的行動都會累積在該公司的資料中。對於計劃最適當的車輛配置，或是了解使用者的目的地等資訊以協助行銷等，這些資料都有助於提供更好的服務。像這樣建立良性循環就是此商業模式最令人感興趣之處。

066

# 獺祭

利用資料與 IT 技術實現「素人釀酒」

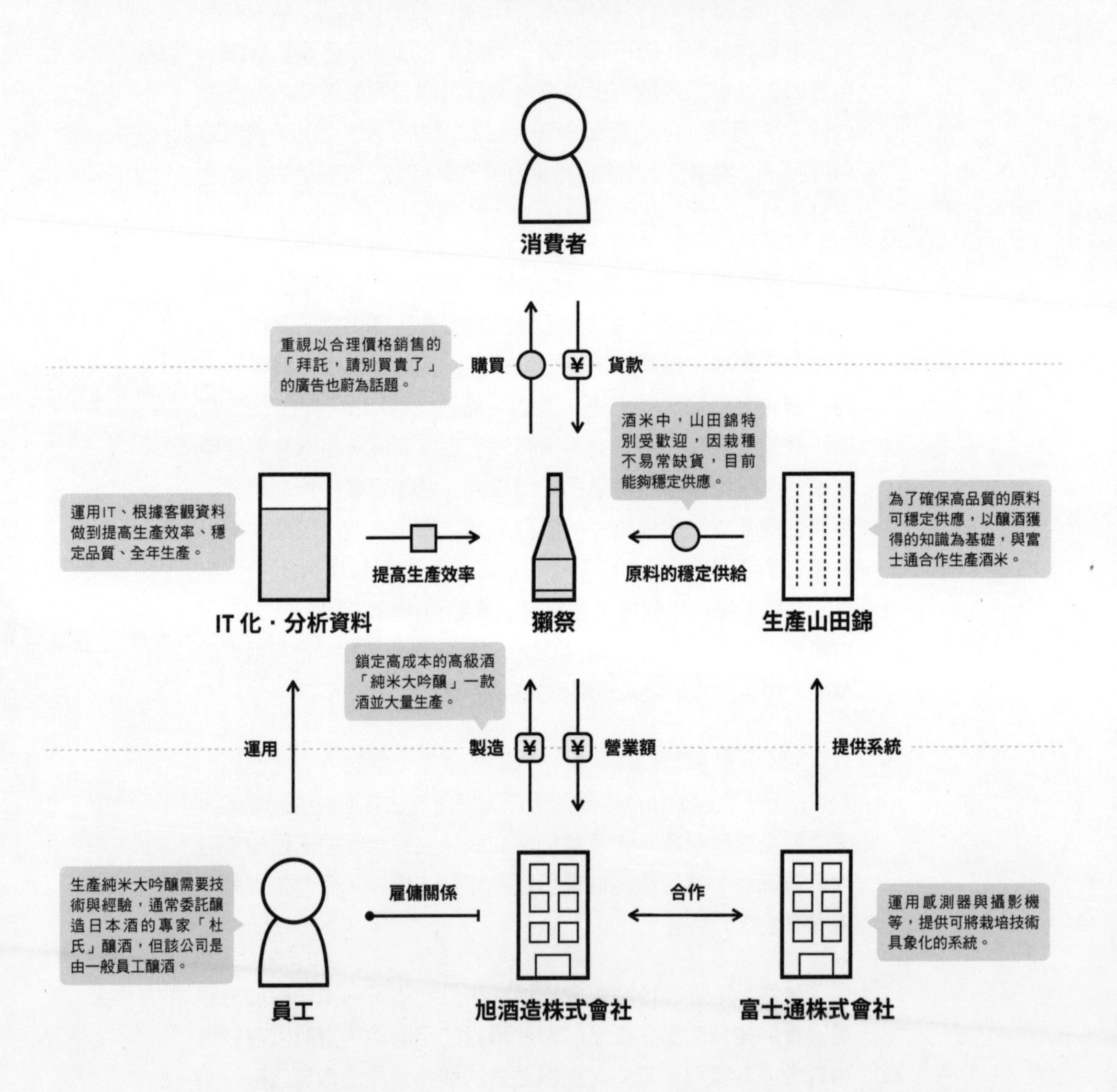


純米大吟釀　起點 — 定論　由專業師傅主導的傳統冬季釀造

反論　員工運用IT技術做到四季釀造

## 利用「全年生產」的大量試誤法培養堅強實力

華麗的香氣是日本酒的魅力之一。研磨白米，除去會產生雜味的成分，以更香更清澈的香氣為目標，這就是「純米大吟釀」。只鎖定純米大吟釀的商品線，其中更為知名的就是「獺祭」這個品項。與法國名廚，故侯布雄（Joël Robuchon）聯手合作在巴黎展店等，說是近年來清酒熱潮的有功者真是一點也不為過。

傳統以來，釀酒世界中不可或缺的角色就是稱為「杜氏」的釀酒師傅。杜氏是擁有純熟技術與經驗的專業團隊，酒廠多半是在釀酒季節從外部聘請杜氏來釀酒。然而，生產「獺祭」的旭酒造公司裡看不到杜氏的身影。最初也是因為負責的釀酒師傅不足的緣故，所以公司改變體制，變成全程都在公司內部釀酒而不依賴釀酒師傅。

可以說是由「素人」釀造的酒。打破常識支持挑戰的，就是徹底運用資料分析與IT技術。把以往依賴職人的感覺與經驗的釀酒工程具體化，根據數字與手冊分解作業步驟。透過這樣的做法，釀出高水準且品質穩定的獺祭，同時也不受氣候或季節等外在環境的影響，全年都可生產。通常一位杜氏釀酒的次數1年約為50次，而獺祭則可上看1700次。經過如此大量的試誤過程，累積更多的資料，建構可一再提高生產效率的良性循環。

另外，釀造獺祭不可或缺的高品質酒米（山田錦）的產量有限，所以必須與競爭廠商爭奪原料。酒米的供不應求狀態導致獺祭的價格居高不下。為了打破這樣的困境，獺祭在生產酒米方面，也運用資料與IT技術找到生路。公司與富士通合作，引進生產管理系統，與栽種酒米的農家共享知識以提高生產效率。

2018年旭酒造公司在美國紐約州設立據點，運用當地的材料釀酒。這種顛覆「日本酒」常識的挑戰，非常值得期待。

067

# Google Home

**只靠聲音就能操作的 Google 智慧家電**

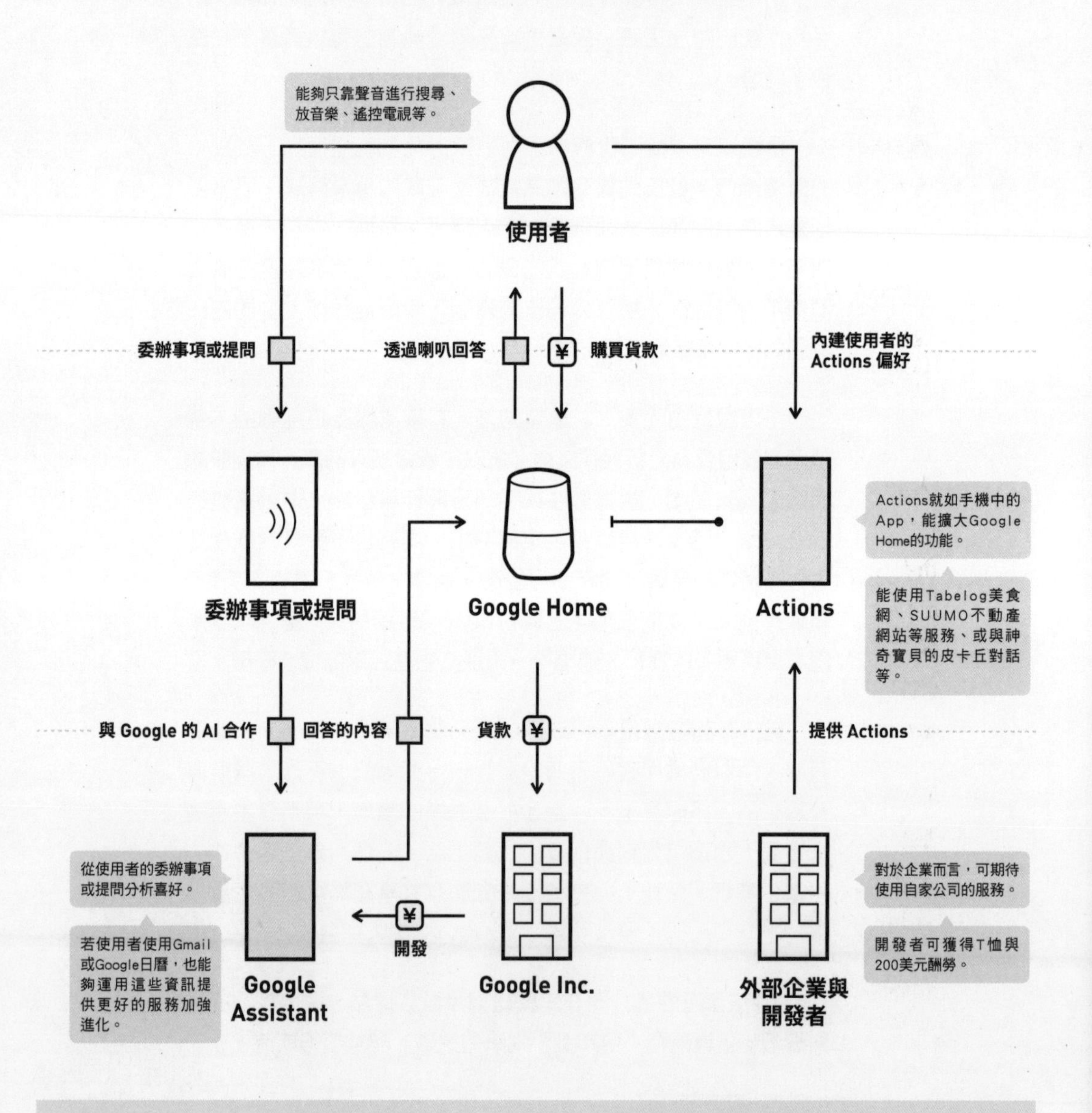


語音助理 **起點** — **定論** 提供固定的答案

**反論** 因不同人而回覆不同的答案

## 作為「回覆裝置」的喇叭

Google Home是被稱為智慧音箱的新領域商品。傳統的喇叭功能只是輸出聲音而已，而智慧音箱的功能則更多元有趣。智慧音箱可以當成計時器使用，可以是電視與照明的開關，也能夠回答天氣或匯率等各種問題……Google把智慧音箱定位在個人的「助理」，例如，假如你問今天的氣溫，智慧音箱就會回答使用者所在位置的溫度。像這種「配合對方狀況回答問題」的功能就是此智慧音箱的新奇之處。

傳統的喇叭只是單純的「輸出裝置」。相對於此，智慧音箱則是擁有「輸入・處理資料・輸出」功能的「回答裝置」。由於使用聲音就能夠查詢各種事情，對於不擅長輸入文字的小孩或高齡者等客群，可望進一步推廣。

為了回答使用者的提問，智慧音箱必須先達到辨識聲音、翻譯、查詢、發話等各種高水準功能後，才能夠製成商品。這些功能的主要核心部分，就是所謂的Google助理，也能夠當成手機App使用。重點是把聲音資料傳送到雲端處理這點，並結合了Google長年研發出來的搜尋與聲音資料處理等技術。

對於Google而言，Google Home的銷售有兩大目的。第一是獲得以往難以取得的個人空間資訊，第二是運用蒐集到的資料，創造新商機。

針對前者，取得以往只能透過搜尋引擎與Google的服務（月曆等）獲得的公開資訊，同時也更進一步了解使用者的喜好、提高個人資料的利用價值；後者則對於「什麼人」、「能夠提供什麼樣的服務與資訊」等，提供最適合個人的服務。未來透過Google Home所取得的資訊將可能產生何種商機？且讓我們拭目以待。

068

# FASTALERT

**改變採訪方式的「無記者通訊社」**

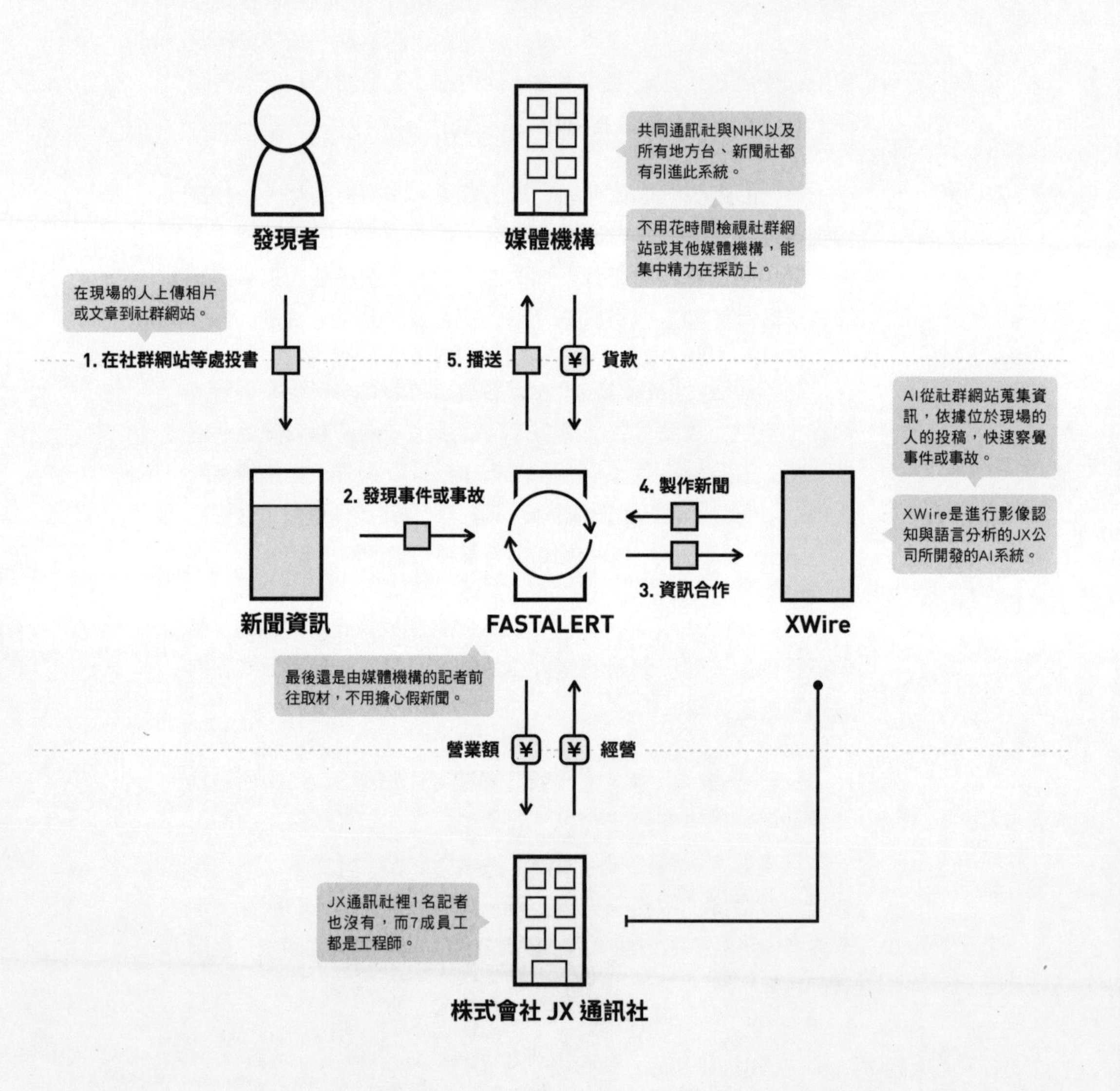


新聞 起點 — 定論 記者找到新聞

反論 AI找到新聞

## 從社群網站抓取可能成為新聞的資訊

「明明就是通訊社，卻沒有記者」，初次聽到這件事，真令人感到震撼。這不就如同餐廳沒有廚師一樣嗎？不過，經營「FASTALERT」服務的株式會社JX通訊社裡，真的是一名記者也沒有。

那麼，該通訊社是如何找到新聞的呢？其實他們是利用AI取代記者的功能。FASTALERT的AI經常從社群軟體或其他媒體找尋可作為新聞的資訊。一旦找到可能是事件或事故的第一手資料，就會透過FASTALERT傳送給各媒體機構。媒體機構的記者會針對該資訊取材、查詢實際內容，這樣就不用擔心會發生假新聞的情況。

媒體業者透過引進FASTALERT，能夠在發生事件・事故・災害等第一手資料發生後不久或報導前的時間點取得・確認資料，此外也能夠大幅降低監看他社報導的時間・勞力。

或許有人會說「AI搶走人類的工作」。不過，透過這樣的服務，媒體記者就可以把時間用在非得由人去做的工作上。負責人米重克洋表示，由於媒體界的勞力密集結構，以及廣告・收費收入減少等因素，使得花在採訪等工作的費用減少，報導新聞的品質也隨之低落。為了解決這樣的問題而提供這項服務。

此服務帶來的衝擊之大，看主要客戶與股東即可知曉。日本國內的主要電視台全都接收FASTALERT傳送的資料，股東則有共同通訊社與株式會社QUICK等大通訊社。順帶一提，該通訊社也經營「NewsDigest」，這是與FASTALERT使用相同AI，針對個人提供「新聞快報」的針對型App。此App的服務範圍持續擴大，下載量已經突破100萬次。

069

# KOMTRAX

**建設機械大廠小松經營的IoT事業**

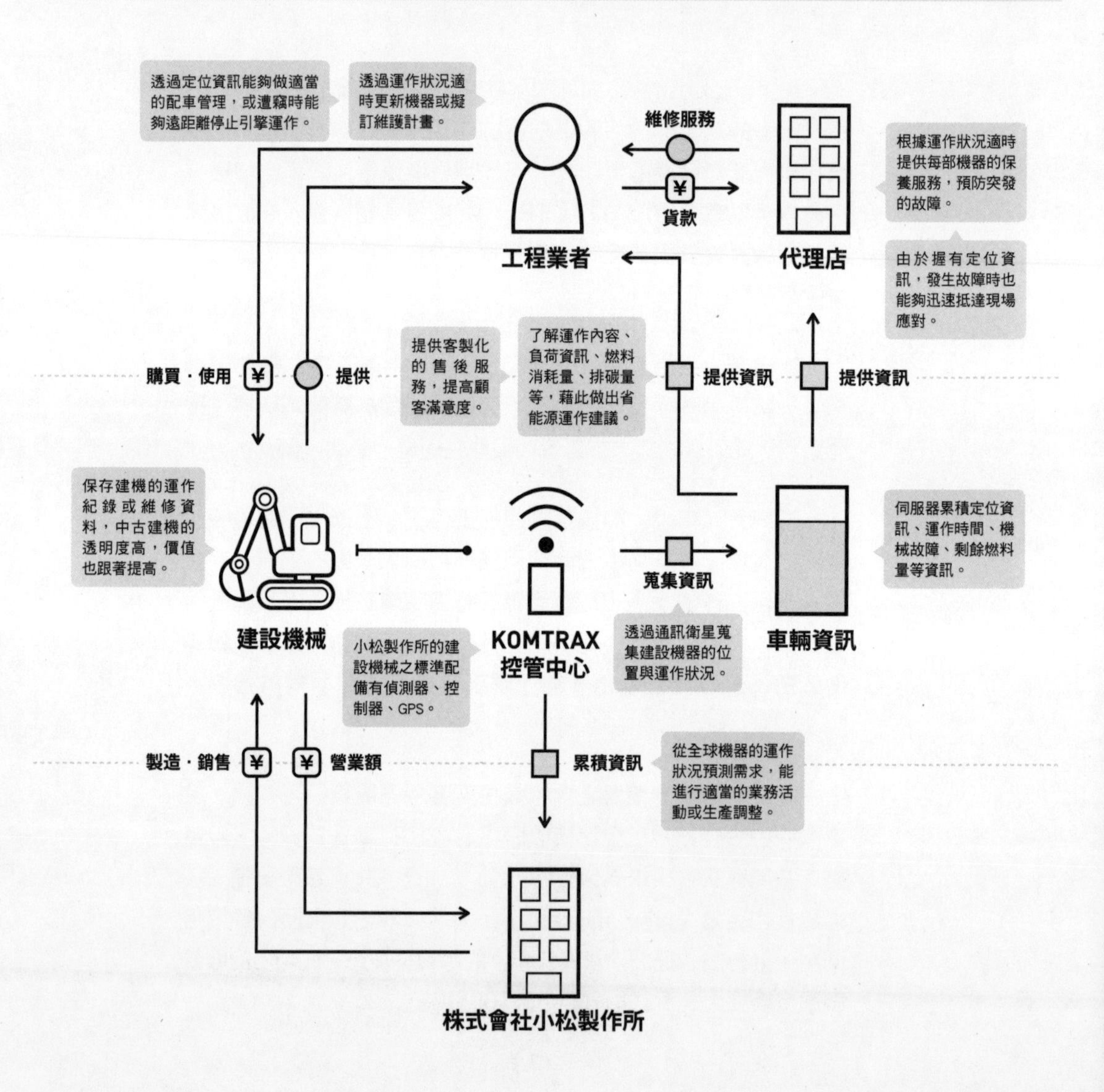


建設機械 **起點** — **定論** 購買者負責管理

**反論** 街頭販售員負責管理

## 監控位於全球的建設機械

「KOMTRAX」是排名全球第二的建設機械廠商，小松製作所推出的機械運作管理系統。系統監控推土機等建設機械的GPS與其他感測器，機器上組裝發送組件以傳送資料，如此小松的辦公室就能夠了解哪部機械位於何處、引擎是否啓動、燃料殘餘量，以及機械的運作時間或運作率等。

KOMTRAX把管理建設機械的主體從使用者轉移到廠商，同時把小松從賣斷建設機械的商業模式，改變成提供資訊服務的商業模式。KOMTRAX也可視為日本IoT的領先案例。

1990年代，在中國的建設機械經常被偷，日本也發生過多起以遭竊的油壓挖土機破壞ATM的事件，為此小松製作所開始思考因應對策。該公司參考飲料廠商透過自動販賣機的資料傳送，遠距離監控各類商品的消費狀況的做法，研發出可傳送GPS定位資訊的做法。1998年小松製作所開發了從引擎或幫浦的控制器蒐集資訊，並把資料傳送到KOMTRAX中心的機制，從此KOMTRAX正式啓用。後來，因為只要移動500公尺就會有電子郵件寄來通知，同時伺服器也會主動停止引擎運作，被盜的機器變得無法運作，這使得小松的機械不容易被偷，獲得使用者正面的評價。

透過KOMTRAX，控制中心平時就監控零件的使用狀況，並在故障發生前先採取因應對策，讓機械可延長使用壽命，有助於降低成本。針對顧客方面，從機械的使用資料看出操作者的技術好壞，也可以提供精進技術的建議，或是提出刪減工資或經費的方案等。透過這些做法，「沒有小松不行」的聲音越來越多，事業也變得越來越穩固。甚至，小松在經營上充分運用透過KOMTRAX蒐集的資料，根據全球哪個地區有多少機械正在運作的資訊，擬定需求預測或生產計畫等。

# YAMAP

**就算人在國外，也知道目前所在位置的地圖 App**

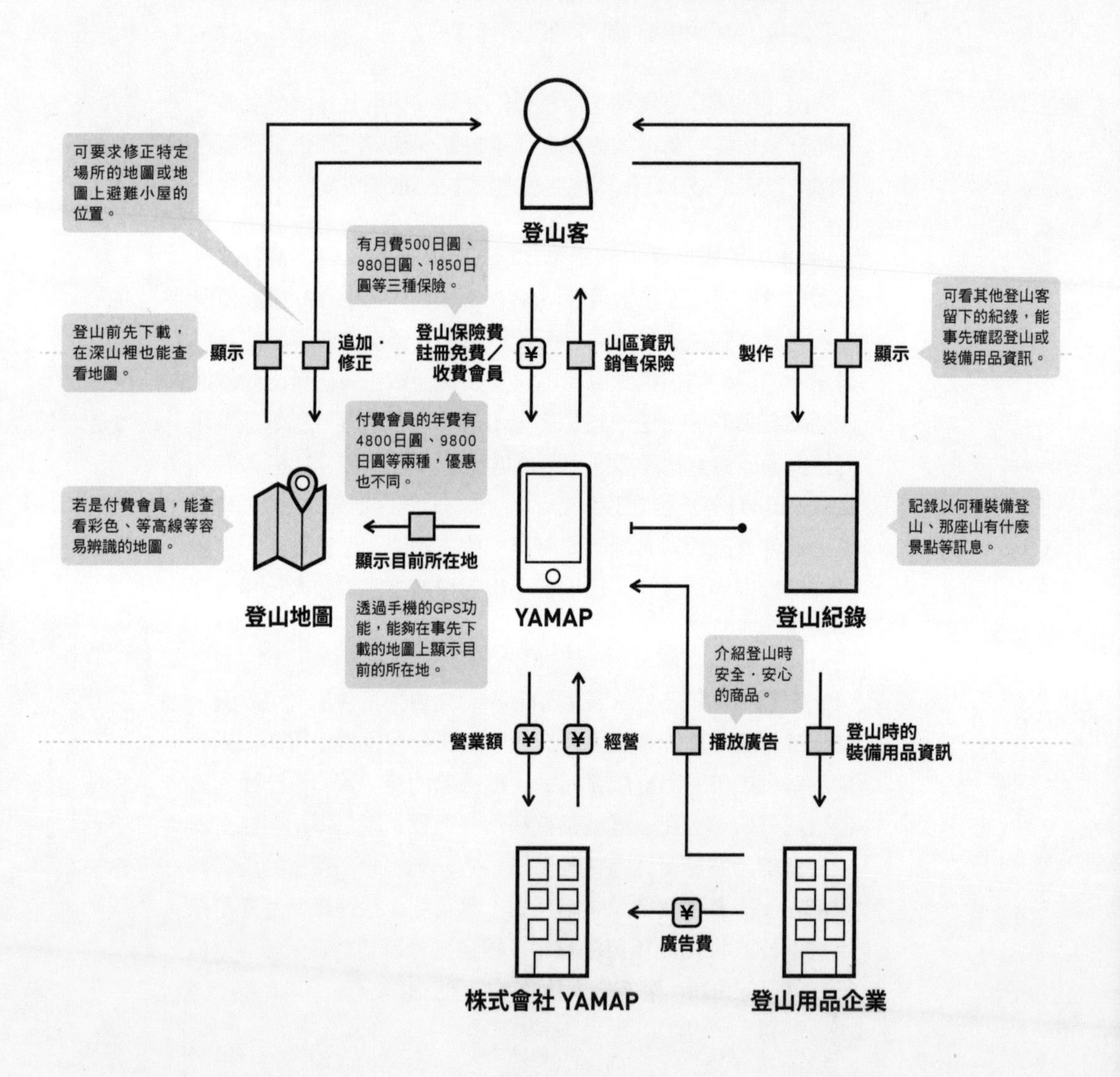


登山 **起 點** — **定 論** 沒有訊號就無法使用地圖功能

**反 論** 就算沒有訊號也能透過GPS使用地圖功能

## 透過智慧型手機的GPS，也能安全地享受登山樂趣

在經常聽到「健康壽命」一詞的現代社會中，登山是男女老少皆宜的熱門戶外活動。另一方面，隨著登山人口增加，發生山難事件的頻率也越來越高。山難發生的主要原因通常是「不知道自己的位置在哪裡」。這是因為山上訊號接收不易，所以無法使用一般的地圖App。針對這項課題，株式會社YAMAP把重點放在智慧型手機的GPS功能，推出登山或進行戶外活動時，也能夠安全・安心接收到地圖的App「YAMAP」。

登山前先在手機下載地圖，就算在收不到訊號的深山裡，也能夠確認自己的位置。市面上其實也有專業機器可在山中確認自己所處的位置，但是那些機器既昂貴，操作方法也很困難。因此，YAMAP成功地擴大喜愛登山的年齡層與性別範圍，把大部分的人都擁有的手機改變成「保命工具」。

YAMAP內留言版的「活動日記」記錄了使用者的登山記錄。有了這項功能，不只可以知道預定爬的山的相關資訊，登山前也能夠查詢建議準備的物品，形成新的社群場域。

App下載數量已經超過80萬次，躍升業界第一。活躍用戶有50萬人，每月的PV數有1億次，使用者上傳的活動日記數量約155萬筆。這些驚人的數字再再顯示了高度的顧客滿意度。

2014年，該服務獲得設計優良獎Best100的獎項，也獲得日本經濟產業省認定為「具有創新事業的眼光・協助人才養成事業」，並入選《AERA》雜誌評定的「影響日本的百家創投企業」等，獲得諸多獎項。另外，該公司已於2018年獲得共計14家公司，總額12億日圓的資金投入，將更進一步擴大業界內外的合作以及建構基礎設施。

071

# 陣屋Connect

**經營管理系統拯救無效率營運的旅館**

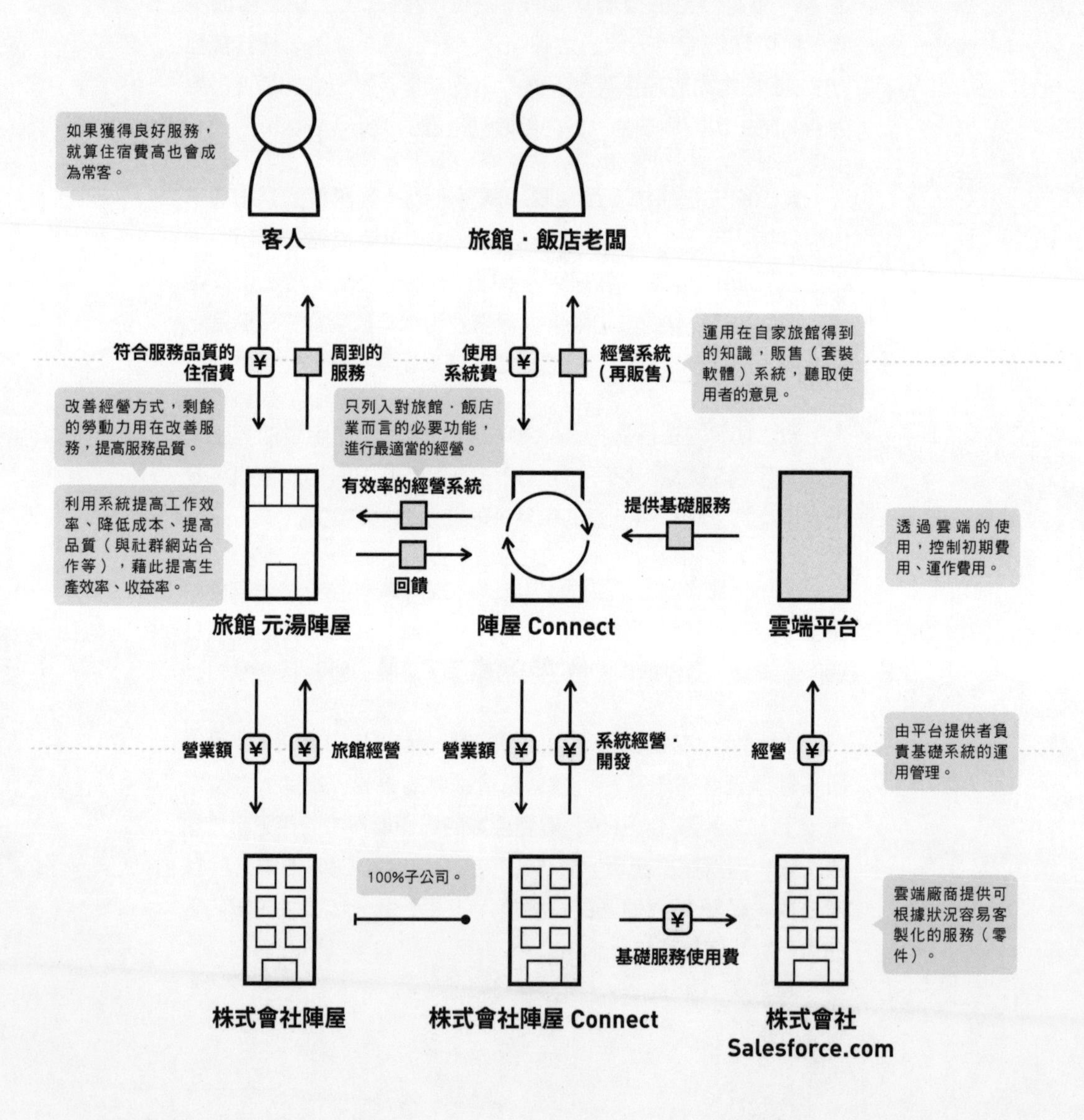


旅館・飯店的經營管理系統 **起點** — **定論** 自家公司使用才引進

**反論** 開發讓其他公司也能使用

### 把自家公司改善成果推廣到整個業界的「款待之心」

提供旅館管理系統的「陣屋Connect」本來是開發者為了償還自家旅館的債務，以工程師的角度分析並改善自家旅館的經營方式而開發出來的系統。

繼承陣屋旅館的經營，同時開發系統的宮崎富夫接受《HUFFPOST日本版》的訪問，說明他推廣陣屋Connect的理由。「日本旅館的精彩之處在於每家旅館都有各自的品牌與特性，而每家旅館運用自己獨特的個性呈現款待客人的心意。假如有一天失去這麼精彩的特色，那就太可惜了，所以我不希望旅館文化消失」。

不過，當他知道許多旅館因為缺乏知識技術與資金而沒有將管理系統化，最後陷入無法有效率經營的困境，他開始提供自己開發的系統，讓其他旅館也能夠使用。而這也是現在「陣屋Connect」的雲端服務。

為了運作這套系統，使用的雲端服務提供廠商在業界本來就是知名外資企業，此外陣屋Connect也經常被用來當成成功案例介紹。在調查此服務的過程中，我也了解到業界還有許多旅館尚未採用管理系統。

如果不彌補系統擁有者與系統使用者之間的代溝，則業界幾乎難以進步。從這個意義來看，我認為重整旅館的要角，也就是經營者的工程師背景才是陣屋Connect成功的關鍵吧。若想要填補旅館系統化之際所產生的代溝，最重要的就是讓人感受到經營者的豐沛熱情。

雖然圖解無法顯示這點，不過陣屋團隊以「讓日本的旅館與觀光更加活絡」的宗旨，投入陣屋Connect以外的各種事業，未來的事業發展非常值得期待。

# COESTATION

連結「想提供聲音的人」與「想使用聲音的人」

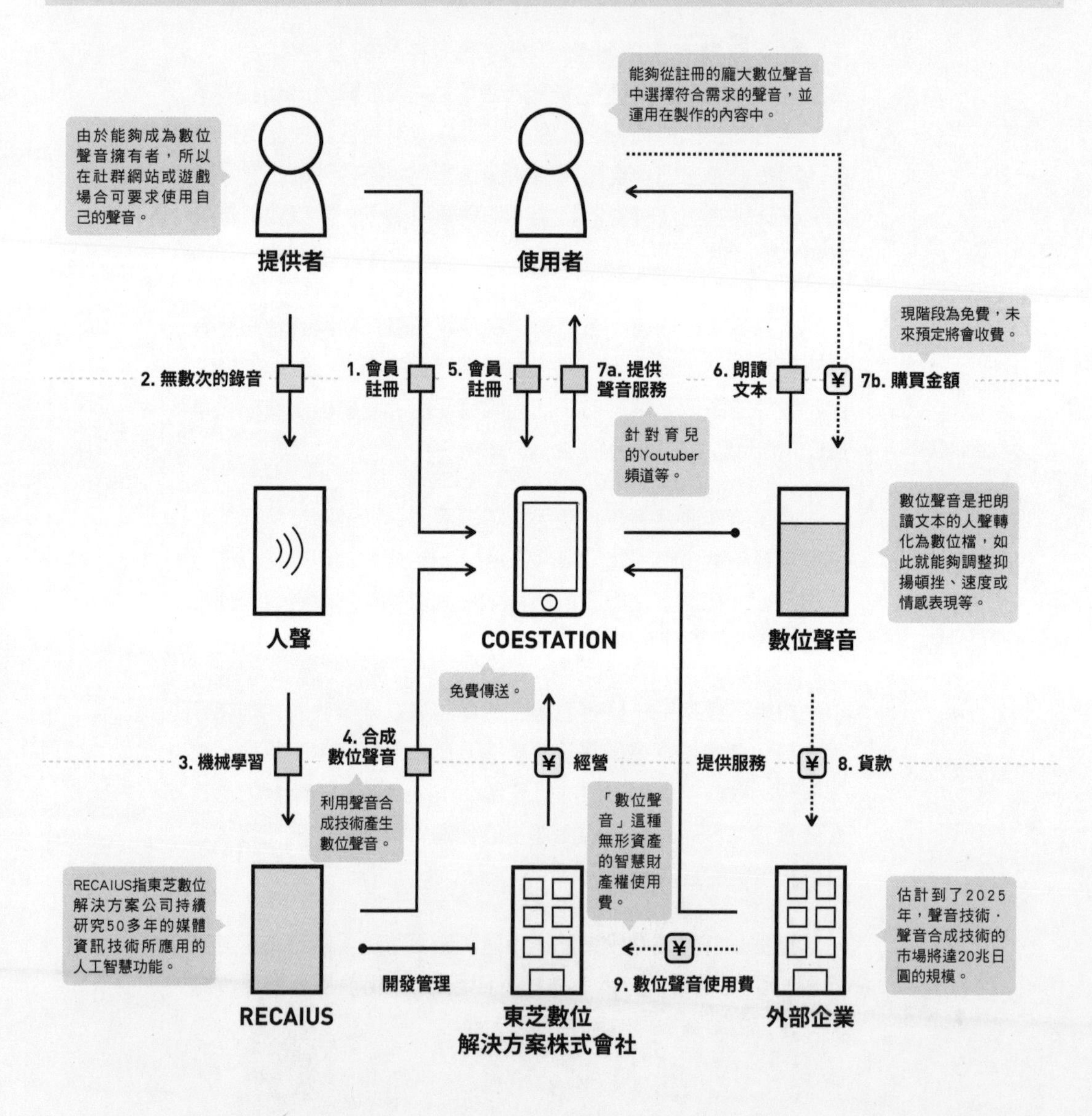


提供合成聲音服務的聲音 **起點** — **定論** 數位而無機的內容

**反論** 傳統而有感情的內容

## 東芝旗下的企業所經營的「人聲」平台

「COESTATION」（註：Coe指日文中的「声」）是連結提供聲音者與使用聲音者的平台。利用溝通的人工智慧「RECAIUS」的聲音合成技術，把錄下來的人聲轉化成數位檔儲存。該技術研究累積了聲音・影像・知識處理領域等50多年的技術資訊，目前由東芝數位解決方案株式會社這家公司經營。

透過App註冊會員之後，就可以提供自己的聲音或使用聲音。想提供自己聲音的人重複朗讀顯示的文章並錄音，如此AI的聲音合成技術就會把人聲轉化為「數位聲音」。

另一方面，想使用「數位聲音」的人從龐大的資料中，選擇合乎自己需求的「數位聲音」，然後再輸入文字內容，數位聲音就可以為你在YouTube頻道等發聲。

傳統的聲音服務所提供的聲音，都是平淡地念出既定的內容，大多都缺乏情感。不過這個溝通AI則能夠透過各種內容，調整抑揚頓挫或速度以呈現情感。

如果使用COESTATION，也能夠製作影片用的旁白，或選擇喜歡的配音員聲音來製作導航說明。由於現在已經能夠透過社群軟體提供・使用數位聲音，所以未來社群網站上的溝通將會更接近類比的世界吧。

聲音技術・聲音合成技術的全球市場規模，到了2025年預計將可達到20兆日圓。現階段App因以免費的方式推出，所以尚未獲得收益。不過，COESTATION的這個平台為顧客找出新的潛在需求，預期將會創造出以往未曾看過的服務・商機。

073

# SmartHR

**減輕繁瑣的人事事務手續之線上服務**

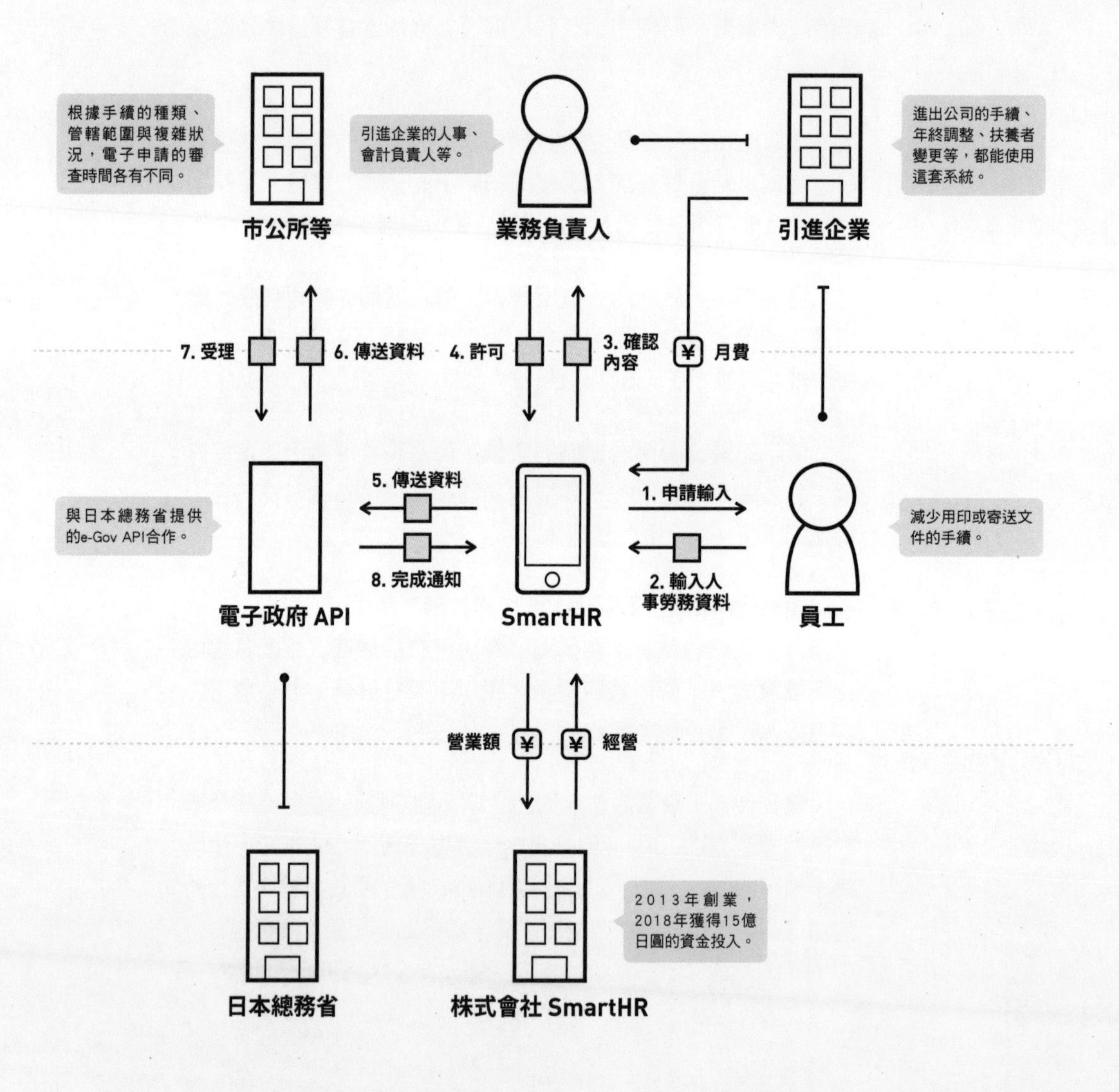


人事事務的手續　起點　定論　製作繁瑣的文件

反論　簡單的線上申報文件

## 在網頁上就可完成員工的人事文件製作

「SmartHR」這項服務讓員工能夠在線上辦理進入公司・離開公司的手續、年末調整或是扶養者變更等人事相關的手續。

2013年1月成立公司，2015年11月推出這項服務，目前約有1萬家公司引進，使用這項服務的企業規模從中小企業到大企業，客戶範圍廣闊。另外，客戶持續使用此服務的比率超過99%，2018年1月已經成功獲得15億日圓的投資。

該服務產生的背景是因為日本的社會保險・勞工保險等領域的各種線上申請比率低落的緣故。若與其他手續相比，線上各種登記有68.4%，國家稅收類有60.1%，而此領域僅有11.8%的使用率。

而且由於企業內部的社會保險・勞工保險等各種手續都還是以人工填寫為主，對於負責人事工作的員工而言，真是非常繁雜的作業。以人工填寫每一名員工進入公司報到的文件大約需要花1個小時，如果前往市公所繳交文件，就還要再多花4個小時的時間。

另一方面，如果使用SmartHR，員工只要輸入自己的個人資料，系統就會自動完成各類文件，人事部員工在線上確認內容並認可，這樣就完成申請了。以往花在社會保險・勞工保險的作業時間將可大幅降低。

另外，透過日本總務省提供的電子政府外部應用程式介面，也能夠在線上完成部分的文件。引進此系統的企業人事部或會計部負責人無須特地前往年金機構或就業服務處等單位，也不用花時間等待手續完成，這點真的非常便民。

一般來說，進行線上手續需要認證機構發行的「電子證明書」。因此，SmartHR透過引進企業或簽約的社會保險勞務士代理發行，這樣就可以在線上辦理手續。隨著社會保險・勞工保險領域的雲端自動化，期待未來能夠更進一步擴大到其他領域。

074

# PIRIKA

**蒐集「亂丟垃圾的資料」之回收垃圾社群軟體**

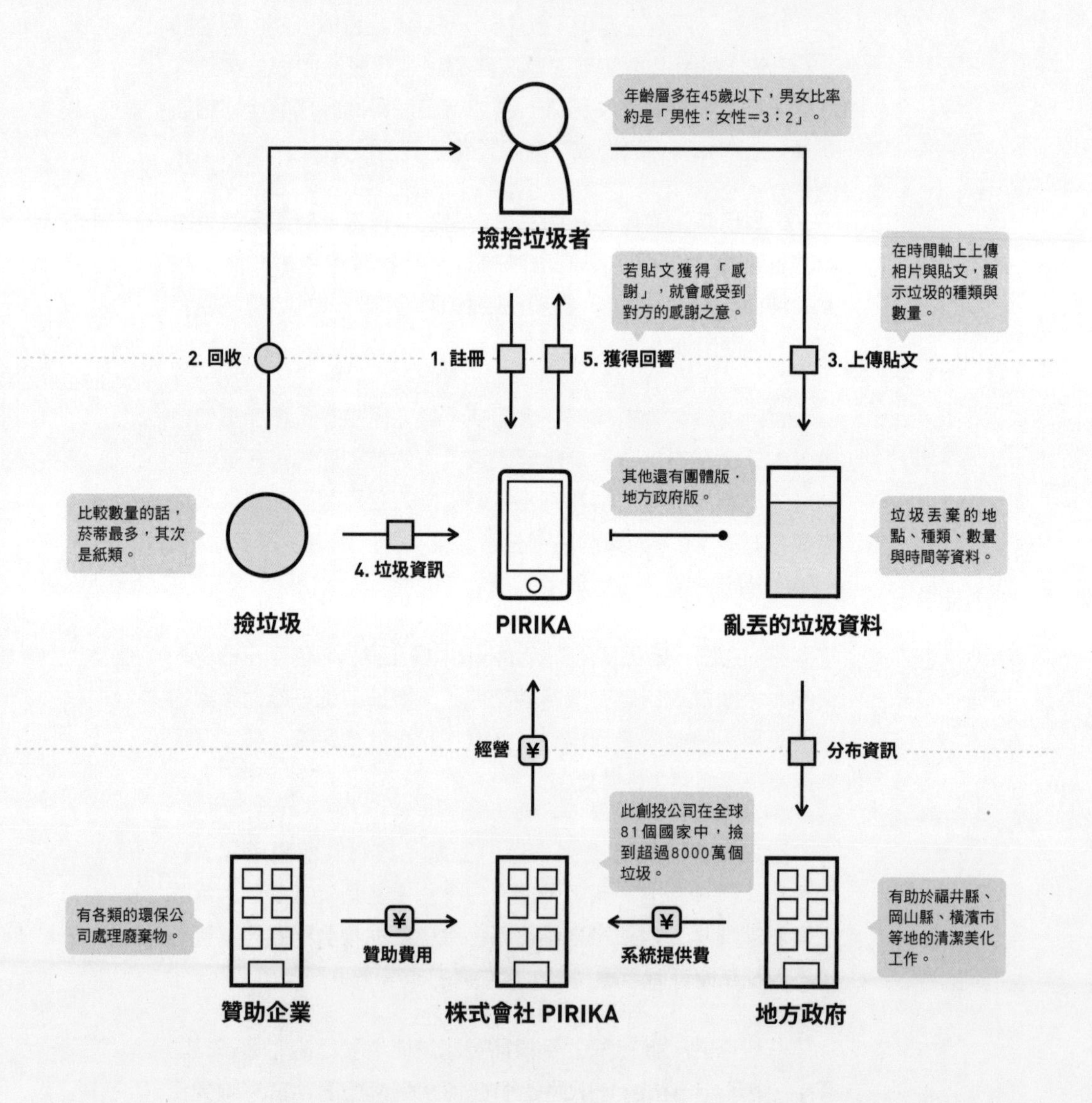


垃圾亂丟的問題　起點 — 定論　非營利團體處理垃圾

反論　營利事業解決問題

## 從亂丟的垃圾資料產生新價值

「亂丟垃圾」在日本是違法的輕犯罪行為，只是對於不知何時、誰丟的垃圾，卻是非常難以取締的。實際上，目前撿這些垃圾的都是靠那些想讓街道變乾淨的志工主動付出。因為這樣的情況，難以持續的清潔活動也成為需要解決的課題。

「PIRIKA」是針對撿拾垃圾的群組提供免費的社群App。把「何時、什麼東西、在何處丟」的資訊具象化，建立一個在社群網站上對主動撿垃圾的人士表達感謝的回饋機制，創造容易持續撿垃圾行動的正向環境。

App的使用者只需把撿到的垃圾拍照並上傳即可。光是這麼做，以往無法掌握的垃圾種類、場所或時間等資訊都可累積・具象化，也能夠量化計算回收了多少垃圾，而這些資訊則產生了新的價值。例如，福井縣與橫濱市等地方政府利用資料有效擬定清掃活動企劃與美化都市政策。此外，即便這項服務沒有回饋金錢給使用者，但是卻有超過60萬人使用，2014年成功獲利。除了廣告或貢獻地方的宣傳活動等企業贊助，服務也獲得地方政府提供了促進美化、認識環境等預算贊助，這些都成為公司的收入來源。

截至2018年，全球有81個國家、超過8000萬個垃圾是透過PIRIKA撿到的。該公司還更進一步地開發・提供各種軟、硬體，例如透過AI的影像辨識技術測量街上隨意丟棄的垃圾量與種類的調查系統，以及測量從河川流入海中的塑膠垃圾量的硬體設施，試圖從根本解決隨意丟棄垃圾的問題。

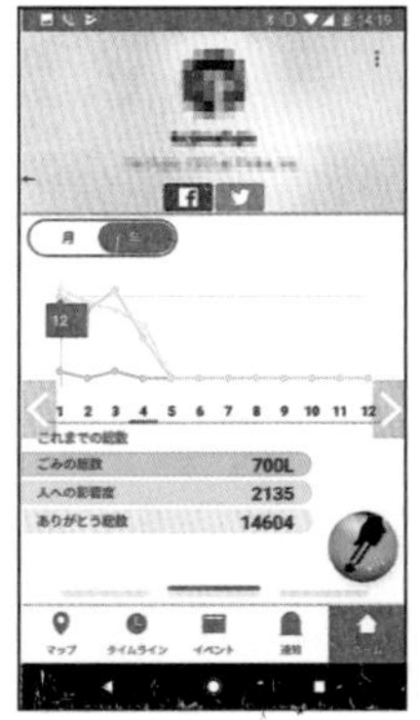

075

# MARKLINES

**在買方市場中，「重視賣方」的汽車產業資訊入口網站**

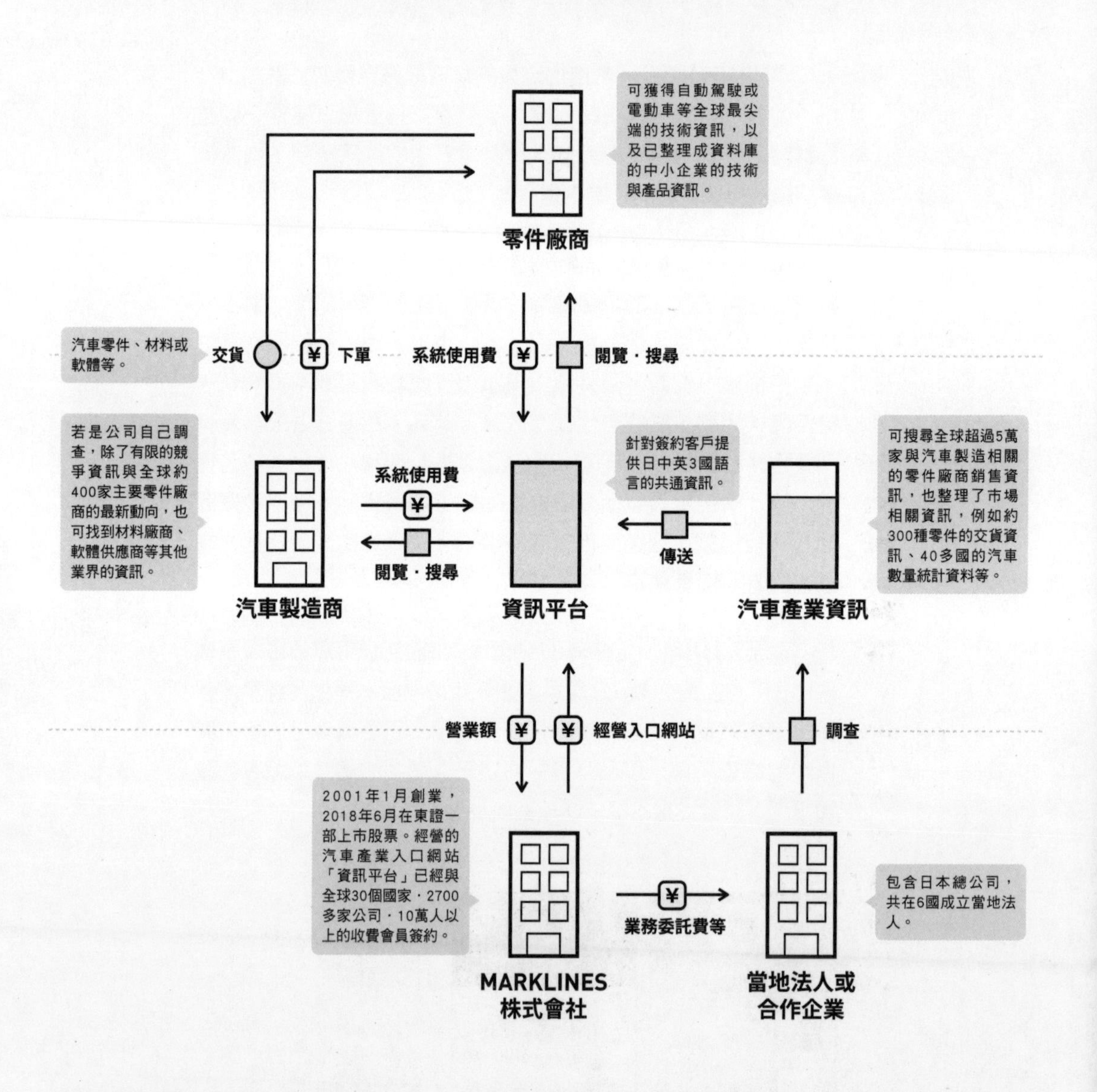


| 汽車製造相關資訊 | 起點 | 定論 | 汽車公司旗下的廠商，地區性且封閉 |
|---|---|---|---|
| | | 反論 | 不論是否為汽車公司旗下的廠商，全球性且開放 |

## 在以買方為優先的汽車產業中發起革命

MARKLINES經營的「資訊平台」連續7年創收益新高（2018年7月），可說是全球唯一以3國語言（日中英）提供汽車產業整體資訊的平台。

汽車產業的賣方，也就是零件廠商供應汽車所有零件的70%給買方的汽車廠商。傳統的日本國內汽車產業都是汽車廠商向自家公司旗下的零件廠商購買零件，呈現金字塔型的分工結構。因此，買方的汽車廠商成為強勢的市場，賣方的零件廠商則很容易被要求降價。除此之外，越來越多汽車廠商往海外發展，也必須使用尖端技術製造汽車。以結果來說，零件廠商也被迫在有限的經營資源中投資設備，藉以革新技術或提高生產效率。

以往處於汽車製造商旗下封閉環境的零件廠商，都必須付出龐大的成本與精力蒐集資訊，才能夠在外部汽車廠商或海外市場增加更多的業務機會或獲得最尖端技術。在這樣的市場背景之下，2001年曾任職日產汽車零件採購部門，後來也擔任過創投企業與二輪車入口網站公司社長的酒井誠創立了MARKLINES株式會社。該公司不以買方市場為中心，而以賣方市場為主，構思並建立一個與汽車產業資訊相關的B2B平台。

MARKLINES提供的汽車產業入口網站「資訊平台」每個月收取4萬～10萬日圓的會費，提供簽約者共通的汽車產業資訊。最後該平台與全球超過30個國家、2700多家公司以及超過10萬人的收費會員簽約，建構了一個汽車研發・生產・銷售等供應鏈的汽車廠商、零件廠商、材料廠商、設備・機械廠商、軟體供應商、商社・運輸業、公家單位以及研究機構等都會使用的平台。這使得MARKLINES在汽車產業資訊方面，成長為世界獨一無二的重要平台。

076

# GitHub

**共享原始碼以開發軟體**

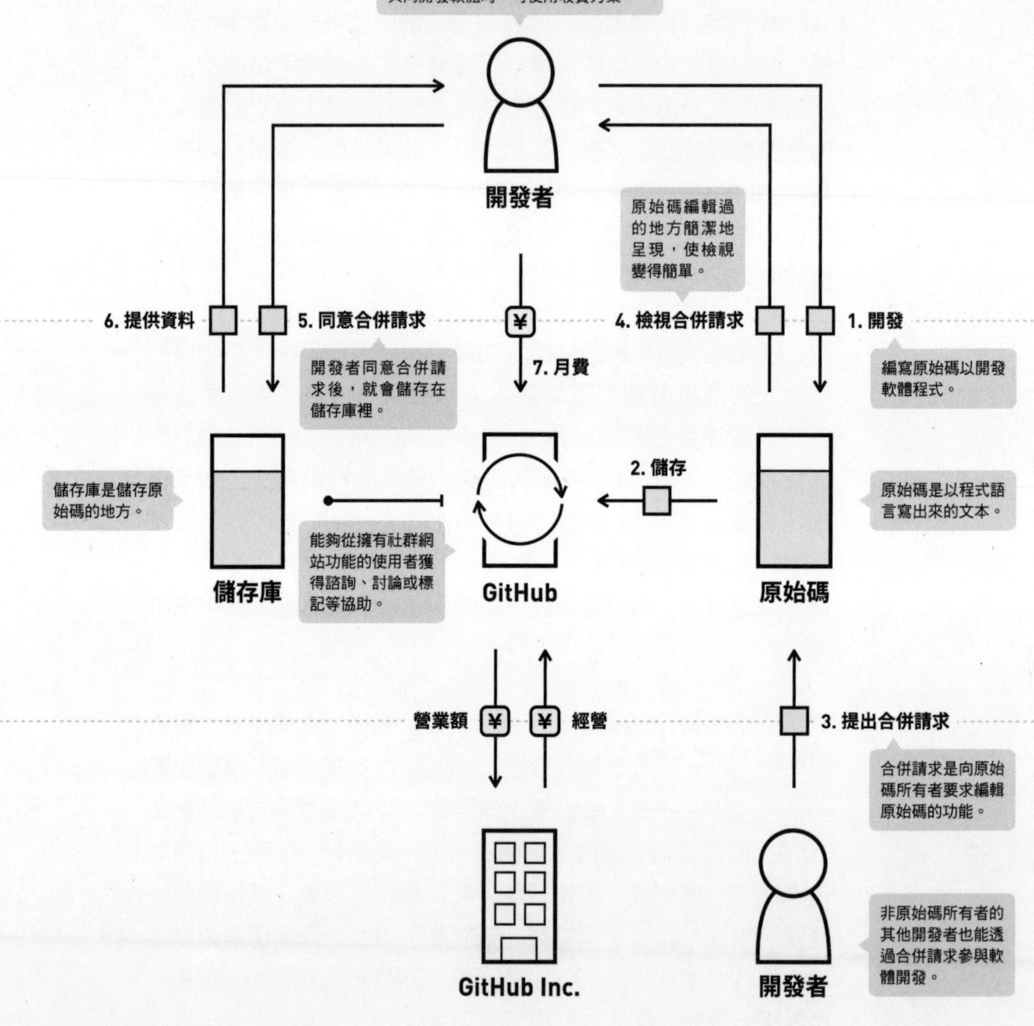


開放原始碼 **起點** — **定論** 使用不同工具，需要高超技術進行共同開發

**反論** 以相同工具輕鬆地共同開發

## Microsoft受人矚目的軟體開發平台

各位知道你目前使用的網路服務是怎麼做出來的嗎？無論你回溯任何一款網路服務，都是由開發者，也就是軟體工程師使用電腦才懂的語言「原始碼」，寫出無數的文字列所建立起來的。

開發者們使用的語言、工具或是原始碼各有不同，開發軟體的方式也很多。所以在現實中，同伴們能夠輕鬆解決事情，但假如變成在網路上與不曾謀面的朋友共同開發的話，就會耗費許多溝通成本，也無法給成員充分的協助。因為這樣的緣故，就會產生共同開發必須極度要求參與成員的技術水準與專業性，以及不是任何人都能輕易加入等問題。

「GitHub」就是共享開發時所需的原始碼，並把Wiki、社群合而為一的服務。如此全球的開發者們在網路上就算使用不同方法或語言，也能夠運用同一項服務，輕鬆進行共同開發的工作。

具體來說，如果要編輯某人開發的原始碼，只要以Pull Request（合併請求）的方式就可以簡單易懂地顯示變更的部分。這樣的做法有兩個好處，一個是多人共同開發時，容易同時進行，以結果來說就是快速提高開發軟體的效率；另一個好處是以原始碼為核心進行溝通。可以對儲存庫（Repository）評分（就像是按讚的概念）、記錄對代碼的建議或討論，也能夠像Wikipedia那樣編輯、保存制式的文件資料。另外，透過集結開發者檢視代碼的方式，產生新的開發方法。

競爭對手的服務也具有相同功能。不過，GitHub率先開發功能，所以快速增加使用者數量，開發工具也就成為市場上的標準規格。在開發者使用方面，GitHub的帳號在使用上獲得絕大部分使用者的廣大支持。到2018年6月為止，全球的使用人數已經有2800萬人。另外，微軟已經發表消息，於2018年10月以75億美元併購GitHub。

077

# Checkr

**簡單進行個人身家調查的綜合搜尋引擎**

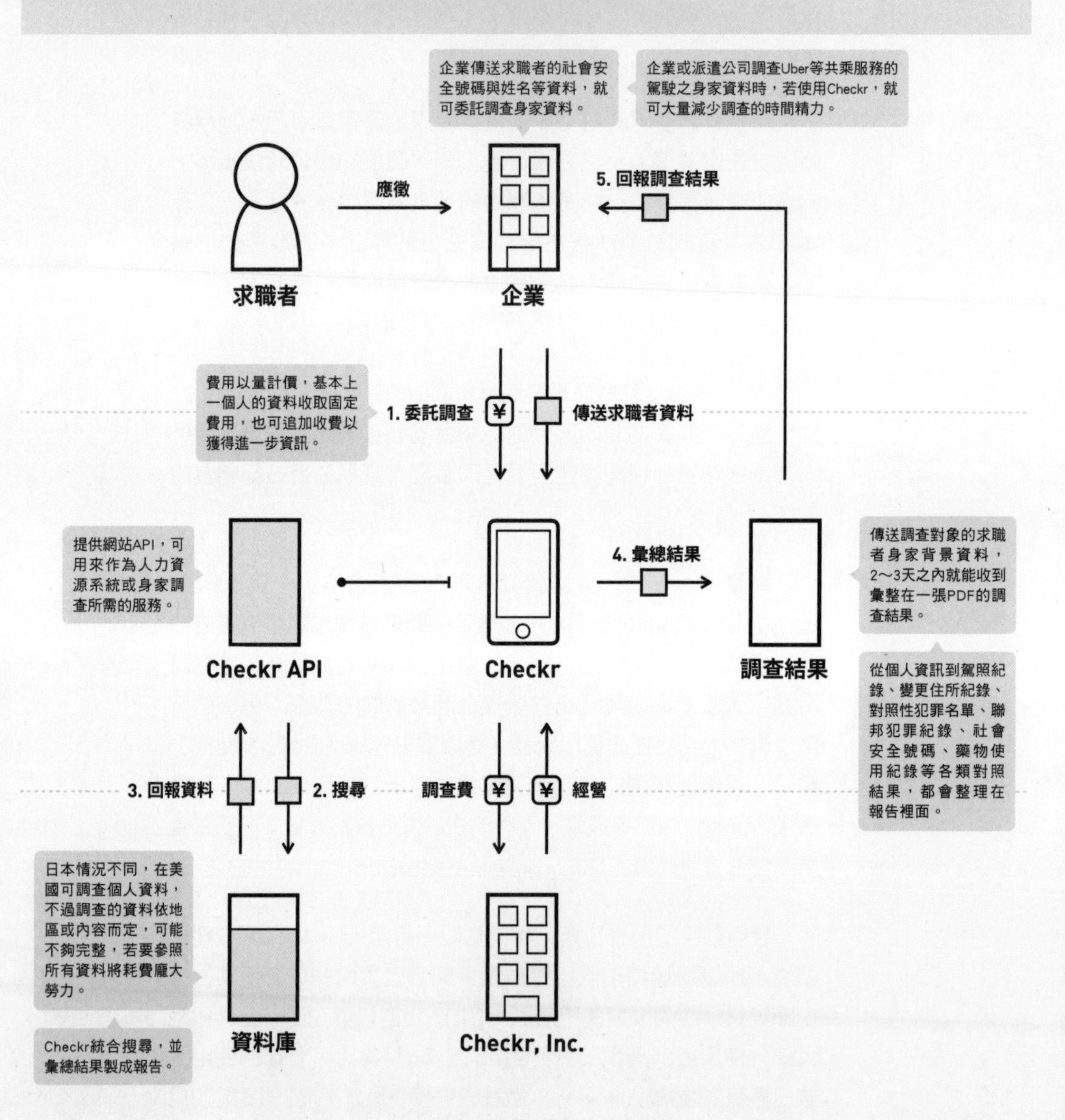


| 身家調查 | 起點 | 定論 | 耗費龐大勞力 |
|---|---|---|---|
| | | 反論 | 無須花費勞力 |

### 擴大共享服務活絡了身家調查市場

「Checkr」創立於美國，該企業提供的機制取代了傳統身家調查的做法。該公司成長的背景源自於美國身家調查市場的熱絡。理由有二。

其一是由於共享服務商業型態快速成長，使用者的身家透明度、信賴度變得越來越重要。共享服務就如文字所示，就是使用者把閒置資源（時間、空間、勞力、知識等）分享給需要的其他使用者。Airbnb與Uber都可歸類為共享服務。如果沒有事先調查使用者背景就允許對方加入平台的話，有可能會發生意想不到的嚴重問題。在美國，因為這些共享服務一下子擴展太快，在沒有詳細調查個人背景的情況下放任使用者增加，結果便造成現實中發生犯罪事件等問題。

另一個理由是美國獨特的個人資訊管理機制。美國與日本不一樣，無論是個人資訊、犯罪紀錄或是使用毒品紀錄等，任何人只要申請就查得到。不過，所有的資訊都沒有整合，光是犯罪紀錄，郡、州或邦聯等都各自保存片斷資料。因此，若要做完整的身家調查，需要花費龐大的時間，輸出的文件資料也多達幾十頁。

Checkr著眼於這樣的困境而開發API，集中分散的資料庫。進行身家調查時可統一搜尋，並把搜尋結果彙整在一頁的PDF上。企業對求職者做身家調查時，只要傳送社會安全號碼或個人資訊，Checkr就會統一查詢資料庫，並把搜尋結果（駕照紀錄、變更地址紀錄、對照性侵犯名單、社會安全號碼、使用藥物紀錄對照結果等）彙整傳送回來。有了這項機制，調查身家資料所花的時間最短只要1個小時，最多2～3天就能得到結果。快速成長的服務萬一發生犯罪事件，可能會導致使用者產生不信任感而離開服務。在維持使用者對於服務的信賴度方面，Checkr的功能不可或缺，未來的成長也值得期待。

## 「資訊」的商業模式
# 總結

**在「資訊」章節中介紹的案例，可以更進一步以「使用什麼樣的科技？」區分為「技術革新系列」、「運用資料系列」、「網路系列」等3大類。**

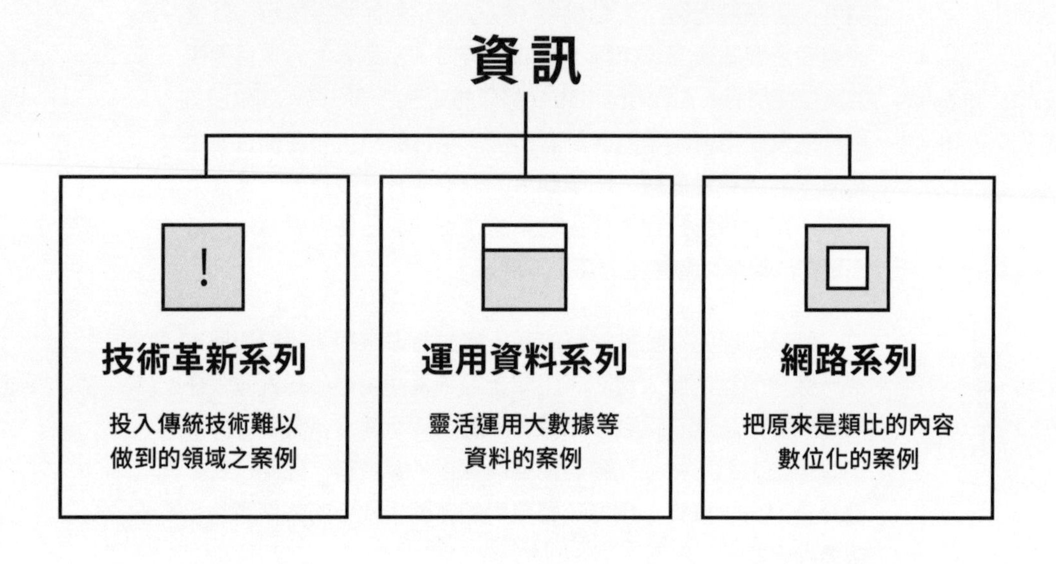

Amazon Go以運用自動駕駛技術的機制讀取顧客購買的商品，為無人收銀台的概念。COESTATION開發讀取聲音的AI，成功合成聲音。FASTALERT運用影像辨識與語言分析等技術，能夠迅速察覺可能發生的事件。

Petit LAWSON的辦公室零食箱以電子支付方式結帳並結合銷售資料，藉此得以上架最適當的商品。Times Car PLUS運用駕駛的用車資料，提供健全的服務網。

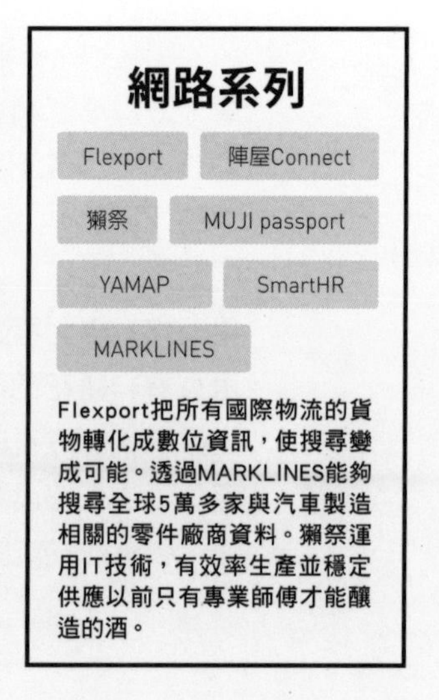


Flexport把所有國際物流的貨物轉化成數位資訊，使搜尋變成可能。透過MARKLINES能夠搜尋全球5萬多家與汽車製造相關的零件廠商資料。獺祭運用IT技術，有效率生產並穩定供應以前只有專業師傅才能釀造的酒。

# 第4章

# 人力

結合新的

「利害關係人」

若想生產賺取利益的新商品或服務，發展事業的話，人力是不可或缺的一部分。本章將介紹有效連結以往毫無關聯的企業與團體之商業模式。

# Humanium

**把非法槍枝改裝成華麗的時鐘或自行車**

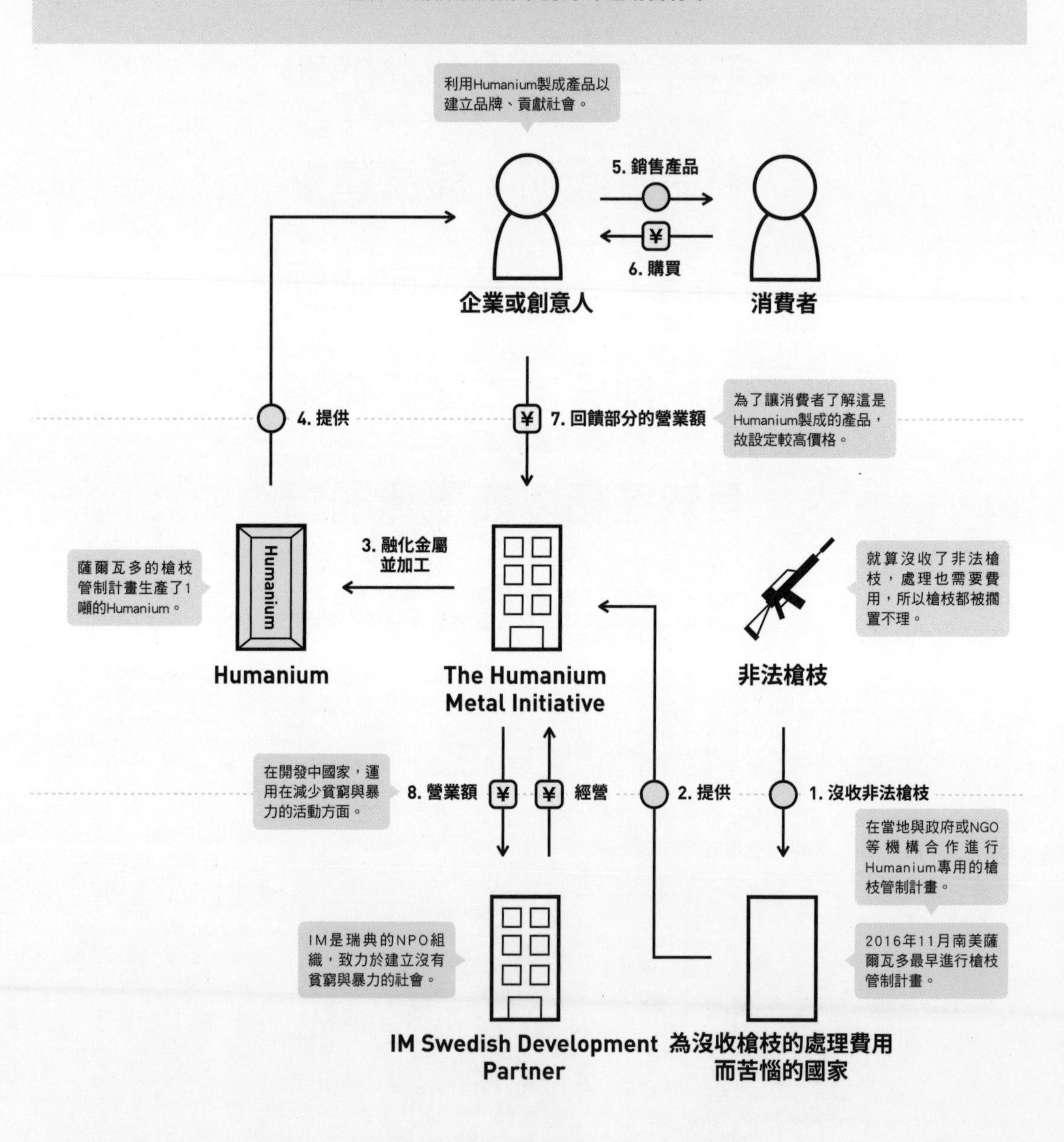


被沒收的非法槍枝 **起點** — **定論** 無法處理而擱置不理

**反論** 無法處理卻轉換成利益

## 把非法槍枝改變成金屬，提供作為素材使用

「Humanium」指誕生於南美薩爾瓦多的金屬（稀有金屬）。2016年獲得表揚全球廣告與宣傳活動的「坎城國際創意節」頒發獎項。

處理遭沒收的非法槍枝因為需要花費成本，被薩爾瓦多政府視為燙手山芋。為了解決這個問題，The Humanium Metal Initiative便搜集這些非法槍枝，分解並加工金屬，產生出Humanium。Humanium提供給企業或創意人，用來作為製造時鐘或自行車等產品的原料。

另一方面，企業運用Humanium製作產品，能夠藉此提高品牌價值、為社會做出貢獻。銷售產品獲得的利益都回饋給致力於減少暴力與貧窮的瑞典NPO組織「IM Swedish Development Partner」。總之，消費者拿到運用Humanium製成的產品，將可更了解非法槍枝衍生的各種問題。

這項機制最厲害之處在於透過回收產生的利益，更進一步地運用在回收槍枝，以及減少開發中國家的貧窮與暴力，最後成為持續減少非法槍枝的方案。據說光是建立這條供應鏈就耗費了2年多的時間。

2016年11月從薩爾瓦多開始啓動的計畫推廣到東南亞及非洲等世界各國，也為當地所得帶來貢獻。The Humanium Metal Initiative表示，全球非法槍枝有幾億把，每天有1500人因此而丟掉性命。期待這項運動能夠推廣到世界各個角落，建立沒有暴力的未來世界。

摘自 http://humanium-metal.com/

079

# 社會效益債券

**顛覆「公共事業需要花錢」的聰明機制**

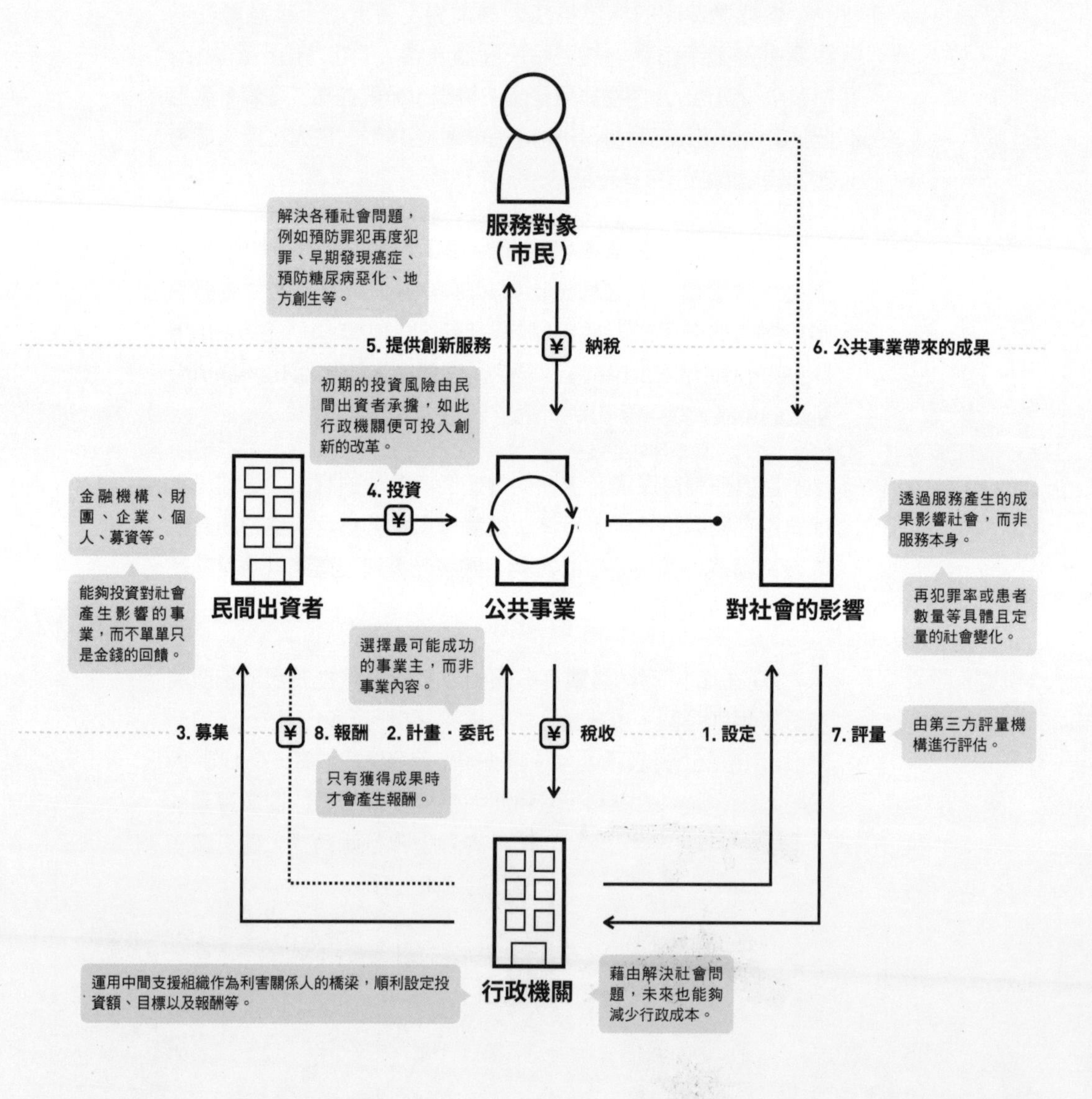


公共事業 起點 — 定論 無論成果如何，都要花錢

反論 配合成果支出費用

## 行政機關結合民間投資者的機制

社會效益債券（Social Impact Bond，SIB）始於2010年的英國，這項機制是運用民間資金進行官民合作以解決社會問題。

這麼說或許感覺有些難懂，總之就是把以往公部門提供的服務委託給民間企業，而且不是撥出預算給企業進行活動，而是根據成果支付相對的報酬。以前無論成果如何，公部門都要花預算負擔事業費用，萬一成果不盡理想，該筆費用就等同形成浪費。不過，在成果導向付費制的委託契約中，就不容易遇到這樣的問題。

評定成果報酬時，會產生「啓動事業的第一筆資金從何而來？」的問題。關於這點，社會效益債券的做法是向民間投資者募得初期資金。對於投資者而言，如果達成事前一致同意的社會成果，就可獲得紅利回饋，所以這項機制不僅有助於解決社會問題，作為資金運用的新機會也是投資者或民間企業注目的焦點。

透過這樣的機制，公部門不僅控制財政風險，同時也容易挑戰公共事業。

目前，世界各地都有社會效益債券的運用案例，例如日本就已經完成前導測試。神戶市（兵庫縣）與八王子市（東京）等地已經開始具體實行。根據日本財團表示，目前已經有16個國家、60多件共約220億日圓的規模廣泛地進行社會效益債券計畫。

雖然目前尚未看到太多的成功案例，也還處於實驗階段，不過公部門試著挑戰結合民間企業或NPO組織的案例越來越多，這具有極大的社會意義，也期待未來的發展。

080

# SCOUTER

**運用「朋友・熟人網絡」的轉職介紹人**

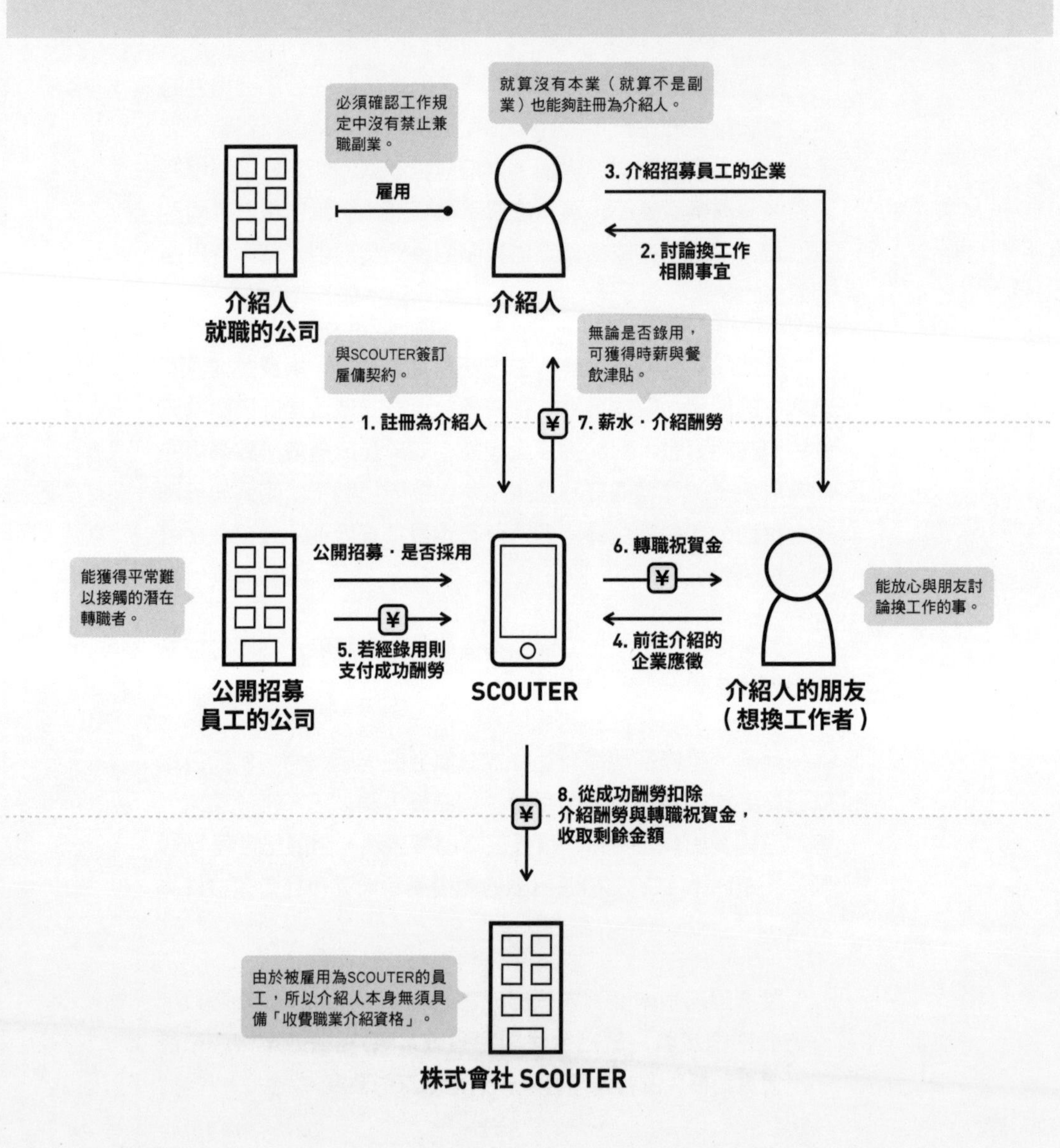


| 轉職介紹 | 起點 | 定論 | 專家以專業角色經營 |
|---|---|---|---|
| | | 反論 | 個人兼職經營 |

## 透過個人的人脈做到「兼職的職業介紹」

轉職市場的做法通常都是想換工作的人在職業介紹所登記，由經營該服務的公司仲介介紹新工作。不過，在「SCOUTER」的機制下，登記服務的使用者本身就會成為「仲介（介紹人）」。這個機制是使用者從朋友・熟人等身邊想換工作的人當中，介紹符合求才企業所需的人選，同時獲得報酬。

SCOUTER的最大特徵就是介紹人能夠以「兼職」方式從事這項工作。以往媒合人才的仲介都是職業介紹所的員工，也是員工的本業，這是一般的認知。另一方面，SCOUTER則是透過「介紹朋友・熟人」等個人的人際網絡，建立起提高媒合率與品質的商業模式。透過認同兼職的仲介活動，容易獲得更多（且多樣）使用者註冊。

其實，「兼職」的型態是SCOUTER商業模式成功的重要機制。如果是「透過媒合求職者與求才企業收取手續費」的人需要擁有收費職業仲介資格。也就是說，如果是以仲介身分工作的話，使用者個人需要取得合法資格。

不過，SCOUTER一邊向勞動局確認，一邊成功地克服這個障礙。擁有收費職業仲介資格的「株式會社SCOUTER」與使用者簽訂雇用契約，以該公司的「勞工」身分工作，透過這樣的做法，使用者個人就不需要任何資格。因此，無論最後介紹是否成功，勞工都能夠以工作的名義獲得時薪（1000日圓）。

現在還是有公司員工會介紹朋友工作機會（推薦），不過那是指公司內部的員工介紹外面的朋友的情況。關於這點，SCOUTER打出「Social・Headhunting」的名號，拓展獲得人才的範圍，搜尋傳統轉職市場中尚未出現的潛在客層，這點是極具挑戰性的特殊嘗試。

081

# POP TEAM EPIC

**在粉絲之間擁有超高人氣的「惡搞動畫」**

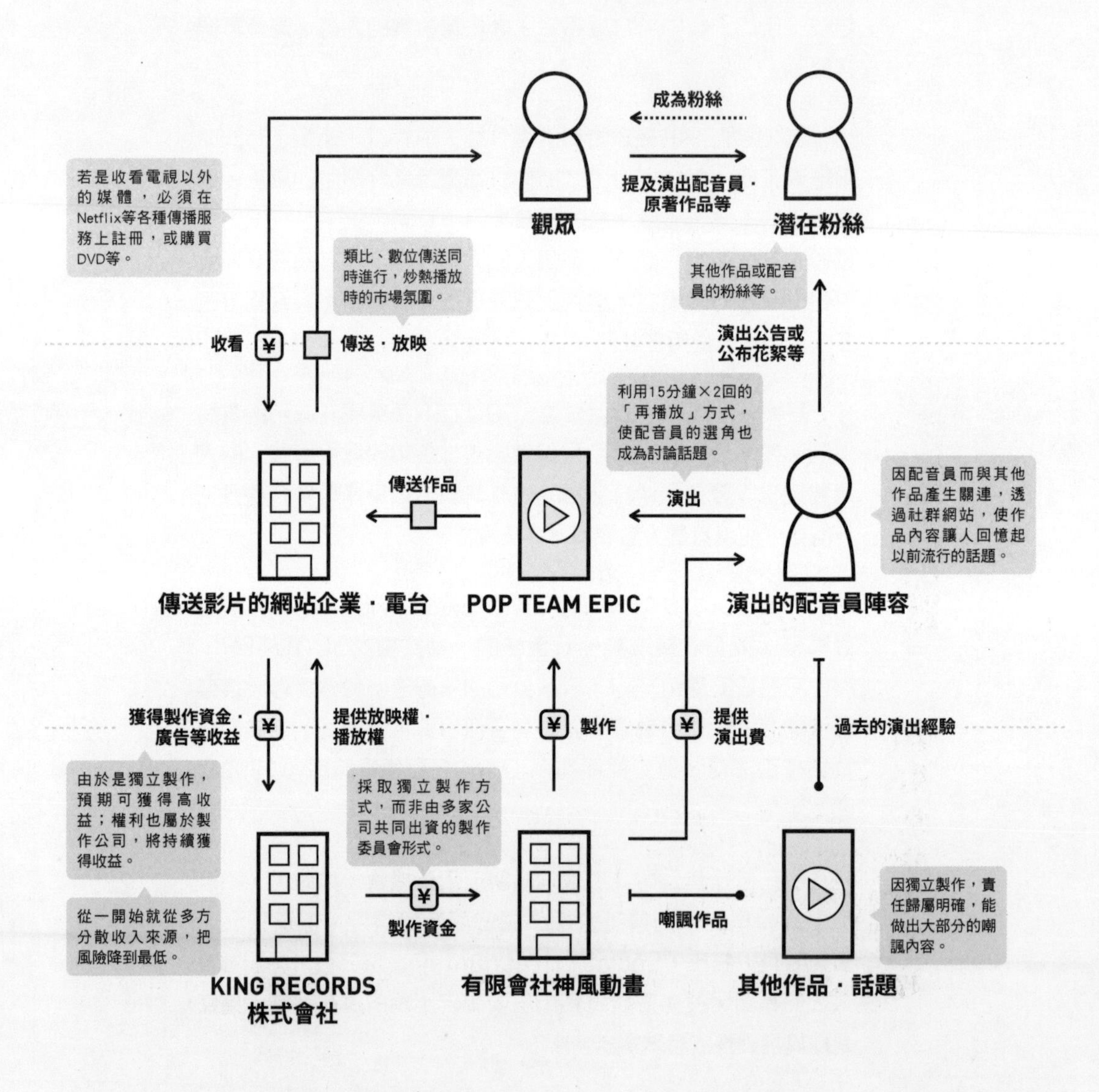


深夜動畫 起點 — 定論 以製作委員會主導的方式製作

反論 以獨資方式製作

## 故意不採用「製作委員會主導的方式」，承擔風險

「POP TEAM EPIC」是在niconico影片分享網站中，擁有超高人氣的動畫。此動畫總共有12集，在niconico網站中，收看的次數超過100萬次，第一集甚至以最快的速度突破100萬次，目前已經有超過300萬次的點閱率。雖然影片受限於30分鐘的框架，不過影片在最開始的15分鐘就結束，接下來的15分鐘則再次播放相同內容（但卻是採用不同的配音員），這種做法前所未見。

為什麼POP TEAM EPIC會獲得如此高的人氣呢？原因當然很多，不過在商業型態方面，特別重要的就是影片屬於「獨立製作」，而非以「製作委員會方式」製作。

所謂製作委員會方式指由數家公司共同出資，以出資的金額製作動畫影片。為了分散事業風險，所以傳統許多動畫製作都採取這樣的方式。不是由動畫製作者出資，而是多家公司共同出資的好處是，各家公司能夠根據動畫相關的權利發展各項事業（例如遊戲或相關書籍）。只是，這種方式有一個缺點，那就是由於利益分配是根據出資比例計算，所以就算動畫成功，真正能進入口袋的錢也不多，以及由於利害關係人多，所以製作可能有風險產生的影片時，很難做出適當的調整。

POP TEAM EPIC是由KING RECORDS獨立製作，責任歸屬明確，一手承接製作多部嘲諷作品時面臨的風險，也容易承擔責任。那麼，為什麼該公司能夠承擔如此高的風險呢？背景之一是他們以各種方式獲得收入。放映動畫的同時，也會上傳至各個動畫網站，透過這樣的做法建立一個炒熱話題的循環機制。實際上，POP TEAM EPIC在niconico網站、Amazon Prime Video或hulu等網站都看得到。

還有，POP TEAM EPIC的原著作者是大川bkub，本來是竹書房出版的四格漫畫。影片最後一集提到竹書房對於這次的動畫製作沒有出任何一毛錢，所以圖解沒有把竹書房列入其中。

082

# GO-JEK

**載人也載貨的「印尼版 Uber」**

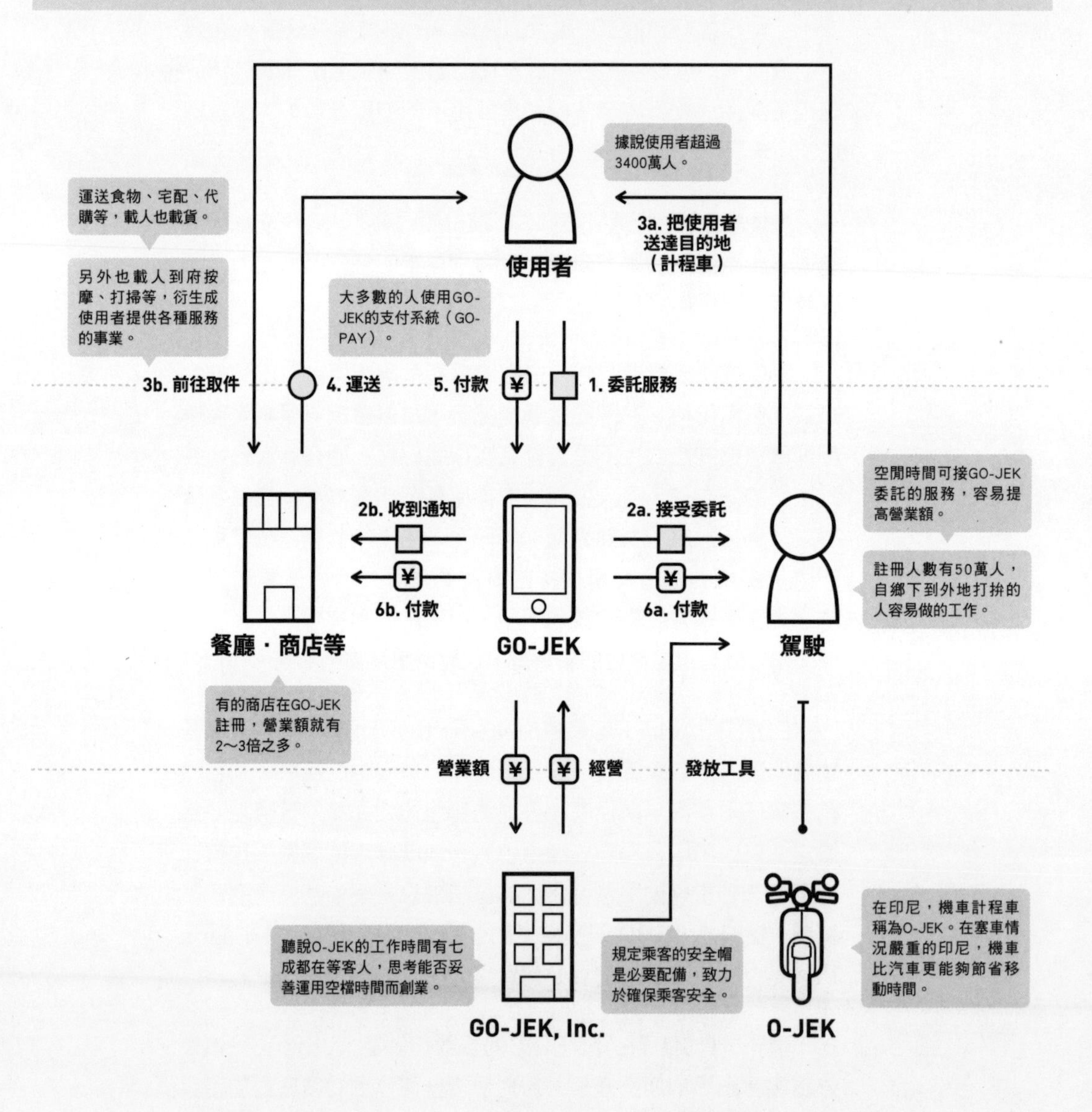


機車計程車 起點 — 定論 交通的基礎設施

反論 物流的基礎設施

## 創始事業「Uber」撤出印尼後急起直追的服務

「GO-JEK」是機車計程車的預約系統，據說在印尼已經有超過3000萬人使用。最早印尼人民就會使用稱為「O-JEK」的機車計程車服務。一直以來，印尼的塞車情況非常嚴重，所以比汽車更容易移動也更容易掌握時間的機車就成為民眾倚賴的交通工具。

GO-JEK的厲害之處在於除了O-JEK這個載人的「交通設施」之外，還建立起可運送各種物品或提供各種服務的「物流交通設施」，例如宅配、運送食物或幫忙採購等。甚至該服務還衍生出載人到府按摩、到府打掃等事業。感覺已經發展到萬事通的程度。

如果光看利用App使用O-JEK叫車的機制，則這項服務就類似Uber（誕生於美國的叫車App），不過GO-JEK的強項則是能夠組織深根於當地的交通基礎設施。

順帶一提，Uber曾經一度進軍東南亞地區，後來又撤出（讓渡給GO-JEK的競爭對手Grab）。當地特有的商業型態當然也是原因之一，想要發展全球事業的企業必須慎重思考這點，用一般的方法是行不通的。

最早GO-JEK開始提供服務的契機，是創業者聽聞O-JEK的工作時間有7成都花在等待上，他思考「那些空閒時間難道不能運用在其他服務嗎？」O-JEK的駕駛把等待時間用在完成GO-JEK的委託，這樣就容易增加營業額。如此一來就提供許多從鄉下來打拚的當地駕駛一份穩定的工作，而這也是GO-JEK的特色。

駕駛增加了更多的收入，使用者可以獲得各式各樣的服務，GO-JEK當然也獲利。建立一套大部分的人都得利的機制，應該就是這項服務成功的主因吧。

083

# 大誌雜誌

**協助街友自立生活的雜誌**

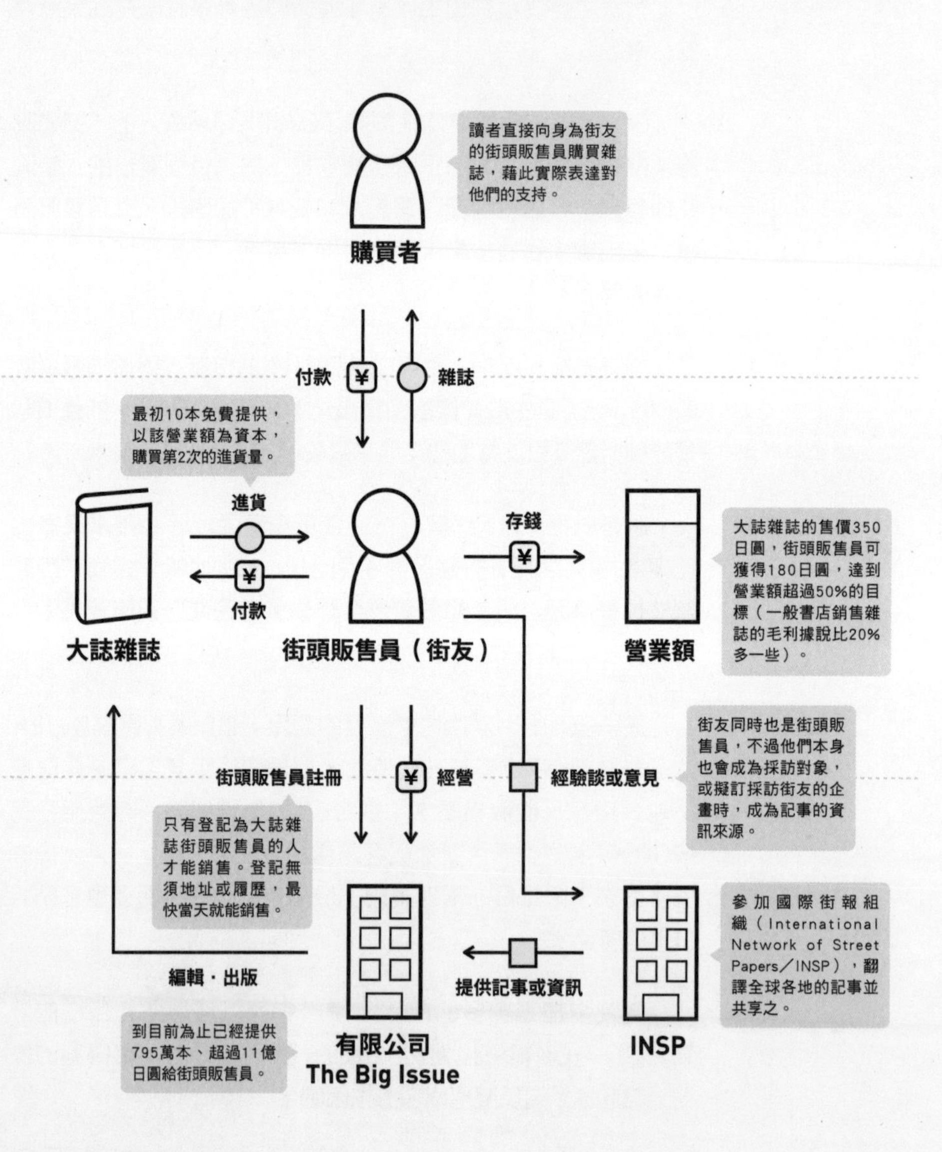


| | | | |
|---|---|---|---|
| 協助無業街友 | 起點 | 定論 | 以捐贈或物品協助 |
| | | 反論 | 提供工作給予支援，促使街友自立生活 |

## 不依賴捐贈或施捨的援助事業

「大誌雜誌」（The Big Issue）是為了協助街友自立生活而成立的雜誌。發源於英國，現在在日本等世界各國銷售。

街友負責在路邊親自銷售雜誌，並獲得收入的一部分。雖然每本雜誌的售價不高，不過由於沒有經銷（書籍・雜誌批發商）的介入，所以回饋給販售員的金額比平常還多，達到50%。在日本，目前一本大誌雜誌售價為350日圓，其中的180日圓就成為街友的收入。在2018年4月時，共計銷售795萬本，回饋給街友的金額超過11億日圓，數字非常驚人。

這個商業模式令人讚嘆的地方，不是為了拯救街友而捐贈或施捨，始終就是以事業合夥人的身分對待。我們很容易對社會弱者抱持「要給予協助」的心態，不過大誌雜誌讓街友自己進貨、自己銷售雜誌。總之，就是透過自助達到經濟獨立的目的。關於銷售管道，一般的銷售事業是盡量增加銷售據點，不過為了達到「協助街友」的目的，所以規定只有街友才能銷售雜誌。

據說日文版大誌雜誌創刊者在創刊之初，遭到身邊親友大力反對。這種克服阻礙的熱情令人感動。只是，這10年當中，在街上遊盪的街友從18564人（2007年）減少7成，只剩5534人（2017年），同時銷售大誌雜誌的人數也減少了3成。「減少街友」的目標目前已經看出成果，而這樣的成果也被稱為「大誌雜誌的矛盾」。

另一方面，為了能夠穩定發行雜誌，支撐到最後一名街頭販售員畢業獨立，現在大誌雜誌針對無街頭販售員的地區的讀者，開放定期訂購。預定到了2019年3月為止要募得1000人，並設定每個地區3000人訂購為目標。

084

# minimo

**推出可「直接指名」美容美髮師的 App**

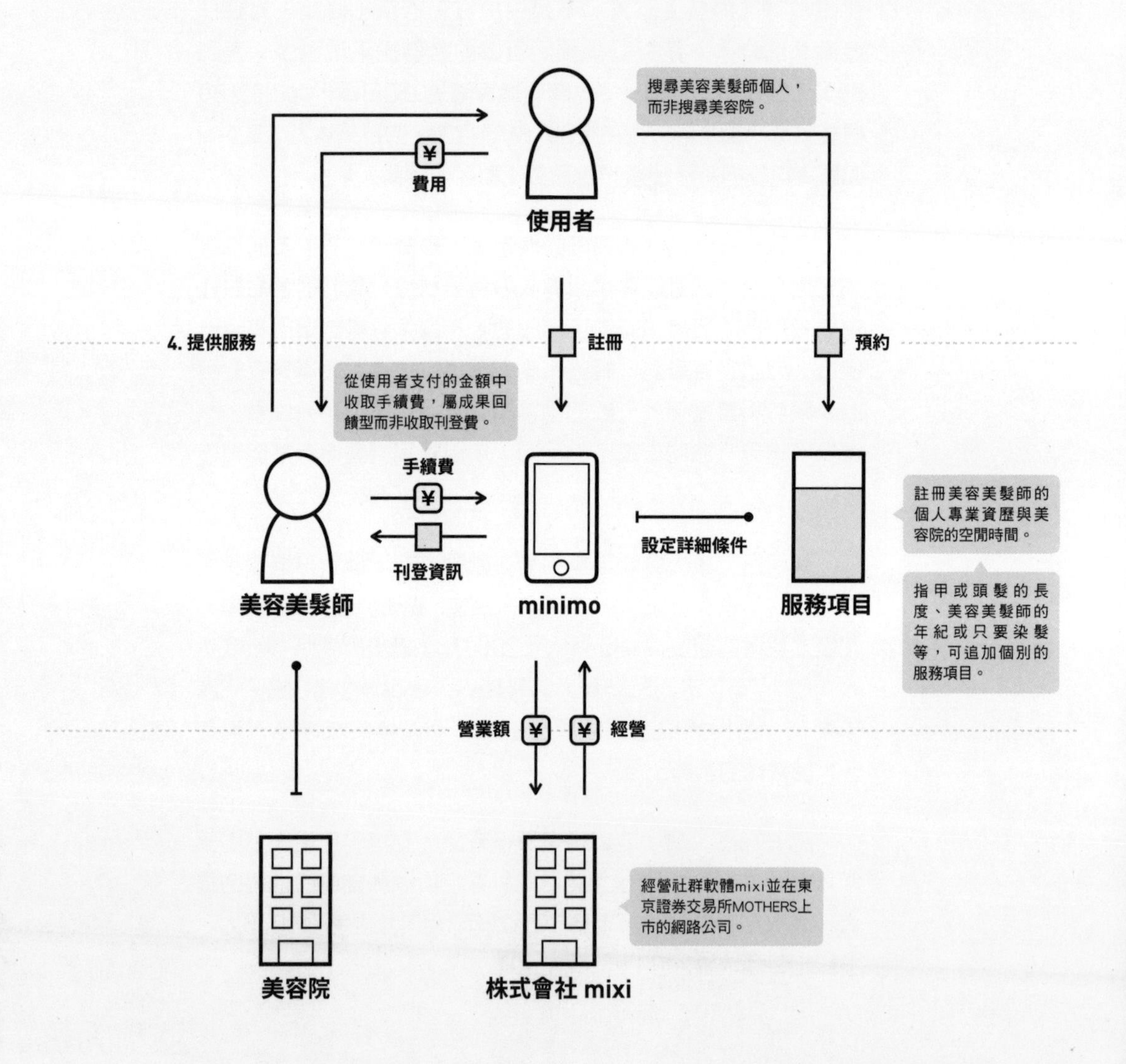


| 美容美髮的媒合App | 起點 | |
|---|---|---|
| | 定論 | 找店家而非設計師 |
| | 反論 | 找設計師而非店家 |

## 美容美髮師與顧客能夠直接溝通的工具

「minimo」是能夠直接指名美容院或指甲沙龍的設計師並預約的App。在2018年6月的時間點，下載量已經累計超過300萬次，每月預約數量有45萬多件，註冊的美容美髮師多達4萬人。

一直以來，上美容院的顧客都會根據地點、價格以及店內氛圍來選擇店家。相對的，minimo則是可指名美容美髮師並預約的服務，這樣顧客就能夠事先透過App與美容美髮師溝通。

甚至，由於也能夠根據美容美髮師的資歷設定收費與服務，對於顧客而言，可以用更便宜的費用消費，這是極具吸引力的重點。

經營minimo的株式會社mixi在自家公司的社群網站mixi中，發現許多社團都在招募髮型模特兒，由此思考市場應該有這樣的需求，所以2014年開始推出minimo服務。

原本美容美髮界就存在著「高離職率」的問題。1年後約有50%、3年後有80%的美容美髮師離職。除了長時工作與酬勞的問題，美容美髮師是技術工作這點也有關係。為了提高技術，美容美髮師需要累積許多剪髮的經驗，但如果是新手，不僅要負責其他的助理工作，也不容易有機會訓練自己的手藝。在這種業界的結構性問題中，minimo這種媒合美容美髮師與顧客的App，從某種意義來說，我想也是必然會發生的趨勢。

透過社群網站的擴大，個人化的趨勢越來越強，此浪潮也湧進美容業界。藉由增加美容美髮師個人的粉絲成為常客，使得美容美髮師不再離職，因而能夠持續地提供服務。或許minimo將為業界的結構性問題提供解決方法也說不定。

085

# Mikkeller

**1 年生產 100 種新商品的「無設備」啤酒廠商**

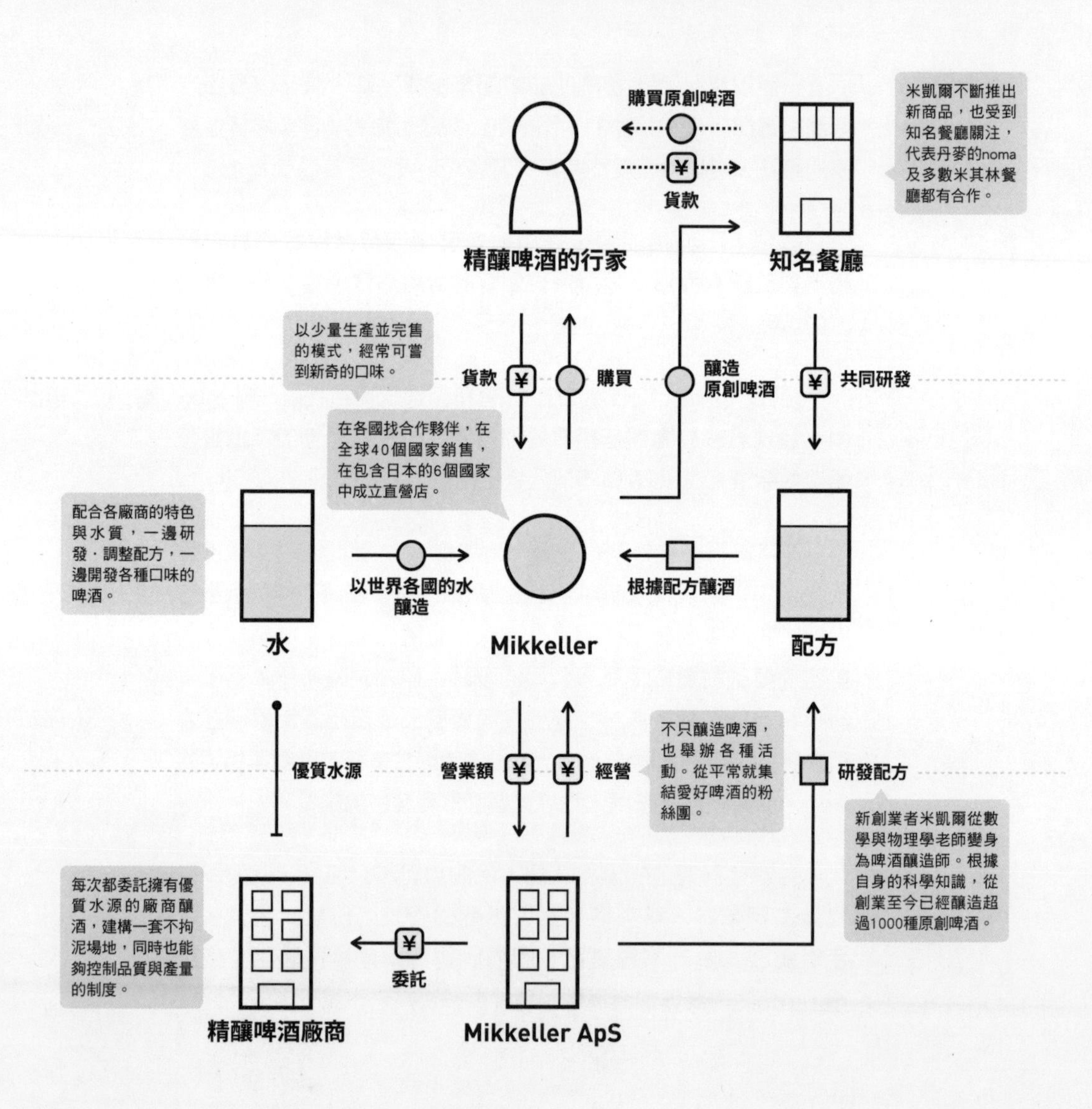


製造精釀啤酒　**起點**

**定論**　以自家公司的設備釀酒

**反論**　以他家公司的設備釀酒

## 正因委託生產，所以能夠激發出土地或釀酒廠的魅力

初露頭角的啤酒廠商「Mikkeller」（米凱樂啤酒吧）以獨特且豐富的商品種類吸引精釀啤酒的行家們。

雖然簡單說是啤酒，也因使用的材料與釀造法而產生各種不同的種類。例如閃耀著琥珀色的拉格啤酒（Lager），帶有濃厚香氣的司陶特啤酒（Stout），以及可品嘗到果香特色的艾爾啤酒（Ale）等。提供消費者配合不同場合的氣氛選擇，並享受適當的啤酒。與大型啤酒廠相比，雖然規模小，但是能做到這麼講究的就只有精釀啤酒了。

Mikkeller在精釀啤酒業界各具特色的眾多廠商中，特別受到矚目。從2006年創業至今，已累積1000種以上，每年約100種的驚人速度生產原創啤酒。

該公司最具特色的就是被稱為「魅影」、「吉普賽」的生產制度，也就是公司沒有生產設備的生產制度。曾擔任數學與物理學老師的米凱爾（Mikkel Borg Bjergsø）利用學術知識研發出經過精密計算的啤酒配方，從一開始就在各項比賽中獲得好評。他們的名聲之高，從代表丹麥的noma、美國的Alinea以及西班牙的El Celler de Can Roca等全球知名餐廳都熱切期望與之合作可見一斑。

另一方面，為了因應不斷增加的需求，需要投資龐大的設備。Mikkeller採取的方式是所謂的OEM（以委託者的品牌生產產品）方法。好處是生產精釀啤酒時，也可以加入生產者的特色。公司傾力研發啤酒口味，為各種不同口味的啤酒尋找各自適合的釀酒廠並委製，如此也能夠發揮各地的水質與各釀酒廠的魅力，並根據需求控制生產量。雖然使用異於傳統的做法，不過Mikkeller之所以能夠成為Mikkeller，就是因為擁有如此強大原創力的緣故。

包含日本在內，Mikkeller已經在全球6個國家成立直營店，經常供應20種啤酒口味，無論是哪項成就都擁有傲人的達成率。最近該公司專心追求新的可能性，例如成立可搭配自家啤酒的拉麵店等。Mikkeller已經不是單純生產飲料而已，而是逐漸改變成尋找享受啤酒的方法。

086

# DIALOG IN THE DARK

**用身體感覺完全黑暗空間的社會娛樂**

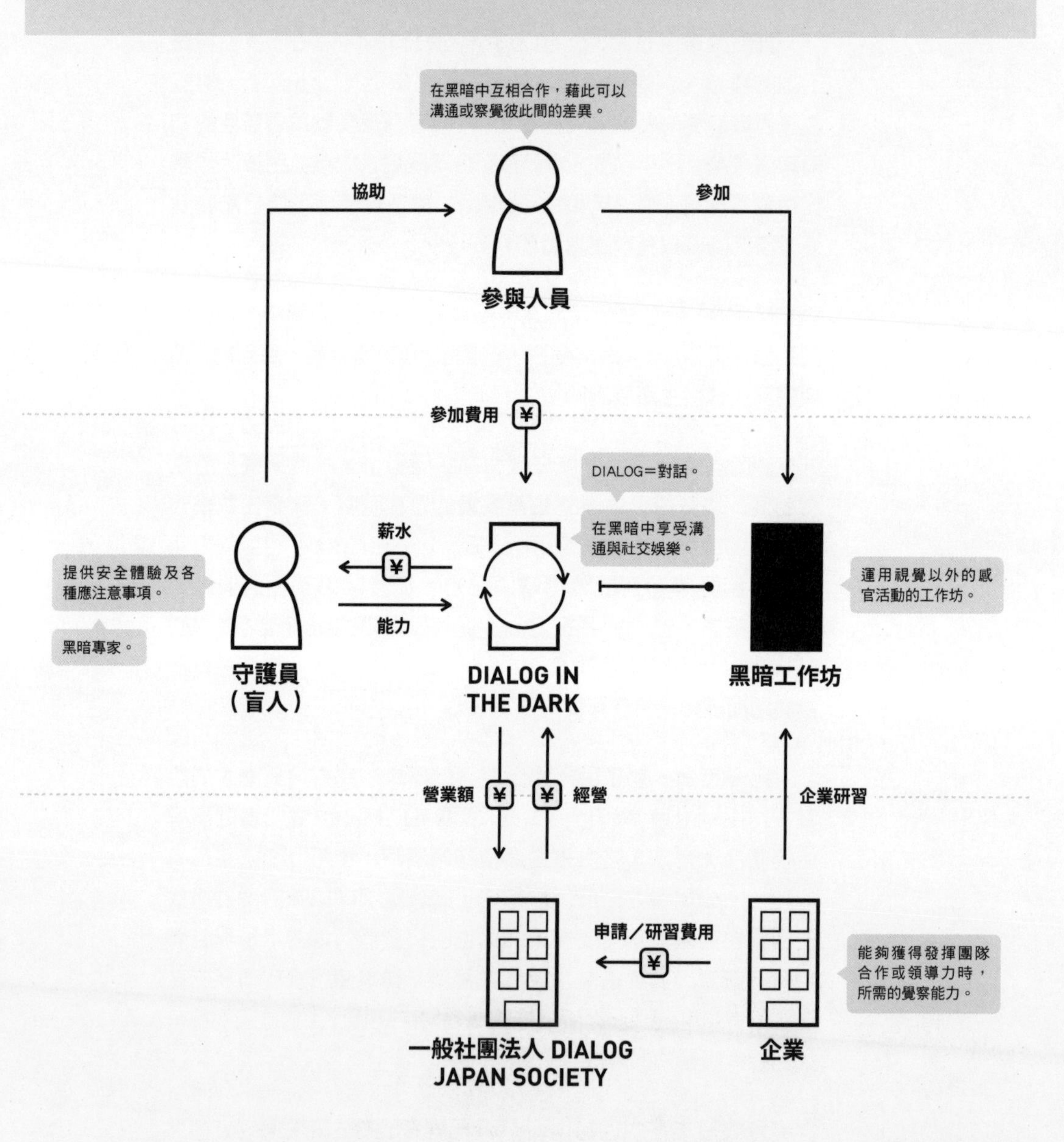


體驗型工作坊　起點 — 定論　運用所有感官體驗

反論　運用視覺以外的感官體驗

## 守護員都是盲人

「DIALOG IN THE DARK」是能夠在完全黑暗的空間裡進行各種體驗的娛樂活動。

實際進入那樣的空間後，發現裡面真的很暗，什麼都看不到。參加者逐漸被引導至黑暗裡，最後進入完全黑暗的環境中。我參加時，大約有5～8人一起。因為太過黑暗，所以內心總感覺惶惶不安，不過一旁隨行的守護員會細心地引導。這位守護員是真正的盲人。

娛樂主題會因季節而改變，我參加時，主題是運動會。在完全黑暗的狀況下投球。坦白說，我根本不知道球到底有沒有投進去，不過因為距離夠近，所以有時候也會意外投進。

最教人驚訝的是守護員提醒我們「如果往那邊走會撞到牆喔」。為什麼他知道我正在走路？為什麼他知道我正面對著牆的方向前進？我甚至懷疑他是否穿戴著google夜視鏡。而他們似乎是利用視覺以外的感官掌握空間。我想這個了不起的實驗讓人們理解到盲人容易被定位為「社會中的弱者」，但是他們根本不是弱者，「他們只是沒有太多機會發揮能力而已」。

1988年從德國開始進行這項社會娛樂以來，目前全球已經有超過41個國家、130個都市舉辦，而且有800多萬人體驗過。1998年開始舉辦體驗無聲世界的「DIALOG IN THE SILENCE」，由聾人擔任守護員，參加者帶上阻絕聲音的頭戴裝置體驗各種情境。2017年日本也開始舉辦同樣的活動。

在商業方面，類似的活動也成為企業研習的一環，日本國內已經有數百家公司引進這類的活動。這樣的體驗型工作坊讓人單純覺得「這類的企業研習課程應該加以推廣才對」。

087

# KitchHike

**連結「想做料理的人」與「想吃料理的人」的社群**

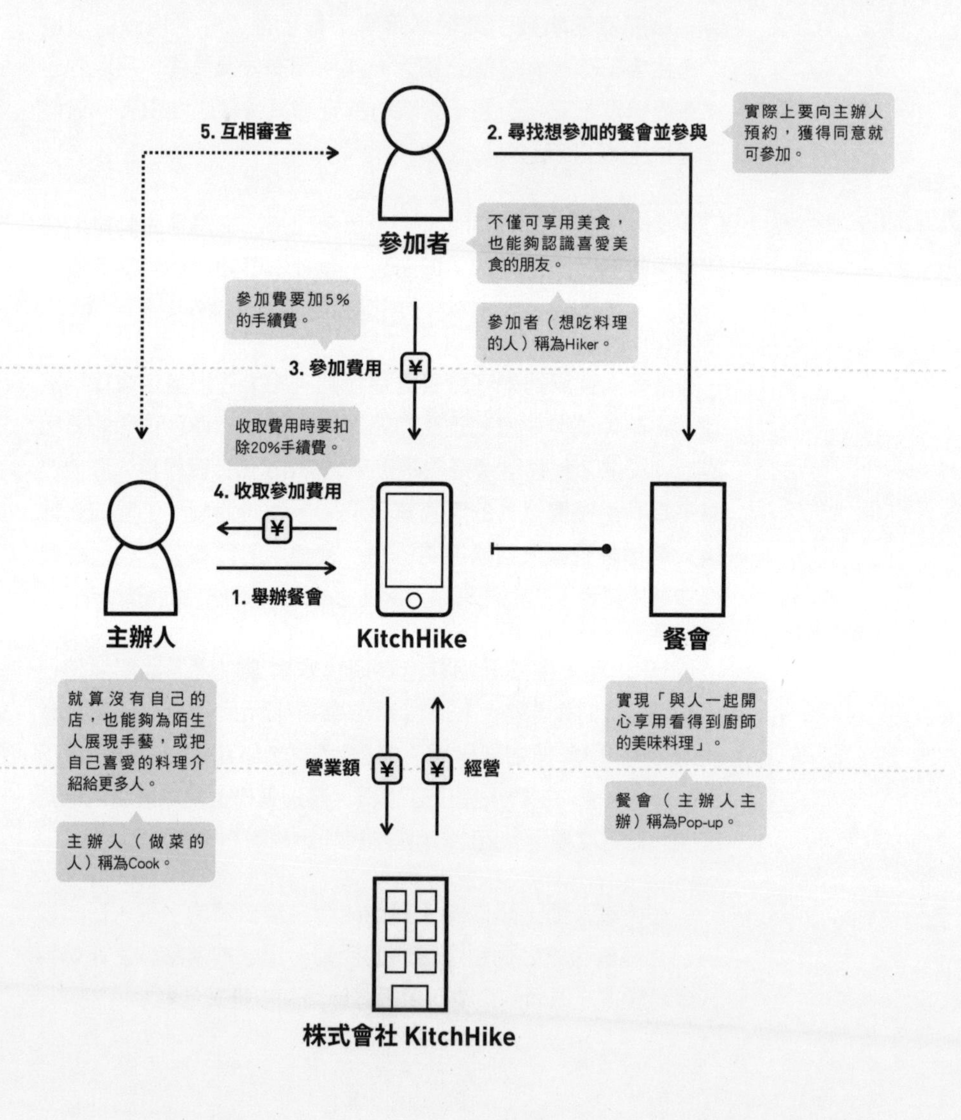


手作料理 起點 — 定論 宴請家人或朋友

反論 也可招待陌生人

## 既非外食也不是自炊的共享手作料理新嘗試

這世上有人喜歡「烹飪」，也有人樂於「與大家一起用餐」。兩者都是讓很多人每天感受到料理的魅力。株式會社KitchHike經營的「KitchHike」則是把烹飪者與想吃的人結合一起的服務。這項事業充分顯示了該公司的宗旨，「建立透過食物連結的生活」。

如果參加這項服務，負責料理的人就能夠舉辦稱為「Pop-up」的餐會。想參加餐會的人（想吃的人）要先預約，獲得同意就能夠參加。說到手作料理，一般人想到的是招待家人或朋友。不過，這項服務則是「招待初次見面的人享用自己的手作料理」。這樣的反論奏效就是其厲害之處。

對於大部分單身獨自一人吃飯的人而言，料理很容易成為一項「工作」，我自己就是如此，沒有機會體會「衆人一起享用手作料理」的樂趣。對於這種人而言，這也是具有吸引力的服務。

據說KitchHike的創辦人山本雅也成立這項服務後，也環遊世界各國「吃飯」。從這樣的背景充分感受到他投入事業的熱情。KitchHike的行動方針是「機制重於資訊」、「反論的創意重於常識的比較」，與我們商業圖解研究所在想法上有著諸多共通點，所以對這項服務也頗具好感。

自從2013年啓動這項服務以來，KitchHike也與株式會社Soup Stock Tokyo、德島市的企業以及地方政府聯手舉辦各種活動。2017年10月獲得mercari與Venture United達2億日圓的投資。看來該事業將會有更進一步的成長。下回，請輕鬆地到住家附近的Pop-up接受款待吧。

088

# WeLive

**繼「WeWork（共享工作空間）」之後，重視社區的居住模式**

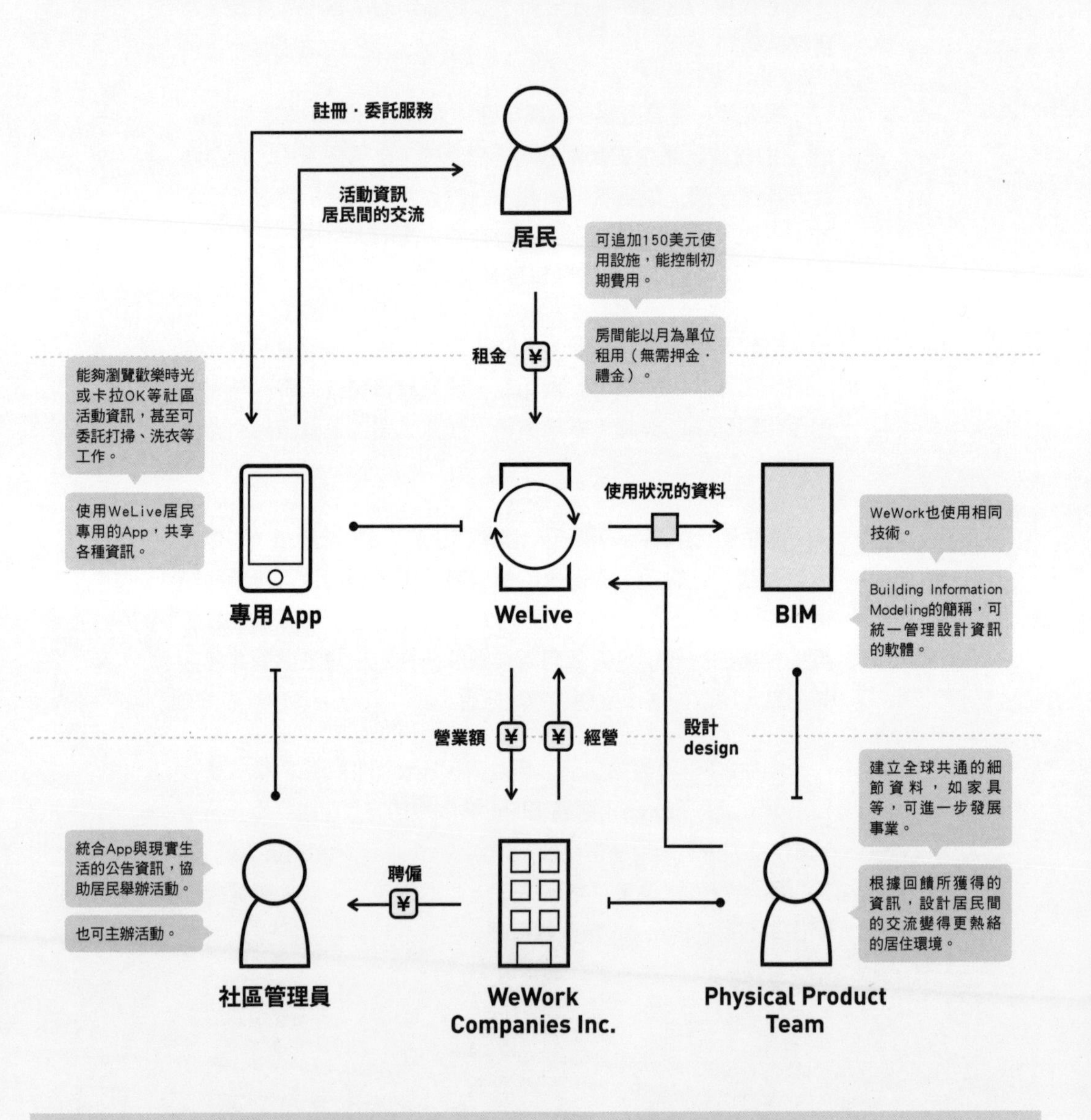


| 共享住宅 | 起點 | 定論 | 沒有社區管理 |
| --- | --- | --- | --- |
| | | 反論 | 有社區管理 |

## 共享居民的技能與嗜好

以「共享工作空間」而知名的獨角獸企業WeWork Companies經營的共享住宅服務稱為「WeLive」。共享住宅一般是共享廚房、浴室、客廳等居住所需的空間與物件。不過，WeLive稱為「Co-living」的居住模式則是共享居民的職業技能或興趣，透過職住一體，建立積極交流的生活空間。

租屋時，美國與日本一樣，通常都是簽訂以年為單位的長期租約。不過，WeLive則能夠以月為單位出租房間。房間裡甚至已經備有Wi-Fi與家具等，提供舒適環境，能夠降低房客租屋的初期費用。另外，房客使用專用的App可共享各種資訊，也能夠瀏覽歡樂時光或卡拉OK等社區活動資訊。租屋處也有社區管理員，可舉辦活動或是協助居住者之間的交流。這些特色符合以現代化生活為取向的千禧世代口味，入住申請蜂擁而至。

與其他經營共享住宅的公司不同，WeWork Companies同時結合「製造」與「運用」兩者。一般來說，建築業界與不動產業界幾乎沒有交流，設計建築物的人與經營者也各不相同。因此，居住者的設計需求並沒有受到重視，就算建造良好的住宅，多半也無法完全有效利用。因此，WeWork Companies引進稱為「BIM（Building Information Modeling）」的軟體，把建築物的形狀、成本以及整修等資料建立資料庫，並將第一線獲得的多元資訊回饋給設計師，藉以提高設計效率，也建立設計品牌。透過跨業界領域的做法，提供居民交流更為熱絡的居住空間。

2018年5月WeLive發布消息，由領導建築設計事務所「BIG」的建築師比雅・英格爾（Bjarke Ingels）擔任設計團隊的設計總監。一直以來，BIG在室內裝潢投注心力，或許有一天該公司會設計出整棟建築物也說不定。

089

# LifeStraw

**可喝到乾淨飲用水的吸管型濾水器**

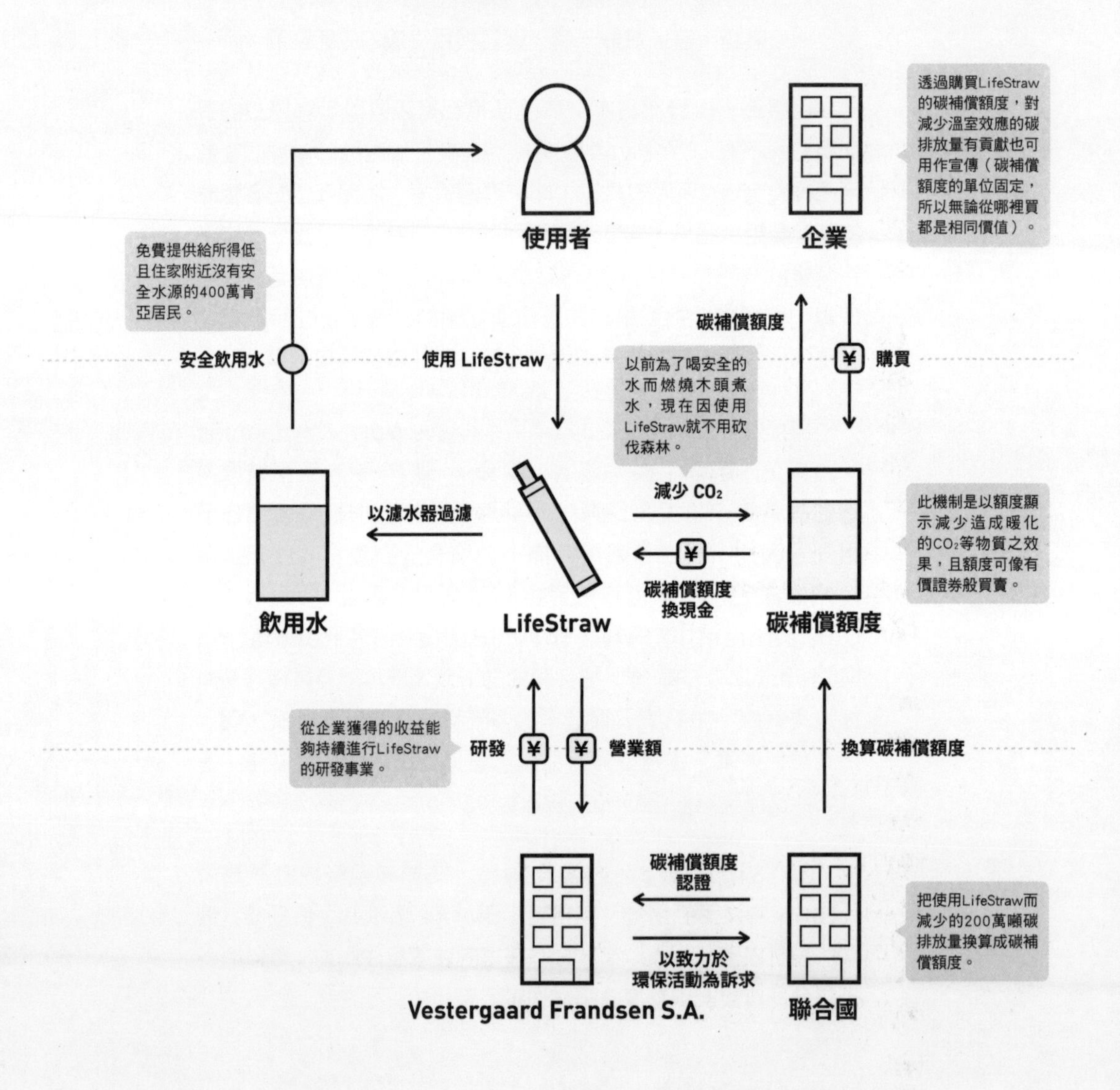


解決問題的商品 **起 點** — **定 論** 需要的人付錢

**反 論** 關心社會課題的企業付錢

## 「使用產品」與「付錢」的人不同

如泥水般的濁水透過「LifeStraw」淨水吸管過濾，就能夠當成飲用水飲用。開發此商品的Vestergaard Frandsen不是銷售給已開發國家的消費者，而是把目光放在不容易喝到安全飲用水的非洲等地，目標客群擴大到全球各地。

不過， 需要LifeStraw的地區所得低，在當地生活的人很難直接購買商品。因此該公司免費發放產品給住在肯亞的400萬人，而不是直接銷售。透過這樣的做法，讓居民能夠獲得安全的飲用水，最後該地區的環境也因而產生變化。以前當地居民都是砍伐樹木並燃燒木頭煮水，現在則不用砍伐當地的森林。使用LifeStraw產生的附加效果是對降低二氧化碳做出極大的貢獻。

因降低二氧化碳而預防地球暖化，也對健康指標做出貢獻，LifeStraw因此而獲得聯合國的肯定。發現這個價值而想投入CSR（企業社會責任）的企業便購買代表降低二氧化碳的碳補償額度。透過這樣的機制，需要LifeStraw的居民就算不用直接購買產品，公司也能夠透過聯合國或企業的協助而提供產品給需要的地區。

此商業模式令人值得探索的重點有二。第一是LifeStraw不以「安全的飲用水」為目標，而把重點放在有效降低二氧化碳的價值上。因此，聯合國與企業也都成為這項事業的關係人。第二是購買者為企業而非使用者。由於LifeStraw具有獲得安全飲用水與降低二氧化碳等價值，所以成功區分了使用者與購買者，也成功建立此商業模式。

摘自 https://www.lifestraw.com/

090

# Studysapuri

**授課影片傳送服務帶給學生更好的學習與未來**

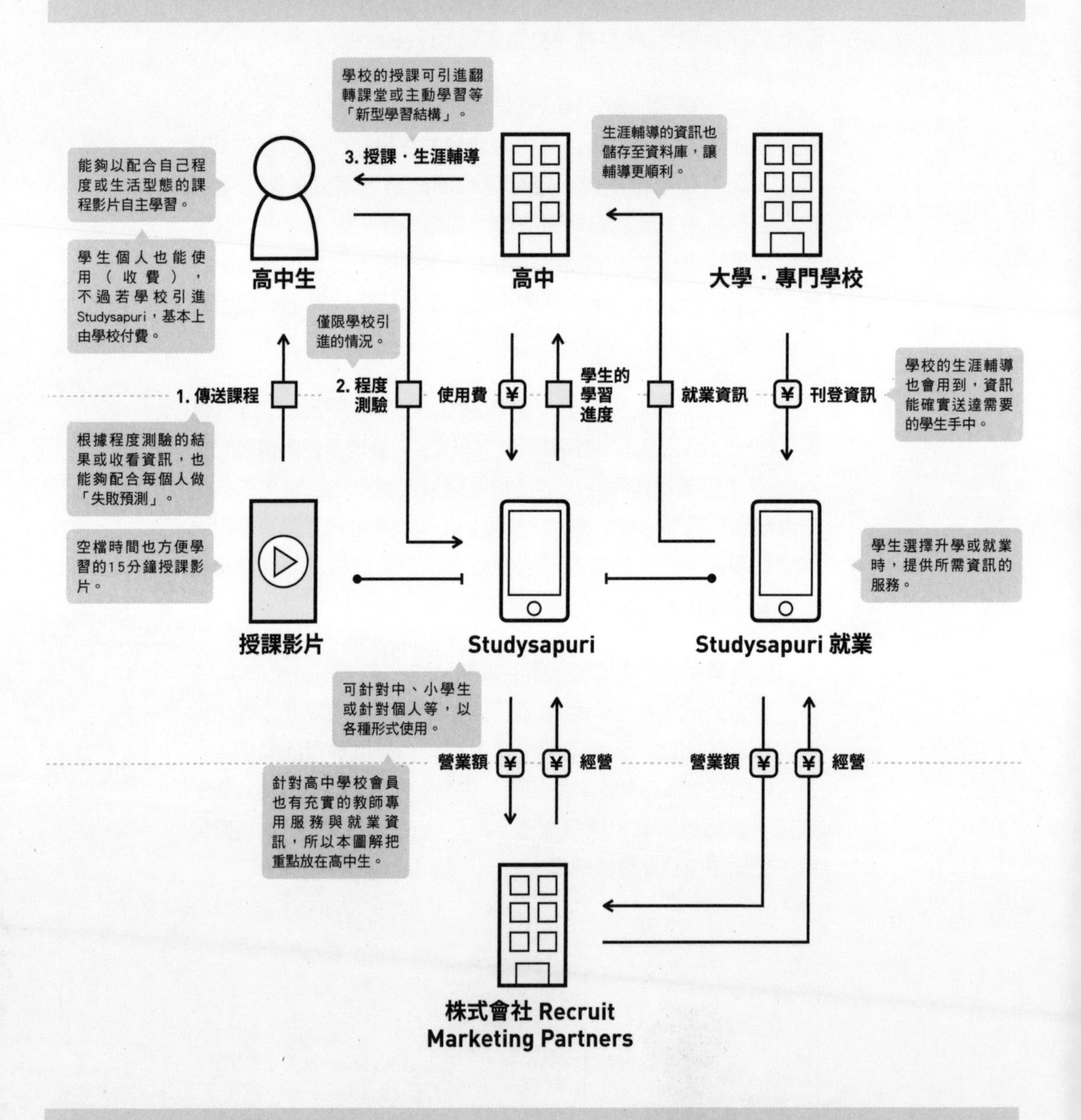


| 學習服務 | 起點 | 定論 | 高價，只有部分學生才能使用 |
|---|---|---|---|
| | | 反論 | 低價，大部分學生都能使用 |

## 日本全國的高中有4分之1都使用這項服務

讓所有有學習熱情的學生獲得學習的機會，並減少老師負擔的，就是這項受人矚目的服務「Studysapuri」。此服務起初是針對個人推出的學習服務，不過由於可定額無限次收看高品質授課影片，並利用App輕鬆複習，再加上與傳統學習服務相比價格低廉而廣受好評，一口氣被許多學校引進使用。

如果是與學校法人簽約，也會針對導師另外提供「Studysapuri for Teachers」，這是讓老師統一管理學生學習狀況的專用影片。老師透過影片，再傳送配合每位學生程度的授課影片，或是舉行小考確認學生收看後是否有吸收等，如此就能做到詳細的指導。把以前花去大部分時間的預習・複習轉換成Studysapuri，如此老師就能夠配合每一位學生的程度進行翻轉課堂（Flip Teaching，讓學生在家先看教學影片，課堂上的時間則用來做作業、討論，或是進行其他深入學習的活動）等，把時間精力集中在應用指導上。

還有一個重要的因素，那就是承接已有40多年歷史「Rikunabi升學」的「Studysapuri升學與就業」。原本單純的商業模式是向大學或專門學校等學校收取刊登費，再提供學生關於升學的各類資訊。而今，學校搭配Studysapuri的授課影片，運用在學校的生涯輔導，因此跟以前相比，大幅提高與學生的接觸機會。從大學或專門學校的角度來看，作為刊登升學或就業資訊的廣告媒體，這項服務是非常具有魅力的。另外，從老師的立場來看，在Studysapuri裡可以統一管理生涯輔導資訊，為學生做生涯輔導比以前更順利了。

Recruit建立了擅長的「絲帶模式」，結合希望有效率指導升學與就業的校方，與想提供升學與就業資訊的大學或專門學校。透過這樣的做法，Recruit不僅擁有穩定的收益，以前只有富裕家庭才能夠接受的教育服務，也能夠低價提供給學生使用。目前日本全國已經有4分之1的高中使用Studysapuri服務，另外也正在擴充針對中、小學生的課業學習以及社會人士的回鍋學習等服務。雖然還需要面對硬體課題，例如在學校使用所需的Wi-Fi設備等，不過可期待未來將更進一步進化為教育的基礎設施之一。

091

# Good Job! Center香芝

**連結身障者與社會的新型態工作方式**

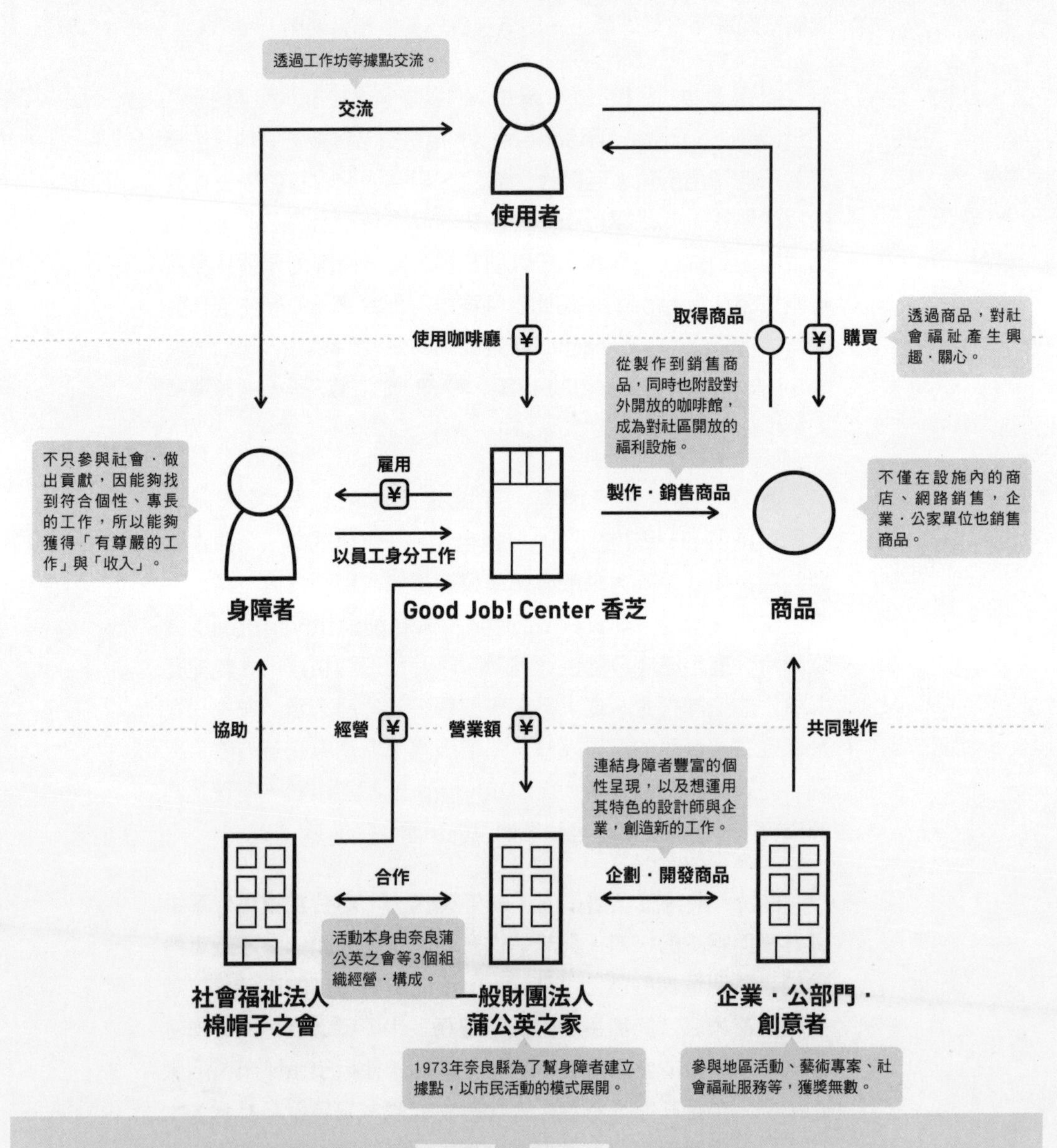


身障者的工作　起點　定論　工作選項有限

反論　工作選項增加

## 開創身障者可能性的福利設施

何謂工作？答案雖各有不同，不過其中一個答案應該是「與社會連結」吧。只是，身障者的工作選項不多，與社會連結的範圍也並不寬廣。1973年成立於奈良縣的市民活動社團，「蒲公英之家」嘗試解決這個問題。

蒲公英之家由3個組織構成，分別是「一般財團法人蒲公英之家」、「社會福祉法人棉帽子之會」、「奈良蒲公英之會」。福利社施「Good Job！Center香芝」則是由棉帽子之會經營。

蒲公英之家所舉辦的活動之精采，從1980年起就陸續得獎的紀錄可見一斑。最近「Good Job！」專案則是由4085件企劃中脫穎而出，獲得「設計優良獎」的金賞獎。蒲公英之家的理事長，也是棉帽子之會的理事長播磨靖夫將活動推廣到日本・亞洲而獲得好評，獲頒2009年度藝術選獎文部科學大臣獎（藝術振興部門）。

「希望在這塊土地上經營的事業能夠成為未來身障者的福利模式」，奈良縣香芝市土地捐贈者的願望結合了蒲公英之家以往的運作經驗，為身障者創造工作機會、製作商品並成立流通據點，「Good Job！Center香芝」這個福利設施也因此而誕生。各企業・創意者在該設施中研發製造新商品。在此「Able Art Company」作為蒲公英之家的總部，不僅管理身障者創作作品的著作權，也連結以此為生的企業・創意者，有此機制的存在意義重大。完成的商品可以透過企業方的銷售通路或「Good Job！Center香芝」內的商店買到。消費者透過商品接觸了身障者的世界，也開拓了原有的價值觀。

蒲公英之家持續地連結身障者與社會。透過其活動、行動力與價值觀而產生的，應該已經超過工作的領域，而成為各種事業依循的範本了吧。

092

把當地採收的樹葉化身為高級日式料理店的「盤飾」

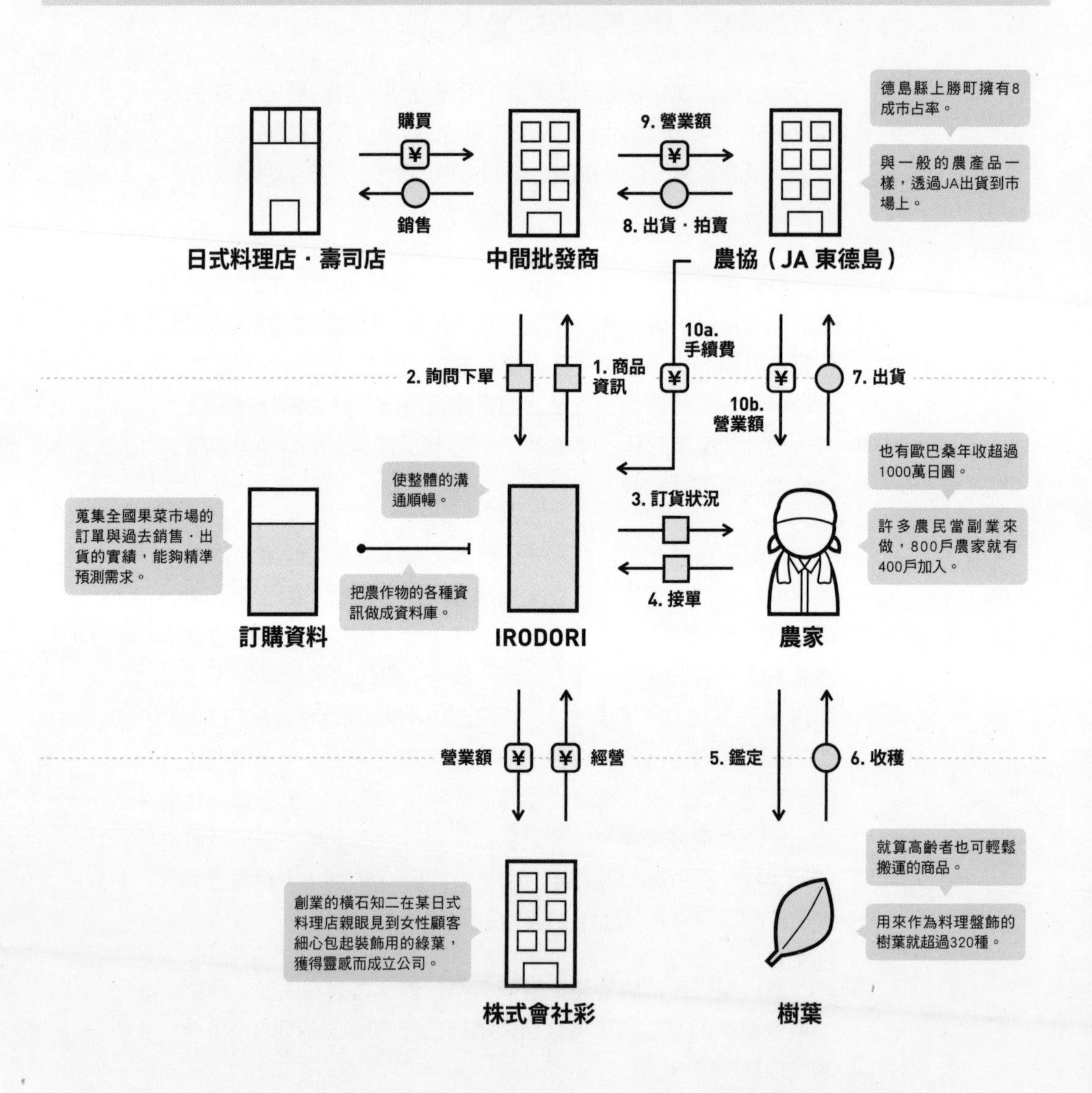


樹葉（盤飾）　起點　定論　供給量不穩定的農作物

反論　能夠配合需求輕鬆收穫的農作物

## 樹葉拯救了瀕臨滅村的小山村

「彩」這家公司專門銷售高級日式料理店擺盤時，「盤飾」用的樹葉。2012年，電影《多彩人生》描寫的就是這裡的故事，是地方重生知名的成功範例。

日本各地方有越來越多高齡化、人口減少、高齡者占整體人口一半以上，瀕臨滅村的「極限村落」。面臨「因勞動人手減少導致產業衰退→沒有工作機會使得年輕人往東京都心發展」這樣的惡性循環，就算想要重振村落，地方政府也束手無策，不知如何是好。

德島縣上勝町就是高齡者比率高達51.49%的典型極限村落之一。1980年代，木材、溫州蜜柑等主要產業受到進口貨的價格競爭以及天災影響而衰退，小山村瀕臨滅村。這時，當時擔任農協職員的橫石知二開啓了把樹葉當成商品銷售的事業。

把樹葉當成農產品處理，與其他農作物一樣透過JA（農協）交易。早於上勝町開啓這項事業之前，也有人買賣樹葉。不過，由於預測需求困難，所以總是供過於求，導致價格容易下滑，變成很難賺錢的不穩定商品。上勝町成立IRODORI公司，重新建構全面的行銷與下單網路，藉此把樹葉變成可換錢的商品。

更重要的是，高齡者與樹葉的組合是這項事業最厲害的地方。由於樹葉很輕，是不需要重度勞力就可處理的商品，所以無論是高齡者或女性，都能夠輕鬆加入這項事業。工作本身也是短時間就可收穫，幾乎無須費工管理。多數農家都以副業的型態加入。在持續高齡化的小山村中，這是任何人都能夠輕易投入的產業。

除了金錢面以外，這項產業帶來的影響也越來越大。有事做的老人家變得越來越健康，村內的養老院甚至因此而歇業。老人家們現在每天都精神奕奕地透過電腦或平板工作呢。

093

# 留職計畫

**在新興國家擔任志工的人才培育企劃**

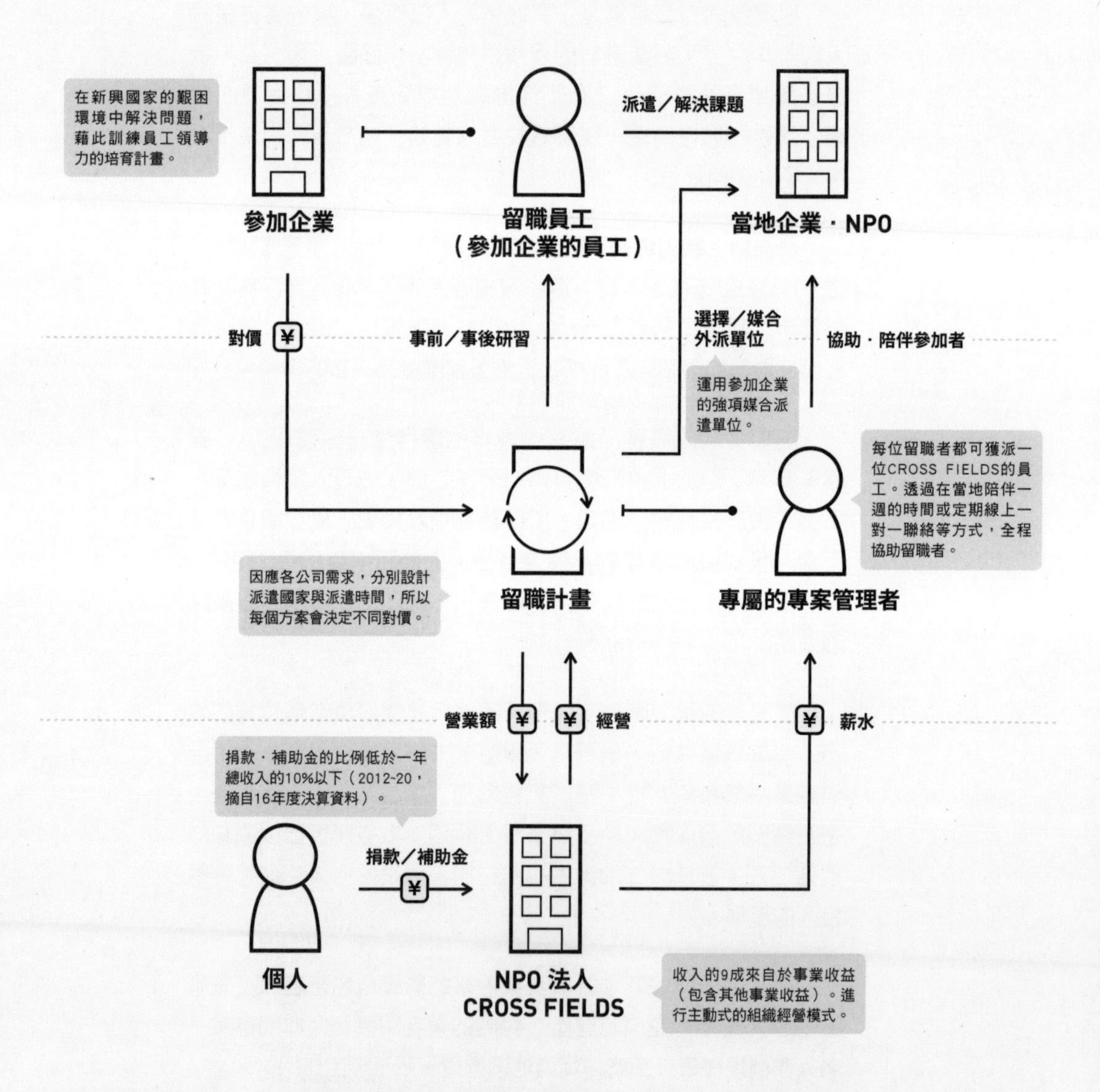


新興國家的志工 起點 —— 定論 個人投入的貢獻社會的地方

反論 企業培養自己員工的地方

## 「志工」與經濟合理性並存

新興國家有許多社會問題，例如貧窮、能源、教育、衛生、雇用……等不勝枚舉。「留職計畫」（Corporate Volunteering Program）就是透過解決新興國家的社會問題，提供企業培養人才的計畫。提到「解決社會問題」，一般人腦中容易浮現的大概就是志工了。志工給人的印象就是個人為了對社會貢獻而付出，不過留職計畫與一般志工的最大差異點就是也把企業拉進「解決社會課題」的角色當中。

此計畫了不起的地方是透過企業的參與，最後相關的當事者都會各自獲得好處。具體來說，①把目標設定為企業這個擁有資金能力的主體，所以「留職計畫的營運」會產生收益。②選擇可靈活運用企業擁有的強項・技術來決定分發地點，加速解決「當地企業／NPO」面臨的高難度課題。③透過在新興國家的艱困環境中的體驗，提供「參加企業／留職者」高密度的養成計畫。藉由改變「解決社會課題」的觀感與付出方式，得以建立三贏的商業模式。特別是找出企業需求這點令人印象深刻。

近來企業全球化、培養全球化人才的口號喊得震天價響，但是到底有多少企業實際訂出具體計畫呢？比起在會議室裡上課或是進修MBA課程，感覺留職計畫是更具實踐性與具體的全球人才培育計畫。

經營留職計畫的NPO法人CROSS FIELDS的事業收益占整體收益的9成，捐贈或資助比率極低（摘自該NPO法人的事業報告書）。或許有人以為NPO法人與商業無關，是志工與社會貢獻的團體。對於抱持這種想法的人而言，此案例既新鮮而且可以從中學到很多。

094

# 育兒共享

**與地方居民一起育兒的共享 App**

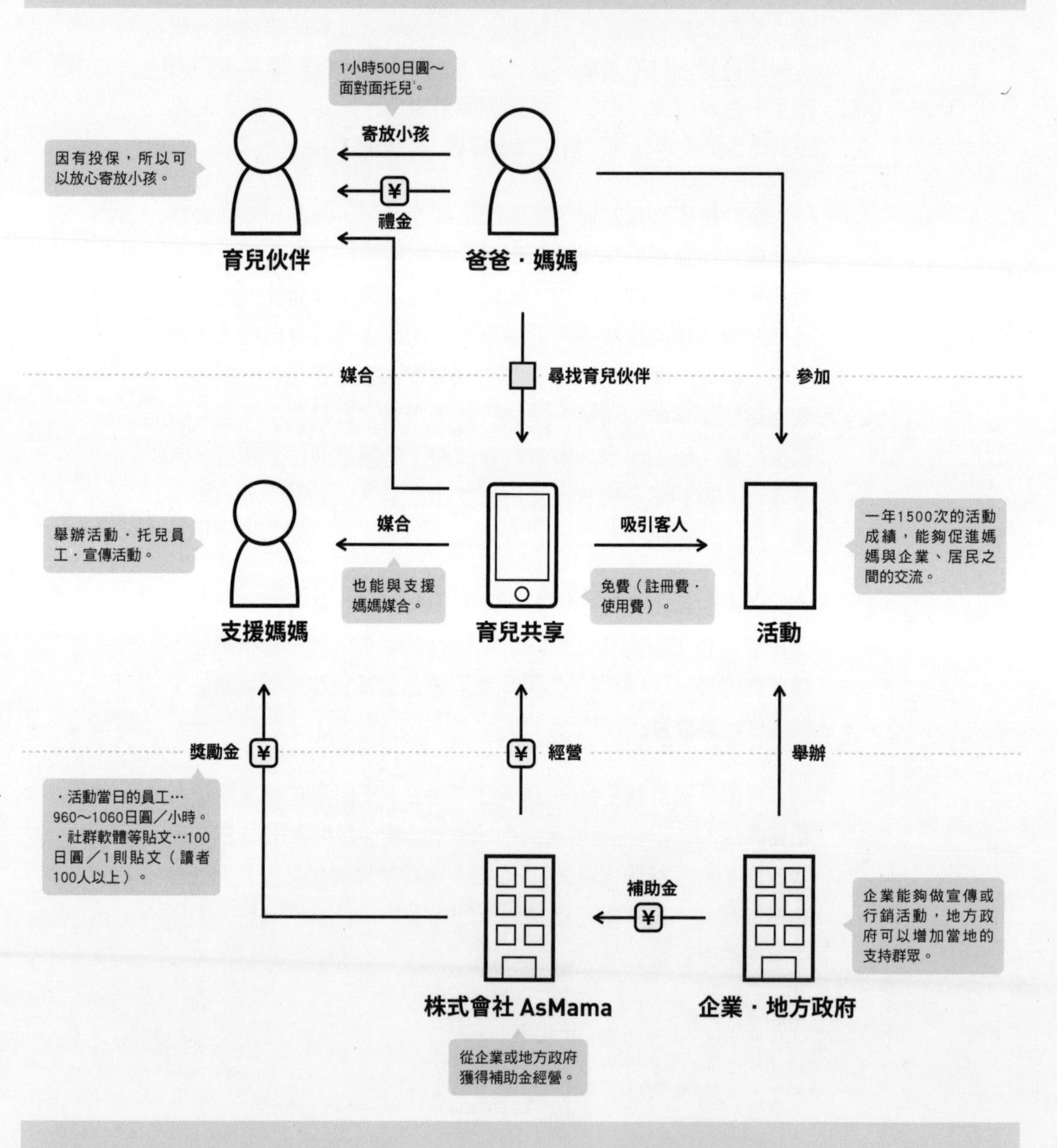


育兒　起點 — 定論　父親或母親負責

反論　與地方居民互相合作

## 在社區內互相協助接送或托兒

「育兒一定要父母來做」。十多年之前這還是世人普遍的認知。不過，由於女性進入社會工作，這樣的思維也變得落伍了。實際上，有許多育兒世代的父母為了兼顧工作與育兒而吃了不少苦頭。「育兒共享」就是為奮鬥的父母們減輕辛勞的服務。

經營這項服務的株式會社AsMama秉持著「建立一個育兒世代可互相合作的社會」的想法，成立育兒共享服務。在育兒世代集中的社區內，互相托兒或接送。透過這樣的做法解決因人數飽和而無法進入幼稚園的候補兒童問題、少子化問題，讓父母可兼顧育兒與工作。

父母透過使用育兒共享App，也能夠與社區內本來沒交往的朋友、熟人或企業產生連結。不只是協助接送或托兒，有了頻繁的交流之後，家長內心的不安也變得穩定，小朋友因接觸了平常沒有接觸的人與場所，也有助於成長。

此商業模式的特色是完全不收註冊費或媒合手續費，規則是寄放小孩的人要給受託者1小時500日圓的謝禮。不過這項規定只是讓使用者不要覺得不好意思而制定的，希望家長以「讓小朋友去朋友家玩」的心態輕鬆使用這項服務。另外，所有使用者都可受到最高5000萬日圓保險的保護。顯示這項服務把安心・安全擺第一，具有建立健全市場的遠見。

實際上的使用方面，可以先接觸協助在社區推廣共享育兒活動的「支援媽媽」，透過有保育士背景占4成比率的「支援媽媽」建立朋友關係，也能夠參加數次的交流會。在2018年6月的時間點，註冊人數接近6萬人，解決的案件數量已經增加到2萬件左右。希望因這項服務的緣故，讓我們的社會不斷成長為一個適合育兒的社會。

# TABLE FOR TWO

**以 20 日圓解決缺糧與肥胖問題的機制**

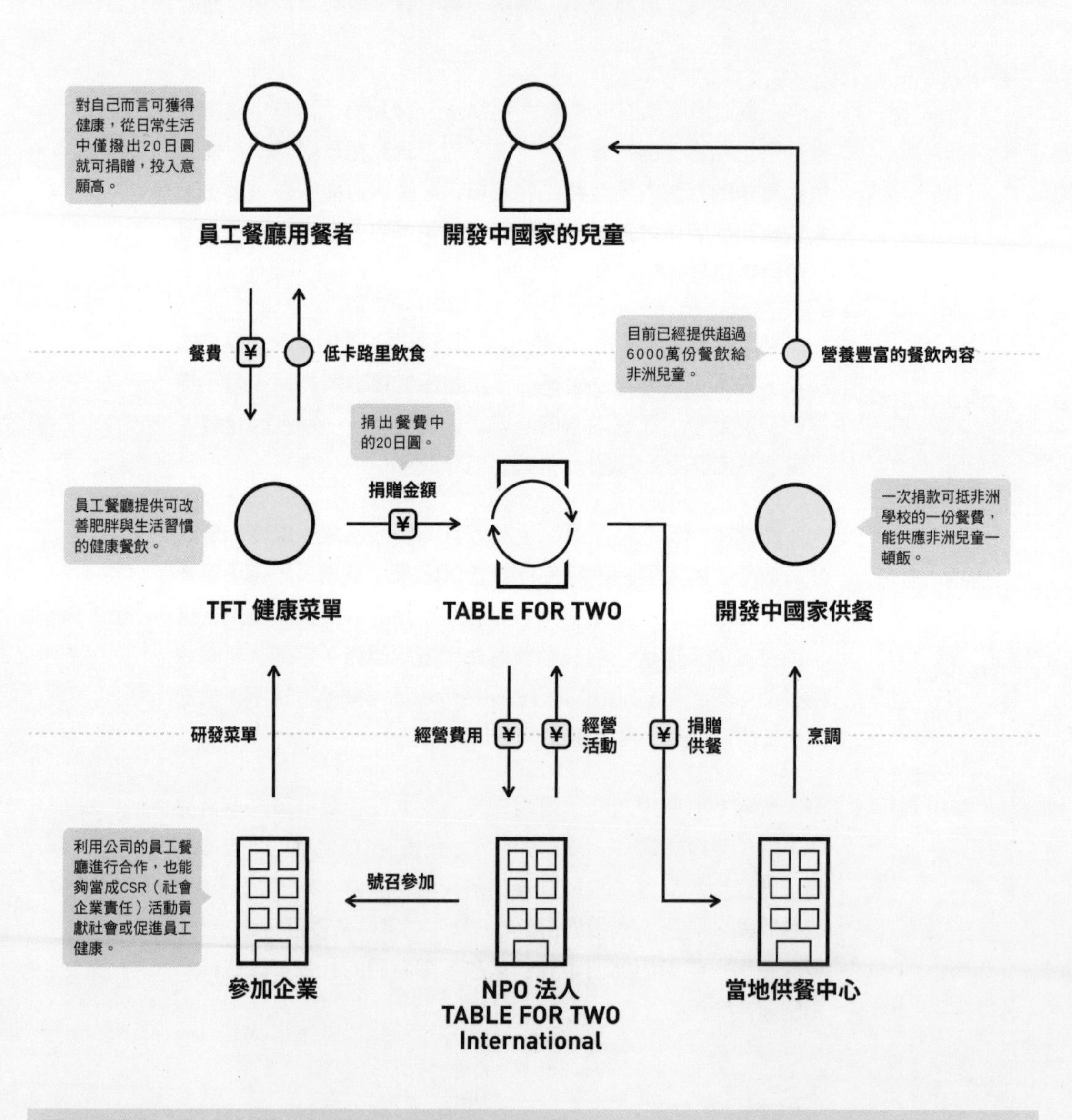


捐贈 起點 — 定論 解決開發中國家的問題

反論 也解決已開發國家的問題

## 同時解決開發中國家與已開發國家的課題

全球有10億人口因貧窮而處於營養不良或飢餓狀態，另一方面，有20億人口為了飲食過量而產生的肥胖或慢性病而感到苦惱不已。

「TABLE FOR TWO」（TFT）面對糧食不均所產生的問題，從開發中國家與已開發國家雙方著手，以NPO的立場採取各種企畫，試圖同時消除飢餓與肥胖的問題。

最具代表性的方案之一，就是與企業的員工餐廳合作。員工餐廳提供「TFT健康菜單」，比一般的菜單更注重卡路里與營養均衡，餐費則多加20日圓作為捐款所用。每一個人的一次捐款相當於開發中國家的一餐費用，捐款會提供給當地學校作為伙食費。把飲食過量的人所減少的卡路里份量送到飲食不足的人手上，透過這樣的做法，同時解決糧食分配的失衡問題。

目前該計畫支援的地區有烏干達共和國、衣索比亞聯邦民主共和國、肯亞共和國、坦尚尼亞聯合共和國、盧安達共和國以及菲律賓等國家。參加的企業、團體超過300個，與規劃菜單的企業或大學聯盟等合作。不只在日本，此活動也同時在海外展開。

許多人都想為社會做些什麼貢獻，但是光是募款卻又少了點實際的感覺，或是難以抽出時間付出。而TFT的機制讓一般人能夠在生活中，以極少的金錢與行動提供一餐的飲食，對於貢獻者而言，這也是令人覺得開心的做法。我想投入的門檻低有助於鼓勵更多人參與，而這個商業模式的機制則有助於結合民眾的正確認知，讓社會變得更好。

096

# nana

**使用者上傳歌聲或演奏，合作樂曲的 App**

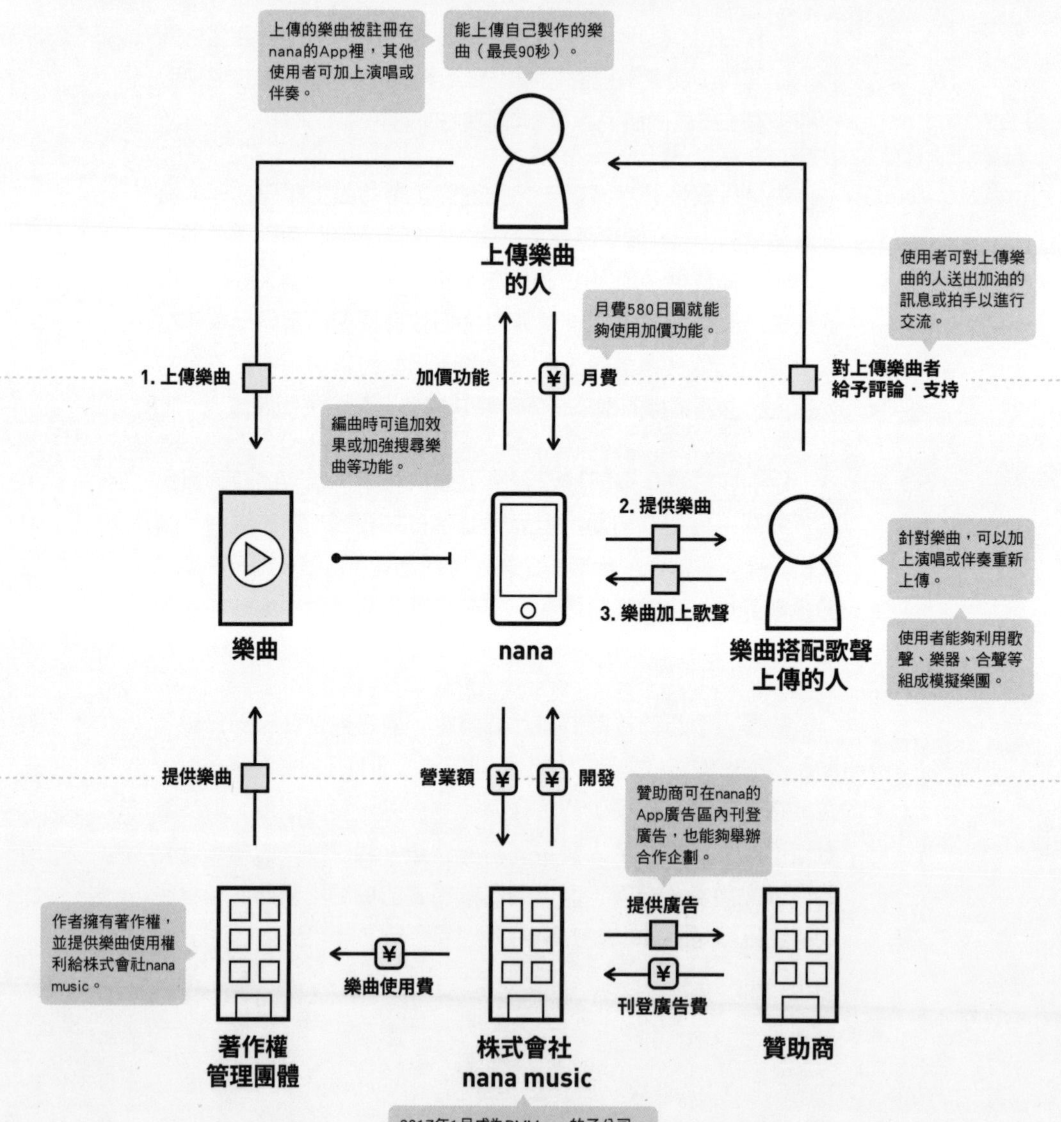


音樂社群網站 起點 — 定論 利用所有權者提供的樂曲搭配歌聲上傳

反論 利用使用者提供的樂曲搭配歌聲或演奏上傳

## 就算是新手也不膽怯地上傳作品

傳統的音樂社群網站是針對服務方指定的樂曲搭配歌聲上傳，也就是以線上卡拉OK的做法為主流。「nana」也一樣，使用者可針對樂曲搭配自己的歌聲上傳，不過樂曲則可以由使用者自己提供，或是其他使用者針對自己上傳的歌聲，搭配合聲或樂器演奏再上傳。

nana的使用者有超過半數都是年輕女性，上傳的樂曲數量一天是5.5萬首，與其他社群網站服務相比，活躍用戶的比率非常高。活躍用戶多是因為精心規劃的溝通設計。在音樂社群網站中，歌唱或演奏高手與一般人的實力有很大的差距，一般人因為上傳的門檻高，逐漸地就不再上傳作品了。然而，nana則在彌補雙方的差距方面做足了功夫。舉例來說，上傳時間設定最長90秒，使一般人容易輕鬆上傳作品，或是採取「磚塊堆疊」的做法，以一首曲子一段的接力方式串成一首歌曲。另外，為了活絡使用者之間的交流，nana還特意不舉辦使用者互相競爭，或是上傳作品後獲得贈品等具有激勵目的的企劃。

nana建立年輕的社群，這種商業模式的收益來源是「免費加值（基本上免費使用，也提供收費方案）＋廣告模式」。收費方案的會員數在2017年4月突破1萬人，未來預計會增加更多會員數。

該公司於2017年1月成為DMM.com的子公司。關於同意nana成為子公司的理由，負責人文原明臣說：「我希望透過nana這樣的服務，以音樂連結世上的人們。不過，建立這項服務當然需要金錢來運作，為了維持這項服務而必須籌措金錢，於是我開始思考『這樣做，我的行為不就跟我的產品完全無關了嗎 ？』這是我這次做這個決定的最大理由之一。」

097
# 拼多多

**在中國快速成長且充滿娛樂效果的團購服務**

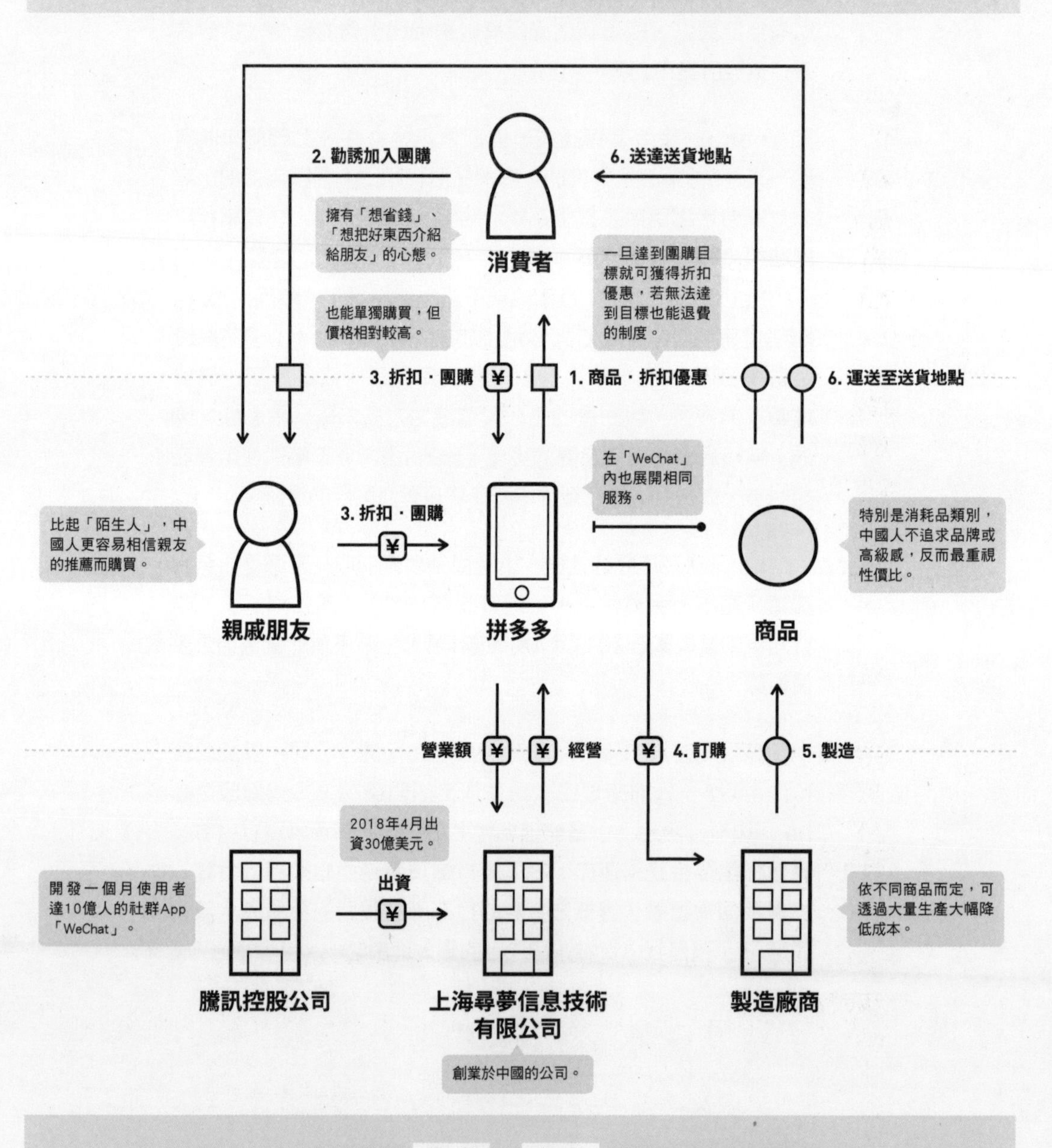


| 團購服務 | 起點 | 定論 | 透過企業的廣告決定購買 |
|---|---|---|---|
| | | 反論 | 透過朋友的勸誘決定購買 |

## 結合親戚或朋友，能夠以便宜價格購買的機制

各位知道哪家公司同時是電子商務界的新星，也可能將以驚人氣勢席捲中國嗎？以前也有許多團購服務，不過「拼多多」的目標客群非常獨特。傳統的團購服務所採用的方法通常是由想銷售商品的公司發行優惠券或廣告費以提高知名度。然而，拼多多設計的獨特團購機制有如挑戰遊戲任務一樣。例如，如果完成團購的某個目標，公司就會送出折扣優惠。如此團購者就會在社群網站上呼朋引伴，宣傳團購的機會。

該服務在中國獲得關注是有理由的。中國有著相信親朋好友推薦而購物的強大文化習慣，所以此服務得以快速成長，目前已經擁有超過1700萬次的下載量。

拼多多於2015年9月上線，還算是一家新公司，不過目前已經成長為僅次於淘寶（Taobao）、京東（JD.com）的中國第三大電子商務公司。成長的理由與中國規模最大的網際網路公司騰訊有很大的關係。騰訊於2017年成為該公司的主要股東，2018年4月投入30億美元的資金，因此拼多多的估值達150億美元。甚至，從創業起2年半的時間，使用人數達3億人，流通總額高達740億美元。如此驚人的成長背景也與騰訊開發的「WeChat」有關。WeChat是單月有10億人使用的社群App，這與購買者對朋友推銷拼多多的服務剛好是魚幫水、水幫魚的結構。對於在人際網路中具高影響力的人而言，也可獲得免費取得商品的好處。

由於事先就知道團購數量，所以能夠改善生產線因應。製造工廠可依據商品及大量生產的方式大幅降低成本，故能以破壞性的價格供貨給消費者，這就是C2M（Customer to Manufacturers）的商業模式，也是巧妙結合數個要素的精采商業模式。

098

# Yankeeintern

**提供國．高中畢業青年的供住型就業支援計畫**

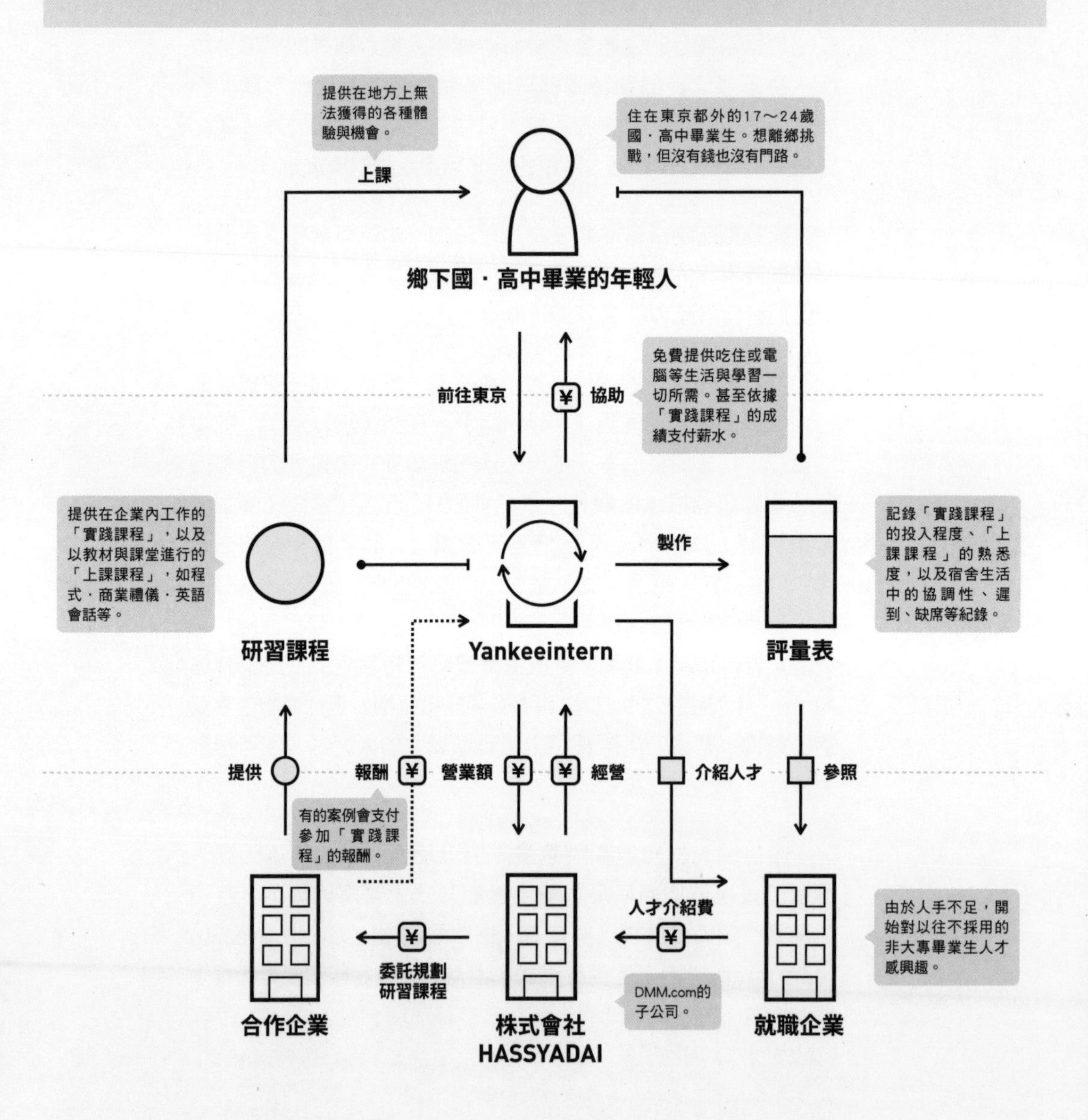


鄉下國．高中畢業年輕人的出路　起點

定論　難以獲得在東京挑戰的機會

反論　可獲得在東京挑戰的機會

## 提供在東京挑戰的機會給地方上非大學畢業年輕人

地方上的國・高中畢業年輕人因為學歷與地區性差異的緣故，人生的選擇很容易受限。就算想去外地挑戰，也多半因為金錢或人脈不足而「難以獲得在東京挑戰的機會」。「Yankeeintern」的服務就是協助感到茫然以及想改變自己的年輕人進入社會、實現自我、尋找自我。

株式會社HASSYADAI從2015年起開始經營「Yankeeintern」，以地方出身的17～24歲國・高中畢業生為對象，執行供住型就業的支援計畫。Yankeeintern會提供兩種「研習課程」，分別是實際在東京的企業內工作的「實踐課程」，以及「上課課程」，透過教材與課堂教學讓年輕人學習程式、商業禮儀、英語會話等。甚至，參加者可免費獲得生活與學習上的一切所需，例如換工作時的協助、在東京生活所需的吃、住、電腦等。企業不用繳交費用，透過Yankeeintern決定採用員工時，再支付介紹費即可。實習期間約3個月到半年，截至目前為止已經有200多人參加實習，8成就業。甚至也有人選擇升學、留學或是創業等。

在此要關注的是，學員完全不用支付任何費用就能夠接受英語會話、求職講座等課程，並透過工作體驗順利進入社會工作。Yankeeintern除了協助參加研習課程的學員提高技能，也會提供「評量表」給對非大學畢業的人才感興趣的企業。評量表記錄了成員上課的投入程度、技能純熟度、協調性等生活態度，作為學歷與經歷以外的評量依據・信賴參考。學員結束實習後，不見得一定都會就業，也可能留在東京或回地方工作・升學・創業・留學等。因為學習到在地方上得不到的價值觀，所以畢業後能夠以更多元的角度面對未來。

原本大部分的利益都用來充實學員的學習環境，所以獲得的利潤極少，不過2018年4月與DMM.com進行資本合作，成為100%的子公司。期待未來可更進一步擴大事業範圍。

099

# Neighbors

**街坊鄰居共同實現的社區型家庭保全**

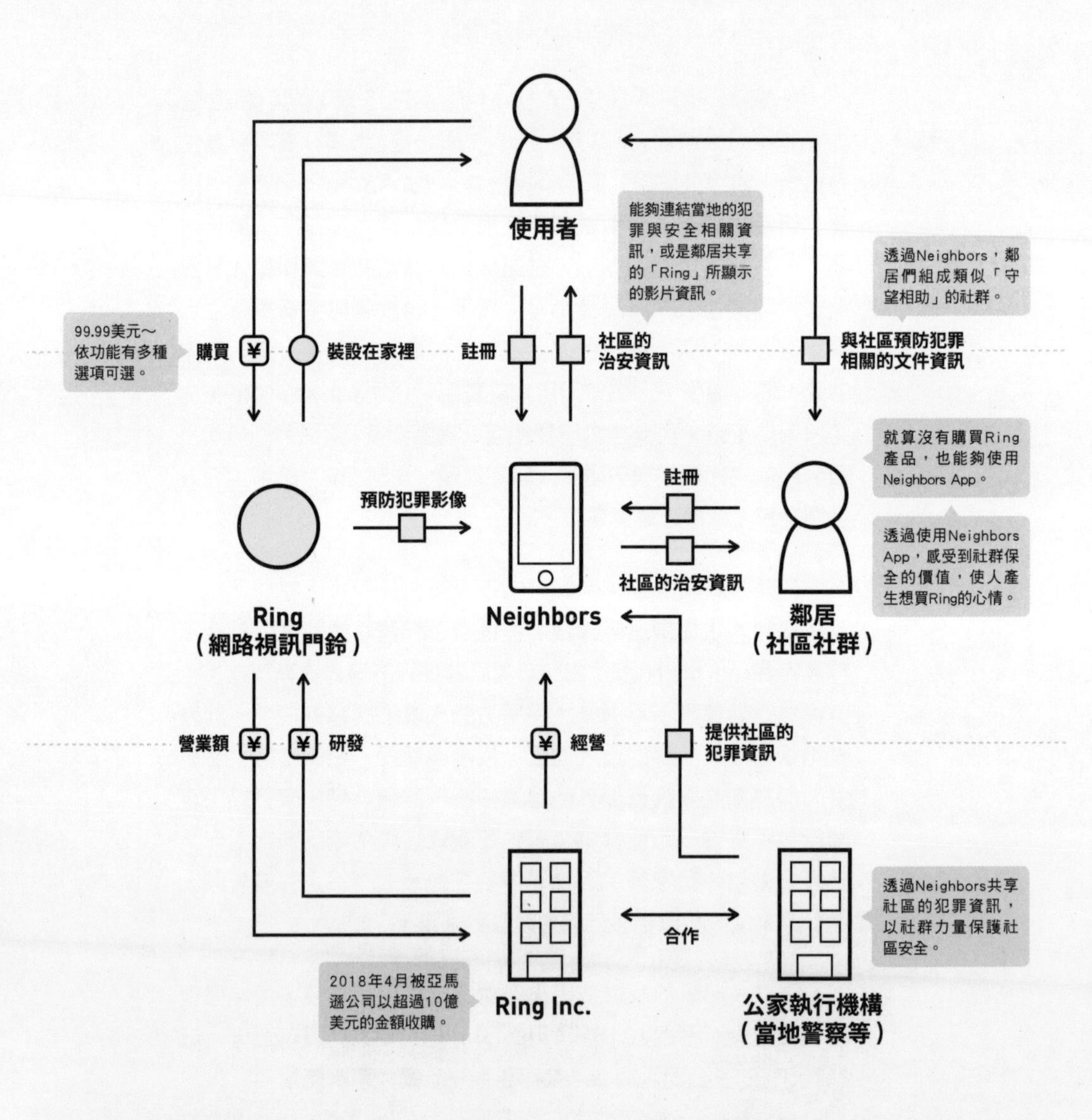


家庭保全 **起點** — **定論** 各家庭個別進行

**反論** 以社區的社群共同進行

## 透過社群「守望相助」的方式守護社區安全

銷售網路視訊門鈴「Ring」的Ring公司發行的App「Neighbors」建立了類似鄰居「守望相助」的社群，監視犯罪行為以守護社區的安全。

使用者購買網路視訊門鈴「Ring」，裝設在自家門口，可透過智慧型手機、平板或電腦等任何終端設備確認來訪的客人，並與對方對話。雖然此功能本身並不稀奇，但是Ring公司開發的「Neighbors」App可以把出現在視訊門鈴上的來訪客人影像分享給Neighbors（＝鄰居），這點非常的特別。如果發現形跡可疑的人出現在自家門口，也能夠把影像傳送給鄰居，這樣整個社區就能夠及時掌握狀況。

就算沒有購買「Ring」也能夠下載使用這個App。透過App可以連結公家機構對於該地區的治安與安全的處理資訊，可以顯示「Ring」所有者共享的影片，也可以透過App共享文件資訊（截至2018年7月，日本還不屬於服務對象，無法下載App）。

另外，Ring在2016年與洛杉磯市警局合作，讓「Neighbors」的社群成長為信賴度更高的群體。以往的居家保全都是由每個家庭各自負責，不過現在透過科技的力量，建立結合居民力量的社群，由居民們合力監督社區內的犯罪行為，試著把每個家庭獨力進行的工作改變成「社區的居民通力合作的工作」。

「Neighbors」是以「Ring」的移動App功能為基礎所開發的應用程式，2018年4月Ring公司被亞馬遜以超過10億美元的金額收購後正式發表，未來可望隨著亞馬遜公司的事業擴展，有更大的發展可能性。

100

# PECO

**推廣零安樂死的寵物資訊網站**

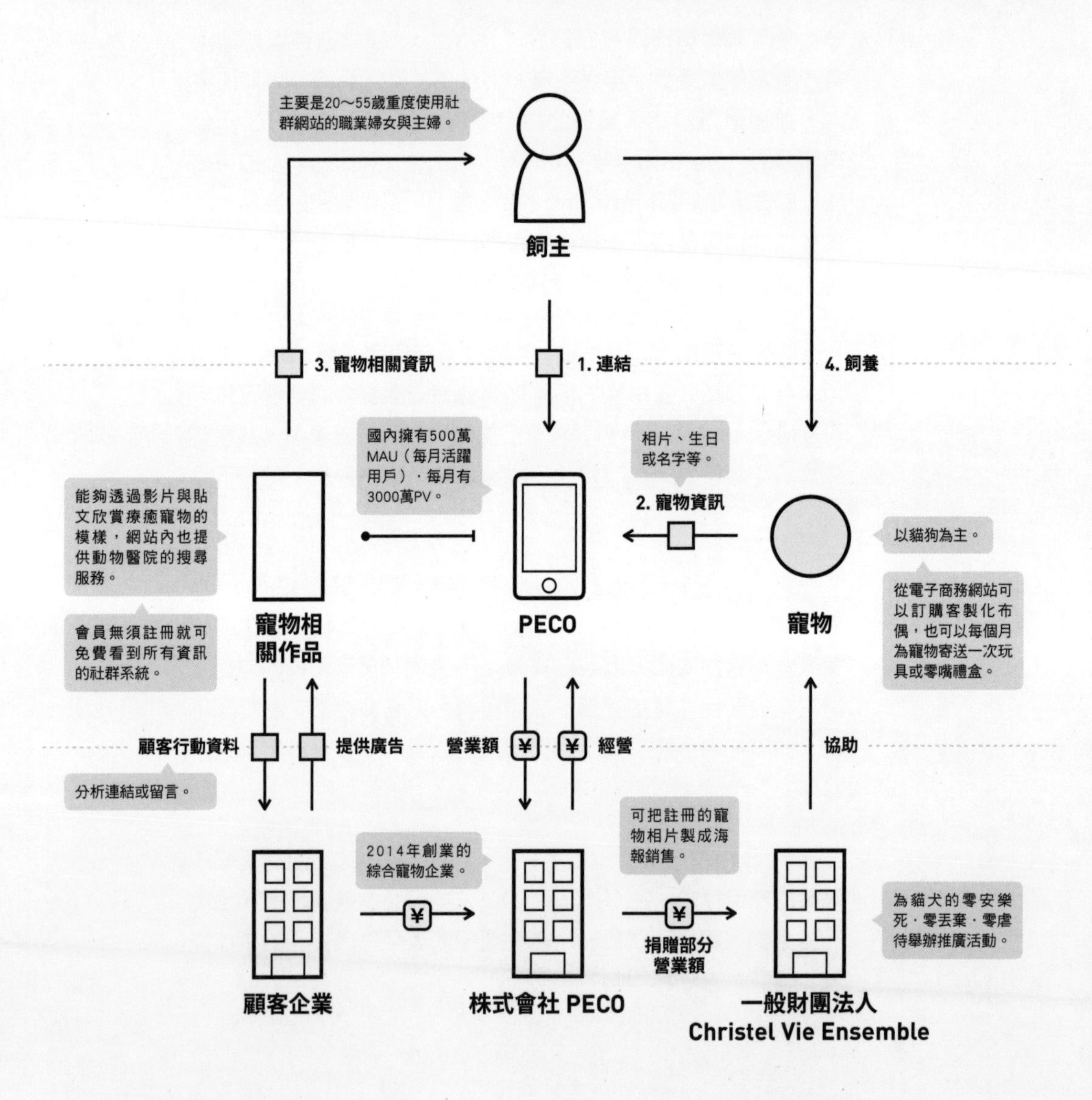


| 寵物相關資訊 | 起點 | 定論 | 透過各種服務接收訊息 |
|---|---|---|---|
| | | 反論 | 從一個App獲得訊息 |

## 共享寵物訓練或飼養等相關資訊

近年來，以貓、狗為代表的寵物產業之動物數量估計約有1800萬隻，這個數量大概是比日本高齡者還少，但比15歲以下的兒童數量還多的規模。

寵物的飼主若想要獲得寵物訓練或飼養方式等日常相關資訊的話，通常都是透過雜誌媒體、搜尋服務或是社群網站等，得到網友或獸醫提供數種做法，再嘗試運用在寵物身上看是否合適。

不過，「其他飼主是怎麼教小狗排泄的？」「相同血統的長毛貓會喜歡什麼款式的刷毛器具呢？」這類針對寵物共享狀況並解決問題的社群不多，也不容易參加。理由是寵物的種類非常多，溝通也不是透過語言，所以只能以寵物的出生地或血統來想像可能適合的飼養環境。

面對這樣的課題，「PECO」透過App提供社群網站系統，讓任何人都能夠共享不同種類的寵物教養或是飼養的相片、影片等，透過這樣的做法解決問題。不僅如此，除了寵物飼養專家之外，也請程式設計師從概念著手，充實程式內容。因此，服務剛啓動的1年半時間，日本國內就達到500萬個活躍用戶，以及3000萬的頁面瀏覽量，就連海外也有150萬個使用者。

此外，動物醫院的搜尋服務、訂製客製布偶、購買玩具或點心等禮盒，也都能夠透過電子商務網站完成，所以光是下載一個App就可以獲得任何需要的資訊。還有，如果製作自家寵物的藝術海報，可以把部分銷售金額捐贈給貓犬零安樂死・零棄養・零虐待等相關活動。該服務也與非營利組織合作，透過機制以新的貢獻方式做到保護貓・犬的目的。

「人力」的商業模式
# 總結

**在「人力」章節中介紹的案例，可以更進一步以「把誰，用什麼方式加入？」區分為「資源系列」、「社會課題系列」、「媒合系列」等3大類。**

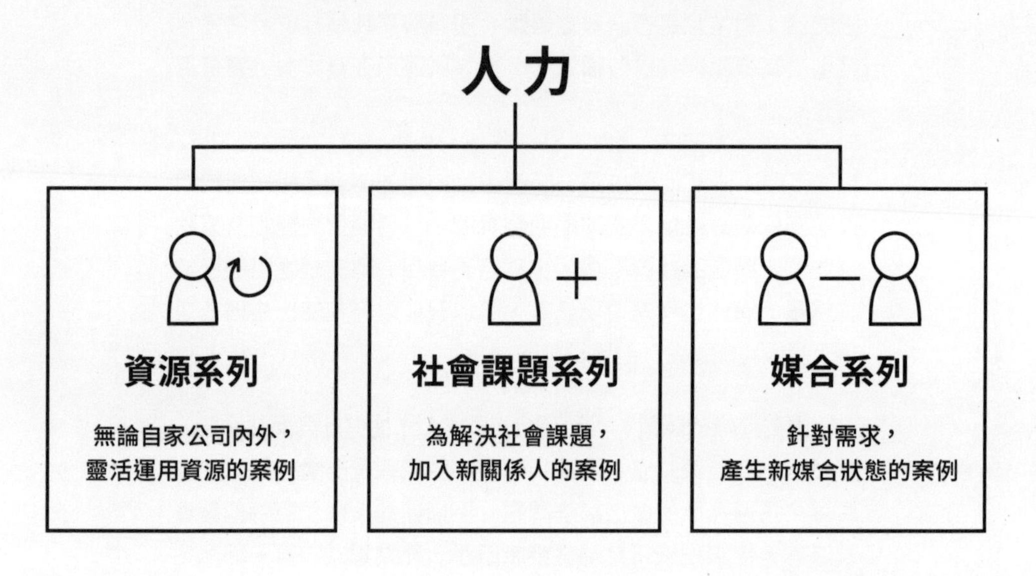


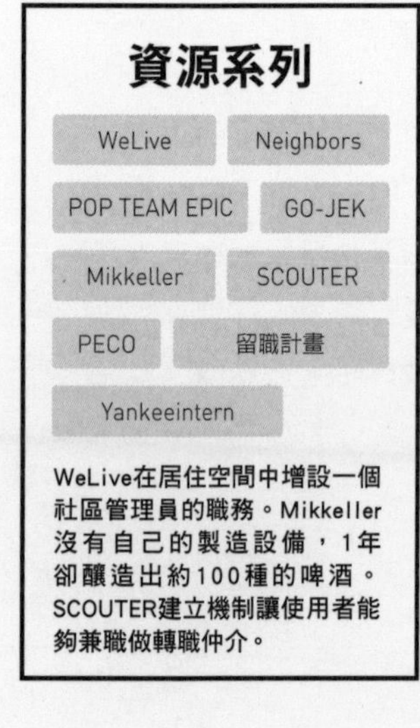


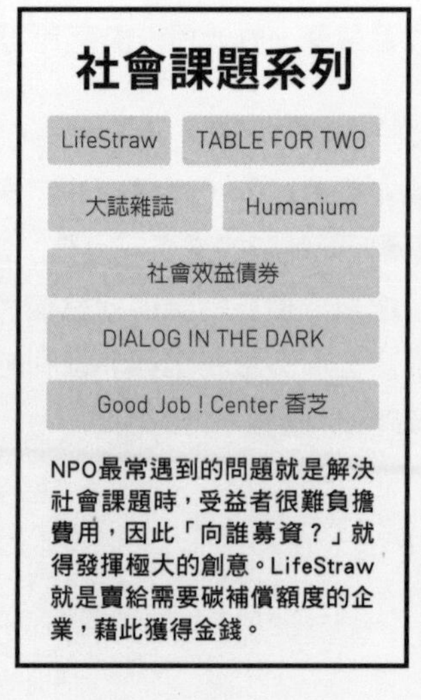


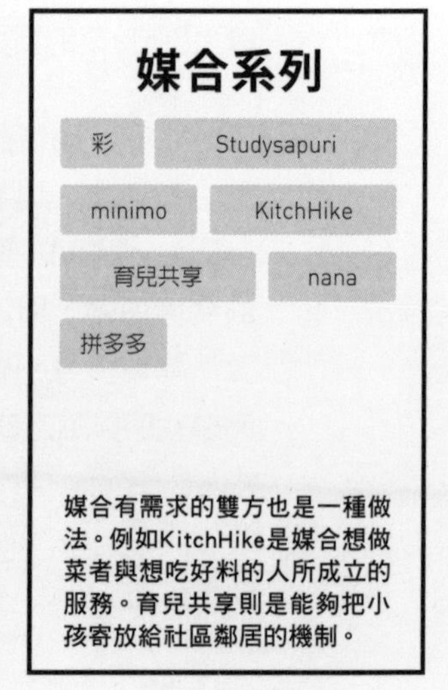

# 試著自己
# 圖解商業模式

### 可簡單畫出圖解的工具包

前面介紹了100個商業模式的圖解案例，或許有讀者想試試自己來圖解商業模式。因此，以下我準備了能夠自己做商業模式圖解的工具包。

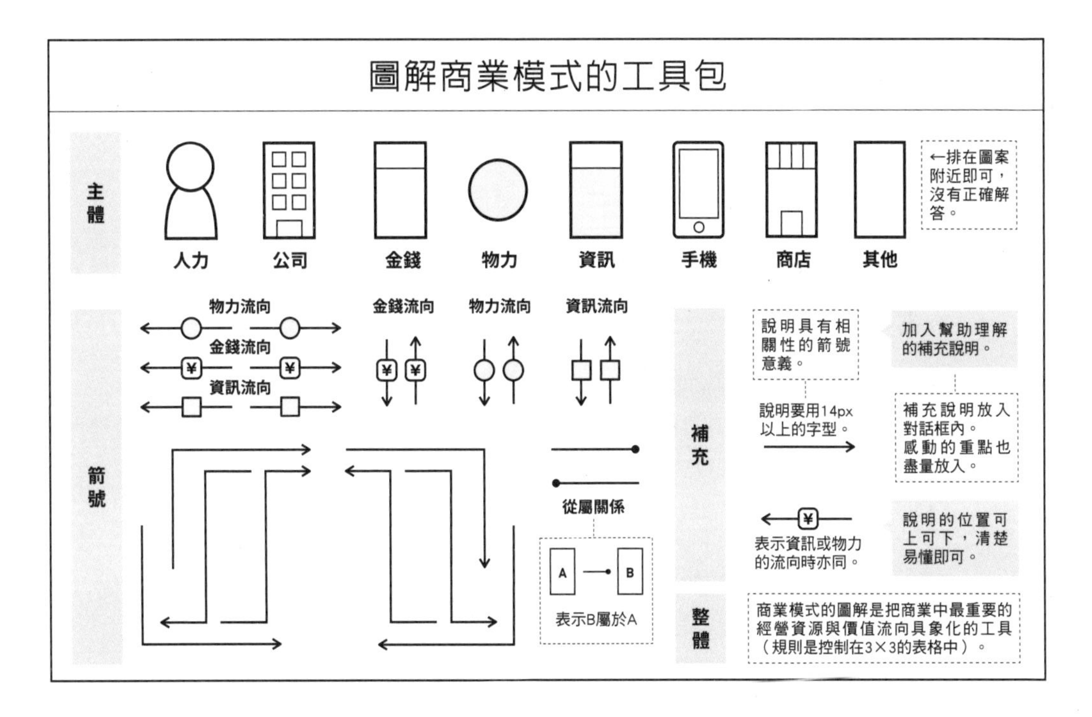


「圖解商業模式工具包」是針對想自己做商業模式圖解的人，提供完整的圖解零件以及容易編輯的工具包。

此工具包可透過社群網站等取得。這是利用Google Slide製作，所以能夠下載在PowerPoint自行編輯製作。有興趣的讀者請務必透過左方的QR Code下載使用。＊檔案下載後為日文，請參照本頁說明使用。

## 再度檢視商業模式圖解的特色

雖然序章曾經提過，不過針對想自己嘗試做圖解的人，讓我再次說明構成本書的基礎「商業模式圖解」吧。商業模式圖解就是了解「該事業與誰（什麼）有關？」以及「存在著什麼樣的關係？」所使用的工具。

商業模式圖解的最大特色就是「3×3」的結構，特別是上．中．下層具有各自的意涵。上層是「使用者（該事業經營的對象是誰？）」，中層是「事業（該事業不可或缺的主體為何？）」，下層是「事業主（該事業是以誰為主體？）」

建立「3×3」的限制架構是為了特意限制可放入圖解的資訊。如果打算限制資訊量，就必須有意地刪除資訊量。而為了刪除資訊，就必須看清楚「在該事業中，什麼是重要的？」也就是說，在把資訊收納在3×3架構的過程中，我們將對該事業的重要部分制訂優先順序，也會進行選擇取捨。

這部分非常重要，因為人類一次能夠掌握的訊息有限。為了更簡潔傳達訊息給對方，所以才會設計成3×3的架構。

總之，商業模式圖解是設定對某人說明的場景。簡單說就是溝通工具。

「為了對客戶說明」、「為了對主管與董事說明」、「為了對投資者說明」、「為了對使用自己提供的服務與商品的人說明」等等，希望各位在實際的工作中，透過圖解說明，讓對方了解自己公司的商業結構

另外，設計架構限制的一個好處，就是能夠以相同的「型態」觀察多個案例。如果把圖解簡化為3×3的「型態」，一旦明白解析方式，下次看到別的商業模式圖解，就容易理解了。所謂限制就是以「型態」呈現，而「型態」就自然成為學習的架構。

## 靈活運用商業模式圖解的場合

自從我公布「圖解商業模式工具包」之後，許多企業就實際下載使用。就我所知的，通常都運用在以下3種用途。

## ①圖解自家公司既有的事業（宣傳、業務、經營企劃等）

・有利於宣傳（用在發表新產品等）

・用在針對投資者的資料上（資金調度等）

・用在針對客戶的資料上（加強業務能力等）

・用在針對公司內部的資料上（向上級提出申請同意書等）

・針對既有事業進行整理・具象化

## ②圖解自家公司的新創事業（經營企劃室・新創事業研發室等）

・公司內部討論新的商業模式

・有助於做業界・競爭對手等其他公司的商業模式分析

## ③為個人的學習做圖解

我相信除此之外，還有各種使用方法。希望讀者們務必實際運用看看並分享心得。如果有任何感想，希望能夠隨時回饋給我們。

### 圖解商業模式工具包的未來

目前，我們透過Google Slide公布工具包，不過我們也在規劃更直覺、更簡單的編輯工具。不僅能夠在網站上編輯，也能夠編輯圖片，甚至能夠觀看他人的商業模式圖解。另外，也能夠以標籤或類別來搜尋圖解，或是以他人畫出的圖解為依據，自己再重新編排等。

本書雖然舉出100個圖解案例，不過由於工具包這項工具，將能夠蒐集1000、10000個商業模式圖解。一旦蒐集足夠的數量，或許就容易看出共通點或趨勢，也或許能夠用來作為思考新型態商業模式的依據，可以說是商業模式版的「GitHub」。

未來不只是日本，全球各地都可能會使用圖解。若是如此，作為非語言溝通的商業模式圖解之運用可能會更為廣泛。如果有朝一日思考商業模式時，圖解能夠成為更有趣、更令人感覺興奮的溝通工具，我當甚感榮幸。

## 結語

2017年8月底，我開始動筆撰寫商業模式圖解。我是因為看了Lemonade（本書112頁的圖解也有介紹）這家美國保險商業機構的介紹文章，對於該企業的機制覺得感動不已。「想把內心這份感動介紹給別人！」因為這樣的念頭，我開始做商業模式的圖解。

當我在社群網站上公開我做的圖解內容時，有許多網友給我按「讚！」從那時起10天當中，我每天公布一個圖解。結果陸續有人要求「想一次看到所有圖解」，於是我在2017年11月初，在note網站上發表我的所有圖解內容。該貼文登上Twitter的日本最熱話題排行榜第4名，在商業新聞的社群平台「NewsPicks」中也獲得5000多個Pick。隔天，我就收到出版社的出書邀約。當時我從來沒想過要出書。

最早我是以「想把內心這份感動介紹給別人！」的念頭而開始進行商業模式圖解的作業，而這項活動獲得多方人士的共鳴，也多虧多位朋友的協助與影響力，才能夠走到出版這一步。不過，在此我一定要介紹一本書，那就是2010年出版的《熱門商品是這麼創造出來的！：向UNIQLO、APPLE、DAISO……取經！圖解他們的商業模式，找到你的獲利關鍵》。

當時，我開始做商業模式圖解作業時，因為太過熱衷而做到忘我，等我回過神來，思考「為什麼我會做出這樣的圖解？」才想起我念研究所寫論文時，曾經讀過這本書。此書一邊清楚說明與商業模式圖（Business Model Canvas, BMC）的關係，一邊使用特定的規則製成圖形，這樣的做法對當時的我帶來極大的啓發。雖然該作者使用的規則與商業模式圖解的規則不同，不過若無此書，我想也不會有本書的誕生。在此向作者致上我最誠摯的謝意。

本書其實是由50人共同執筆完成。這50位人士幾乎都是因為商業模式圖解而相遇熟識的成員。原本是由我一人開始進行的商業模式圖解，由於這次出版的契機，我們成立了「商業模式圖解製作委員會」的社團，並舉辦4場說明會召集有志之士前來參加。委員會的成員分別來自不同職業或立場，例如NPO、商社、不動產、證券、顧問管理、IR顧問、廣告代理店、省廳等行政機關、建築師、IT、食品廠商、新創事業、工程師、UI設計、人事等等。每個人各自在自己的本業中額外撥出大約半年的時間參與本書的製作。在此我想向委員會的成員們說聲「非常感謝你們！」以下列出成員姓名，敬稱從略。

首先，我想先謝謝各小組的組長：川野琢也、藤岡美佳、田所憲、古川慧一、蛯原侑子、金井良輔。組長們經常對團隊的事情心心念念，也事必躬親。遇到需要討論的時候，組長們就會立即聚集，真是讓人感到非常放心。如果沒有這些組長們，本書就難以誕生。感謝各位。

第1期集結的成員有高橋尋美、杉山恭平、宮下巧大、濱田翔、三宅洋基、大嶋泰斗、指山和樹、Bransukumu文葉、大下文輔、林直幸、沖山誠、本山哲也、久野慶太、池田彩華、今村美奈子、森信一郎、廣川優歌、橘千春、平野咲江、西堀友之、中島亮太郎。約有半年的時間，我們以商業模式圖解的主題一起活動。那真是一段開心的日子，因為那是什麼都還沒決定的起步階段，我們透過對話，逐漸看到社團的雛形。一起建立社團的感覺讓人非常有信心，也非常感謝各位的參與。

1.5期集結的成員有松長卓志、北川和美、茅森剛、友部隆史、渡邉紗蘭、山脇豪介、棟方麻希、山岸有馬、春田海人、葛西信太郎、山本隼希、牧内惠一朗、新井千裕、齊藤我空、神戶美德。當時我們的行程就如同被丟入激流般的急迫，不過因為各位的同心協力，我們才能夠支撐到最後，也為社團帶來新風氣。謝謝大家。

以上介紹的只是部分成員，其他還有許多協助委員會的朋友，謝謝你們。由於版面有限，無法一一列名，敬請見諒。

最後，我想謝謝成立委員會時，鼎力相助的野村愛與木勢翔太。多虧有2位的幫助，我才能夠放心邁開腳步前進。

我想，如果沒有在note上傳文章，就不會有後面這一連串的發展。若說我因為note，人生因此而改變，真的一點也不誇張。在此向經營note的piece of cake致上我的感謝之意。

在此我也要向在note看到記事，就馬上邀請我寫書的KADOKAWA田中，你給我一個非常美妙的機會，謝謝你。

最後，我想感謝株式會社Sorosoro的員工們，佐藤純一、石畠吉一、長橋剛等人。創業第5年仍舊顛顛簸簸的我還要挪出時間寫書，感謝你們為我加油、給我支援。因為有你們如家人般的強力支持，我才能夠任性做這些事情。

「商業模式圖解製作委員會」的活動在各地展開，也開始在《日經MJ》連載，並與企業進行各類型的合作。目前，我們堅持的理念是努力結合身為當事者都覺得複雜且難以理解的「商業」，以及更簡單的抽象化、在結構上更簡單易懂的「圖解」工具等兩者，同時以「商業圖解研究所」這樣的社團重生。目前已決定進行下一本書的出版（註：以上指日本的出版狀況），期待未來有更進一步的發展。讀者閱讀本書後若有任何想法，敬請不吝賜教。

作 者

〈 參 考 文 獻 〉
《ビジネスモデルを見える化するピクト図解》（板橋悟　ダイヤモンド社）
《持続可能な資本主義》（新井和宏　ディスカヴァー・トゥエンティワン）
《バリュエーションの教科書》（森生明　東洋経済新報社）
《おいしいから売れるのではない　売れているのがおいしい料理だ》（正垣泰彦　日本経済新聞出版社）
《空気のつくり方》（池田純　幻冬舎）
《ビジネスモデル症候群》（和波俊久　技術評論社）

〈 參 考 企 業 & 組 織 H P 〉
Timebank （https://timebank.jp/）
大誌雜誌 （https://www.bigissue.jp/）
paymo （https://paymo.life/）
地域 Inovation （https://chiiki-sousei.com/case/products_03.html）
sakana bacca （https://sakanabacca.jp/）
DIALOG IN THE DARK （http://www.dialoginthedark.com/）
良品計畫 （https://ryohin-keikaku.jp/news/）
TransferWise （https://transferwise.com/jp/）
WeLive （https://www.welive.com/）
彩 （http://www.irodori.co.jp/own/index.asp）
MUD Jeans （https://mudjeans.eu/）
LEAFAGE （http://www.leafagesalads.com/）
Global Mobility Servic （http://www.global-mobility-service.com/）
鎌倉投信 （https://www.kamakuraim.jp/yui2101/）
BLUE SEED BAG （http://blueseedbag.com/）
JUMP Rookie ！ （https://rookie.shonenjump.com/）
Studysapuri （https://studysapuri.jp/）
Phil Park （http://philpark.jp/）
蒲公英之家 （http://tanpoponoye.org/）
FREITAG （https://www.freitag.ch/ja）
TABLE FOR TWO （http://jp.tablefor2.org/）
nana （https://nana-music.co.jp）
WASSHA （http://wassha.com/）
SmartHR （https://smarthr.jp/）
Vacation STAY （https://vacation-stay.jp）
PECO （https://corp.peco-japan.com/）

※ 另外也參照其他介紹的企業或組織之官網

圖解商業模式 2.0
剖析 100 個反向思考的成功企業架構
原著名＊ビジネスモデル 2.0 図鑑

作　　者＊近藤哲朗
譯　　者＊陳美瑛

2019 年 7 月 25 日 初版第 1 刷發行

發 行 人＊岩崎剛人
總 經 理＊楊淑媄
資深總監＊許嘉鴻
總 編 輯＊呂慧君
編　　輯＊林毓珊
設計主編＊許景舜
印　　務＊李明修（主任）、張加恩（主任）、黎宇凡、張凱棋

台灣角川

發 行 所＊台灣角川股份有限公司
地　　址＊105 台北市光復北路 11 巷 44 號 5 樓
電　　話＊（02）2747-2433
傳　　真＊（02）2747-2558
網　　址＊http://www.kadokawa.com.tw
劃撥帳戶＊台灣角川股份有限公司
劃撥帳號＊19487412
法律顧問＊有澤法律事務所
製　　版＊尚騰印刷事業有限公司
I S B N＊978-957-743-136-3



國家圖書館出版品預行編目資料

圖解商業模式2.0：剖析100個反向思考的成功企業架構 / 近藤哲朗作；陳美瑛譯. -- 一版. -- 臺北市：臺灣角川, 2019.07
面；　公分. -- (職場.學；35)

譯自：ビジネスモデル2.0図鑑
ISBN 978-957-743-136-3(平裝)

1.企業管理

494.1　　108008095